北京市高等教育精品教材立项项目
“十三五”高职高专规划教材

工业机器人技术应用

主　编　陈渌漪　陈　彬
副主编　管小清　吕世霞
参　编　韩　鹏　叶　晖
主　审　王　刚

机械工业出版社

本书从工业机器人应用实际出发，以工业机器人工作站的全局为视角，介绍工业机器人的相关技术。全书共分为十一章，包括走近工业机器人、工业机器人的组成及工作原理、工业机器人运动学、工业机器人动力学、工业机器人的控制、工业机器人的示教编程、工业机器人的离线编程及仿真、工业机器人工作站及生产线、工业机器人工作站的维护、工业机器人的安全防护、工业机器人的发展趋势。

本书由浅入深，从机器人技术的基础出发，涉及机器人的操作、日常维护检修、安全使用等各个方面，实用性强，可作为高职高专机电类专业的教材和相近专业的本科教材，同时也可作为专业技术人员的参考用书。

本书配有电子课件，**凡使用本书作为教材的教师**可登录机械工业出版社教育服务网 www.cmpedu.com 下载。咨询邮箱：cmpgaozhi@sina.com。咨询电话：010-88379375。

图书在版编目（CIP）数据

工业机器人技术应用/陈渌漪，陈彬主编. —北京：机械工业出版社，2017.8

北京市高等教育精品教材立项项目. “十三五”高职高专规划教材

ISBN 978-7-111-57473-6

Ⅰ.①工… Ⅱ.①陈…②陈… Ⅲ.①工业机器人-高等职业教育-教材 Ⅳ.①TP242.2

中国版本图书馆 CIP 数据核字（2017）第 165028 号

机械工业出版社（北京市百万庄大街 22 号 邮政编码 100037）
策划编辑：葛晓慧 责任编辑：葛晓慧 张丹丹
版式设计：霍永明 封面设计：陈 沛
责任印制：常天培 责任校对：陈秀丽
北京京丰印刷厂印刷
2017 年 7 月第 1 版 · 第 1 次印刷
184mm×260mm · 12.75 印张 · 312 字
0 001—1 900 册
标准书号：ISBN 978-7-111-57473-6
定价：33.00 元

凡购本书，如有缺页、倒页、脱页，由本社发行部调换

电话服务
服务咨询热线：010-88379833
读者购书热线：010-88379649

网络服务
机 工 官 网：www.cmpbook.com
机 工 官 博：weibo.com/cmp1952
教育服务网：www.cmpedu.com
金 书 网：www.golden-book.com

前　言

在机器人技术快速发展的今天，工业机器人在世界范围内的产销量及安装量都在迅速增长，特别是在汽车制造业，机器人越来越多地取代人工操作，使汽车生产的自动化水平远远高于其他行业。随之而来的，是对机器人使用与维护人才的大量需求。为适应企业的需要，各高职高专学校纷纷开设机器人课程并希望有配套的教学用书。本书是编者在多年机器人课程教学的基础上与企业机器人相关技术人员合作完成的。本书以真实的企业机器人工作站、教学实训机器人工作站为实例，由浅入深，注重理论与实践相结合，涉及机器人机械结构、控制系统、传感系统、示教编程、维护检修的各个方面，但又不仅限于机器人本身，还涉及机器人周边的设备与机器人的联系，把机器人作为了一个自动化系统中的一员。

机器人技术是多学科技术的融合，涉及机械、电子、计算机、自动控制、人工智能等多个学科，书中尽可能多地将涉及的学科技术进行阐述，在机器人的本体结构中可以学到机械原理的应用，在机器人的控制中可以学习控制理论的应用，在机器人传感器技术中可以学到电子技术的应用，在机器人的伺服控制中可以学到电动机控制方法的应用，在机器人工作站中可以学到PLC及总线技术的应用，在机器人的编程操作中可以学到计算机技术的应用。

本书的特点是理论深度适当，注重实际应用，易读易懂，全方位介绍机器人相关知识与应用技术。

本书由陈渌漪、陈彬任主编，管小清、吕世霞任副主编，王刚任主审。第一章、第二章、第八章由陈彬编写，第三章、第四章由管小清编写，第五章、第七章由陈渌漪编写，第六章、第十章由吕世霞编写，第九章由韩鹏编写，第十一章由叶晖编写。

本书在编写过程中，参考和引用了大量的有关机器人的论著、资料，包括KUKA机器人、MOTOMAN机器人的操作手册等，由于篇幅有限，不能在文中一一列举，感谢奔驰公司、ABB公司、KUKA公司技术人员的技术指导。由于水平有限，书中难免会有错误和不足之处，恳请读者给予批评指正。

编　者

目　　录

走近工业机器人

工业机器人是机器人家族中的一员，所谓“机器人”到目前为止还没有非常确切的定义，机器人问世已有相当长的历史，但对机器人的定义却没有一个统一的意见。原因之一是机器人还在发展，新的机型、新的功能不断涌现，而且机器人涉及人的概念，成为一个难以回答的哲学问题。也许正是由于机器人定义的模糊，才给了人们充分的想象和创造空间。

概括地说，机器人（Robot）是自动进行工作的机器装置。它可以是各种样子，并不一定长得像人，也不见得以人类的动作方式活动。它既可以接受人类指挥，又可以运行预先编排的程序，也可以根据以人工智能技术制定的原则、纲领行动。它的任务是协助或取代人类的工作，例如生产加工、建筑作业，或是危险性大的工作。

第一节　机器人的发展历程

人类对机器人的幻想与追求已有3000多年的历史。据史料记载，早在西周时期，中国就已出现能歌善舞的伶人机器人。古代机器人不仅精巧，用途也很广泛。古人用滴漏计时的方法，其实就是一种自动化计时设备——水钟。水钟是用两个水壶一上一下放置，上面的水壶将水滴到下面的水壶里。下面的水壶中安放一个浮标，浮标旁有表示时间的刻度。这样，浮标随着水位的升高而升起，人们就会通过浮标的位置知道时间。

据《墨经》记载，春秋后期，我国著名的工匠鲁班，曾制造过一只木鸟，能在空中飞行“三日不下”。

公元前2世纪，亚历山大时代的古希腊人发明了最原始的机器人——自动机。它是以水、空气和蒸汽压力为动力的会动的雕像，它可以自己开门，还可以借助蒸汽唱歌。

1800年前的汉代，大科学家张衡不仅发明了地动仪，而且发明了计里鼓车。计里鼓车每行一里，车上木人击鼓一下，每行十里击钟一下。

后汉三国时期，蜀国丞相诸葛亮成功地创造出了“木牛流马”，并用其运送军粮，支援前方战争。

1662年，日本的竹田近江利用钟表技术发明了自动机器玩偶，并在大阪的道顿堀演出。

现在保留下来的最早机器人是瑞士努萨蒂尔历史博物馆里的少女玩偶，它制作于200年前，两只手的10个手指可以按动风琴的琴键而弹奏音乐，现在还定期演奏供参观者欣赏。

现代机器人的研究始于20世纪中期，其技术背景是计算机和自动化的发展，以及原子能的开发利用。

1927 年美国西屋公司工程师温兹利制造了第一个机器人“电报箱”，并在纽约举行的世界博览会上展出。它是一个电动机器人，装有无线电发报机，可以回答一些问题，但该机器人不能走动。

1947 年，美国原子能委员会的阿尔贡研究所开发了遥控机械手，以代替人处理放射性物质。1948 年又开发了机械式的主从机械手。

1954 年美国戴沃尔最早提出了工业机器人的概念，并申请了专利。该专利的要点是借助伺服技术控制机器人的关节，利用人手对机器人进行动作示教，机器人能实现动作的记录和再现，这就是所谓的示教再现机器人。现有的机器人差不多都采用这种控制方式。

1959 年第一台工业机器人（可编程、圆坐标）在美国诞生，开创了机器人发展的新纪元。

1962 年美国 AMF 公司推出了“VERSTRAN”机器人和 UNIMATION 公司推出了“UNIMATE”机器人。这些工业机器人的控制方式与数控机床大致相似，但外形特征迥异，主要由类似人的手和臂组成。

1965 年，MIT 的 Roborts 演示了第一个具有视觉传感器的、能识别与定位简单积木的机器人系统。

1967 年日本成立了人工手研究会（现改名为仿生机构研究会），同年召开了日本首届机器人学术会议。

1970 年在美国召开了第一届国际工业机器人学术会议。1970 年以后，机器人的研究得到迅速广泛的普及。

1973 年，辛辛那提·米拉克隆公司的理查德·豪恩制造了第一台由小型计算机控制的工业机器人，它是液压驱动的，能提升的有效负载达 45kg。

1980 年，工业机器人在日本得到了巨大发展，日本也因此而赢得了“机器人王国”的美称。

随着计算机技术和人工智能技术的飞速发展，机器人在功能和技术层次上有了很大的提高，移动机器人和机器人的视觉、触觉等技术就是典型的代表。由于这些技术的发展，推动了机器人概念的延伸。20 世纪 80 年代，将具有感觉、思考、决策和动作能力的系统称为智能机器人，这是一个概括的、含义广泛的概念。这一概念不但指导了机器人技术的研究和应用，而且赋予了机器人技术向纵深发展的巨大空间，水下机器人、空间机器人、空中机器人、地面机器人、微小型机器人等各种用途的机器人相继问世，许多梦想成为现实。将机器人的技术（如传感技术、智能技术、控制技术等）扩散和渗透到各个领域，形成了各式各样的机器人化机器。当前与信息技术的交互和融合又产生了“软件机器人”“网络机器人”的名称，这也说明了机器人所具有的创新活力。

第二节　机器人的分类

机器人按照应用领域的不同，可以分为主要用于军事领域的排雷机器人、装甲机器人、无人机等；用于科学探索的空间机器人、登月机器人、水下机器人；用于医学领域的手术机器人；用于娱乐的舞蹈机器人、弹奏机器人、玩具机器人；用于为人类服务的服务机器人、烹调机器人、管道清洁机器人；用于农业生产的采摘机器人；用于工业生产的工业机器人；

用于科学研究的仿生机器人等。

本书主要研究对象为工业机器人，现对工业机器人的常见类型加以介绍。

一、工业机器人按照驱动方式分类

1. 气动式

机器人的动力来源于压缩空气，气缸作为执行机构。这种形式的优点是气源方便，动作迅速，结构简单，造价低，维修方便。缺点是空气具有可压缩性，致使工作速度难以控制。因气源压力一般只有60MPa左右，故此类机器人适宜抓举力要求较小的场合。

2. 液动式

机器人的动力来源于液压缸或液压马达，相对气动式，液压式有较大的抓举力，可以达到几百千克，并且结构紧凑、传动平稳、耐冲击、耐振动、动作灵敏、防爆性好，但对密封的要求和制造精度较高，因而成本较高，且不宜在高温或低温的场合工作。

3. 电动式

用电力驱动有更多的优越性，不只是电源方便，不污染环境，而且驱动力大，可达到400kg，更突出的优点是电力驱动可以采用多种灵活的控制方式，运动精度高、成本低、驱动效率高，并且信号检测、传递、处理方便，因此是应用最为广泛的一种驱动方式。电力驱动可分为步进电动机驱动、直流伺服电动机驱动、无刷伺服电动机驱动等。另外，还有混合驱动方式，如液-气或电-液混合驱动。

二、工业机器人按照用途分类

1. 焊接机器人

工业机器人最大的应用领域是汽车制造行业，在汽车制造行业中应用最多的是焊接机器人，焊接机器人还可以分为弧焊机器人和点焊机器人两种。弧焊机器人负荷为焊枪，因此较点焊机器人的负荷轻，速度低，但对运动轨迹要求严，运动轨迹的每一点都要按预定的姿态和位置移动。点焊机器人负荷大，因为点焊的焊钳重量较大，一般达上百公斤，动作快，工作点的姿态和位置要求严格。

2. 搬运机器人

搬运机器人的应用范围很广，在各个行业都有应用，搬运机器人的运动轨迹要求不高，但对搬运起点和终点的位置及姿态要求严格。多数用于上下料，如在汽车冲压生产线中，搬运机器人用于拆垛及冲压机的上下料，有时也用于工件的持握。

3. 喷涂机器人

喷涂机器人一般用于喷漆作业，在汽车生产中还用于涂胶作业，特点是负荷轻、速度慢，用于涂胶时对运动轨迹要求严格。由于漆雾易燃，一般采用液压驱动或伺服电动机驱动。

4. 装配机器人

装配机器人多用于机电产品的装配作业，一般自由度在5以下，手腕要求具有较好的柔性，位置精度要求较高，速度快。

三、工业机器人按照运动关节的数量分类

4 轴（4 自由度）、5 轴（5 自由度）、6 轴（6 自由度）和 7 轴（7 自由度）等机器人，机器人的轴数越多，说明它的灵活性越好，工作能力也越强。机器人的自由度也是重要的机器人技术参数。

四、工业机器人按照发展程度分类

1. 第一代机器人

第一代机器人主要指只能以示教-再现方式工作的工业机器人，称为示教-再现型。所谓示教，即由人教机器人运动的轨迹、停留点位、停留时间等。然后，机器人依照教给的行为、顺序和速度重复运动，即所谓的再现。示教可由操作员通过控制面板完成，操作人员利用控制面板上的开关或键盘控制机器人一步一步地运动，机器人以程序的形式记录下每一步动作的轨迹、速度、姿态，然后重复实现示教的动作。目前在工业现场应用的机器人大多采用这一方式。

2. 第二代机器人

第二代机器人带有一些可感知环境的装置，通过反馈控制，使机器人能在一定程度上适应变化的环境。这样的技术现在正越来越多地应用在机器人上，如焊缝跟踪技术。在机器人焊接的过程中，一般通过示教方式给出机器人的运动曲线，机器人携带焊枪沿着这条曲线进行焊接。这就要求工件的一致性好，也就是说工件被焊接的位置必须十分准确，否则，机器人行走的曲线和工件上实际焊缝位置将产生偏差。焊缝跟踪技术是在机器人上加一个传感器，通过传感器感知焊缝的位置，再通过反馈控制，机器人自动跟踪焊缝，从而对示教的位置进行修正。即使实际焊缝相对于原始设定的位置有变化，机器人仍然可以很好地完成焊接工作。

3. 第三代机器人

第三代机器人是智能机器人，它具有多种感知功能，可进行复杂的逻辑推理、判断及决策，可在作业环境中独立行动；它具有发现问题且能自主地解决问题的能力。

这类机器人带有多种传感器，使机器人可以知道其自身的状态，例如在什么位置，自身的系统是否有故障等；且可通过装在机器人身上或者工作环境中的传感器感知外部的状态，例如发现道路与危险地段，测出与协作机器的相对位置与距离以及相互作用的力等。机器人能够根据得到的这些信息进行逻辑推理、判断、决策，在变化的内部状态与外部环境中，自主决定自身的行为。这类机器人具有高度的适应性和自治能力，这是人们努力使机器人达到的目标。经过科学家多年来不懈的研究，已经出现了很多各具特点的试验装置和大量的新方法、新思想。但是，在已应用的机器人中，机器人的自适应技术仍十分有限，该技术是机器人今后发展的方向。

第三节　工业机器人的应用现状

工业机器人的应用数量在逐年增加，据 IFR（国际机器人联合会）的统计（图 1-1），

全球工业机器人的年新安装数量2006年为111052台，2007年为114365台，2008年为118900台。全球工业机器人的累积安装量2007年为994005台，2008年为1035900台。IFR的统计还表明，我国工业机器人的年新安装数量2006年为5570台，2007年为6581台，2008年为7500台。

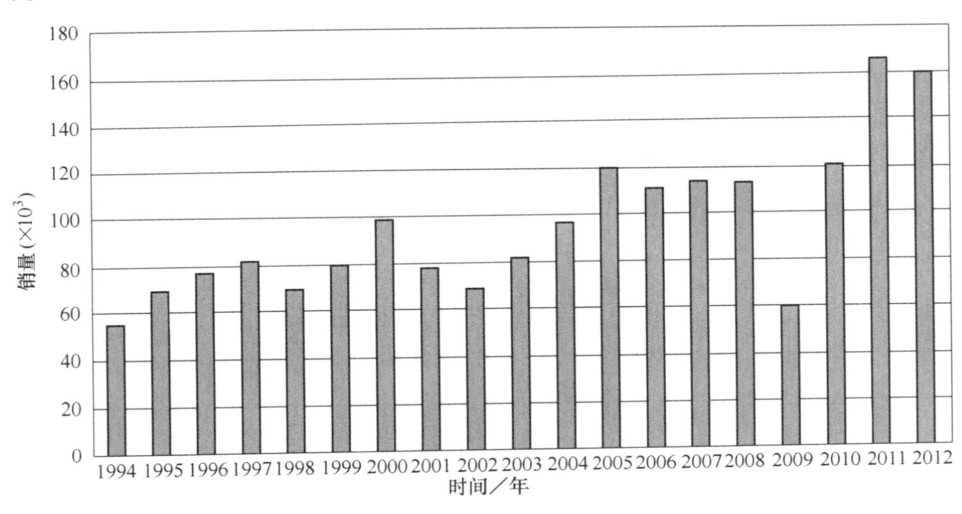

图1-1　1994～2012年度全球工业机器人销售数据统计

在亚洲，2007年新安装的机器人台数达到61000台。在欧洲，2007年机器人的销售量大约34600台，增长10%，这是自从工业机器人诞生以来年度最大销量。德国是欧洲最大的工业机器人市场，达到14800台，增长29%，中欧和东欧国家的销量也达到了56%的增长幅度。

据悉，截止到2009年底，美国运行中的工业机器人大约有19.4万台。日本运行中的工业机器人为33.98万台，德国14.58万台，韩国7.93万台，意大利6.29万台，中国3.68万台，印度0.42万台。

由于金融危机的影响，2009年运行中的工业机器人比2008年下降了0.5%。随着经济逐步恢复，2010年开始恢复性增长。据2013年IFR发表的最新统计数据，2011年机器人销售数量比2010年增长了38%，2012年工业机器人的销量创出历史第二高，总销售量超过159000台，仅比2011年的历史最高销量略微下降4%。2008～2012年期间，机器人的年均销售增长率高达9%。

2012年，全球汽车工业的机器人购买量继续上升（图1-2），增幅为6%。化学和橡胶工业、塑料工业以及食品工业的机器人订购量都开始升高，而金属加工业和机床工业的订购则略有减少。

随着工业机器人应用的范围及数量不断增长，也涌现出一批在国际上较有影响力的、著名的工业机器人公司。如瑞士的ABB Robotics，德国的KUKA Roboter，日本的FANUC、Yaskawa（安川），美国的Adept Technology、American Robot、Emerson Industrial Automation、S-T Robotics，意大利的COMAU（柯马），英国的AutoTech Robotics，加拿大的Jcd International Robotics，以色列的Robogroup Tek公司，这些公司已经成为其所在地区的支柱性企业。

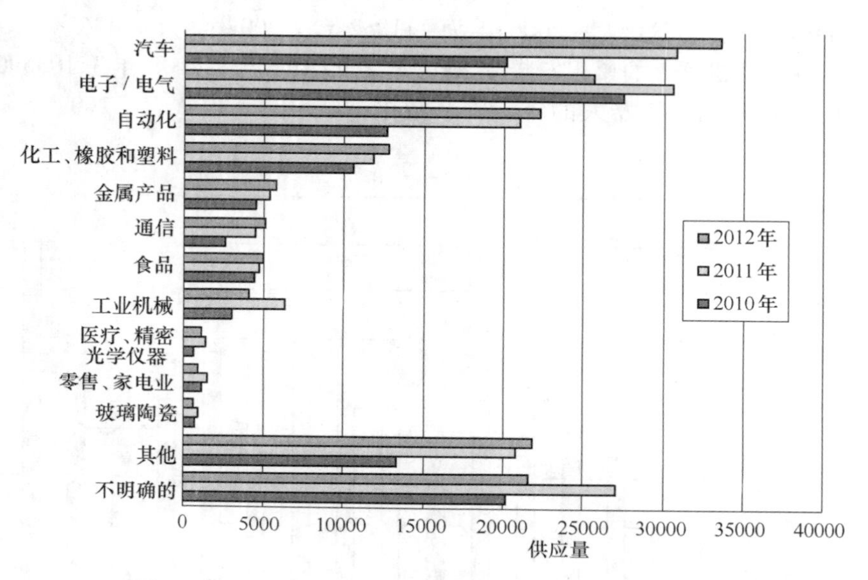

图 1-2　2010～2012 年度工业机器人在各行业供应量统计

在国内，工业机器人产业起步较晚，但增长的势头非常强劲。比较有实力的公司有首钢莫托曼机器人有限公司，新松机器人自动化股份有限公司。

首钢莫托曼机器人有限公司由中国首钢总公司、日本株式会社安川电机和日本岩谷产业株式会社共同投资组建，主营日本安川 MOTOMAN 系列机器人产品，广泛应用于弧焊、点焊、涂胶、切割、搬运、码垛、喷漆、科研及教学。

新松机器人自动化股份有限公司是由中国科学院沈阳自动化研究所为主发起人投资组建的高技术公司，是“机器人国家工程研究中心”“国家八六三计划智能机器人主题产业化基地”，是一家以先进制造技术为核心，拥有自主知识产权和核心技术的高科技企业。公司自 2000 年成立到现在，已成为中国最大的机器人产业化基地。自主研发了中国第一台工业机器人样机、中国第一台 AGV 自动导引车、中国第一台焊接机器人、中国第一台洁净（真空）机器人、中国第一台政务机器人，国产机器人实现批量出口，填补了国内空白，在中国机器人发展史上留下了辉煌灿烂的一页。其产品包括 RH6 弧焊机器人，RD120 点焊机器人及水切割、激光加工、排险、浇注等特种机器人。

工业机器人的组成及工作原理

第一节 工业机器人的组成

机器人一般由三大部分六个子系统组成，这三部分是机械部分、传感部分和控制部分。六个子系统是机械系统、驱动系统、控制系统、人机交互系统、感知系统、机器人-环境交互系统，如图 2-1 所示。

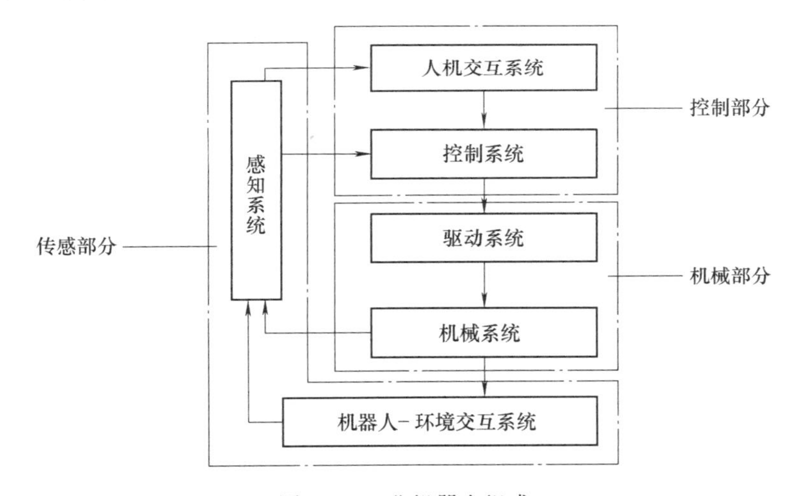

图 2-1 工业机器人组成

1. 机械部分

机械部分是机器人的本体结构及驱动装置，相当于人体的躯干和手臂，以及各个关节，是机器人动作的主体，驱动系统可以是液压、气动、电动传动，或者把它们结合起来应用的综合系统。

2. 传感部分

机器人的动作都是受控的，因此传感部分是必不可少的，通过各种传感器将机器人的位置、速度、角度、力度等信息反馈给控制器，通过人机交互系统使操作人员参与机器人控制，与机器人进行联系，通过机器人-环境交互系统实现机器人与外部环境中的设备相互联系和协调，使之达到控制要求。

3. 控制部分

控制部分是机器人的大脑，它根据机器人的作业指令程序以及从传感器反馈回来的信号来指挥机器人的动作，完成人类交给机器人的工作。

本章主要介绍机器人的机械部分和传感部分，有关控制部分的内容见第五章“工业机器人的控制”。

第二节　工业机器人的机械系统

工业机器人的机械结构系统是指其本体结构和机械传动系统，也是机器人的支撑基础和执行机构，大致分为机身、手臂、末端执行器几部分，这些部分之间以关节相连接，彼此之间可以产生相对运动。

机器人本体结构（图 2-2）是机器人的重要部分，所有的计算、分析和编程最终要通过本体的运动和动作完成特定的任务。机器人本体各部分的基本结构、材料的选择将直接影响整体性能。

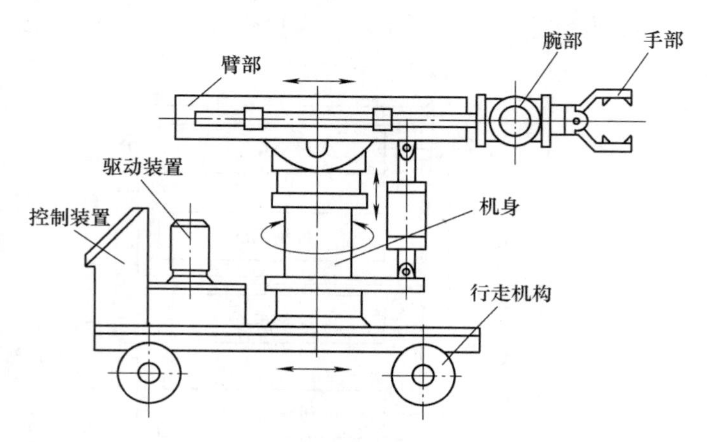

图 2-2　机器人本体结构

一、机器人本体结构的组成

由于应用场合不同，机器人结构形式多种多样，各组成部分的驱动方式、传动原理和机械结构也有各种类型。通常根据机器人各部分的功能，其机械部分主要由下列各部分组成。

（一）机身

机身又称立柱，是直接连接、支撑手臂及行走机构的部件。一般情况下，实现臂部的升降、回转或俯仰等运动的驱动装置或传动件都安装在机身上。臂部的运动越多，机身的结构和受力越复杂。大多数机器人必须有一个便于安装的基础部件，即机器人的基座，基座往往与机身做成一体，机身既可以是固定式的，也可以是行走式的，即在它的下部装有能行走的机构，可沿地面或架空轨道运行。

常用的机身结构有：

1. 升降回转型机身结构

升降回转型机身，顾名思义，机身有垂直方向升降和水平方向回转两个自由度，可以采用摆动液压缸驱动，或用链条链轮传动，把直线运动变为链轮的回转运动，如图 2-3 所示。

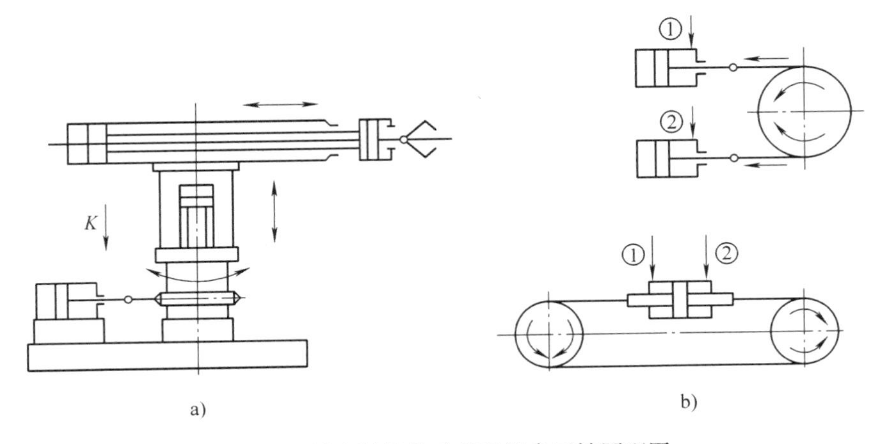

图 2-3　链条链轮传动实现机身回转原理图

a）单杆活塞缸驱动链轮链条活塞机构　b）双杆活塞缸驱动链轮链条活塞机构

2. 回转俯仰型机身结构

机器人手臂的俯仰运动一般采用活塞液压（气）缸与连杆机构实现。手臂俯仰运动的活塞缸位于手臂下方，活塞杆和手臂用铰链连接，缸体采用尾部耳环或中部销轴等方式与立柱连接。此外，有时也采用无杆活塞缸驱动齿条齿轮或四连杆机构实现手臂俯仰运动，如图 2-4 所示。

3. 直移型机身结构

直移型机身通常设计成横梁式，用于悬挂手臂部件，这类机器人的运动形式大多为移动式。它具有占地面积小、简单等优点。横梁可设计成固定型或行走型，一般横梁安装在厂房原有建筑的梁柱或有关设备上，也可以从地面架设，如图 2-5 所示。

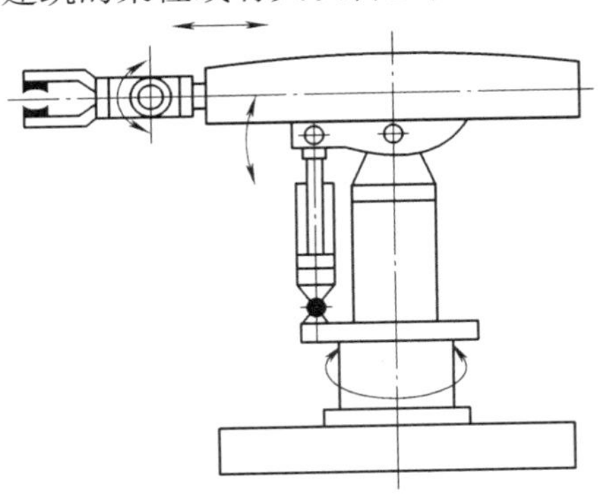

图 2-4　回转俯仰型机身结构

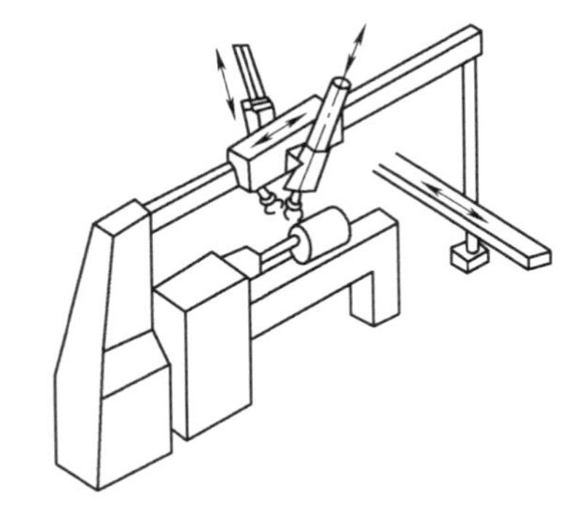

图 2-5　直移型机身结构

4. 类人机器人机身结构

荷兰 Mark Ho 设计的 ARTFORM No. 1 类人式机器人的机身如图 2-6 所示，它的机身上除了装有驱动臂部的运动装置外，还有驱动足部运动的装置和腰部关节，靠足部和腰部的屈伸运动来实现升降，腰部关节实现左右、前后的俯仰和人体轴线方向的回转运动。

（二）手臂

手臂一般由上臂、下臂和手腕组成，是机器人的主要执行部件，它的作用是支撑手部，改变手部的空间位置，满足机器人的作业空间要求，并将各种载荷传递到机座。机器人的臂部主要包括臂杆以及与其伸缩、屈伸或自转等运动有关的构件，如传动机构、驱动装置、导向定位装置、支撑连接和位置检测元件等。此外，还有与腕部或手臂的运动和连接支撑等有关的构件、配管配线等。

图 2-6　类人机器人机身结构

一般机器人的手臂有三个自由度，即手臂的伸缩、左右回转和升降（或俯仰）运动。手臂的回转和升降运动是通过机座的立柱实现的，立柱的横向移动即为手臂的横移。手臂的各种运动通常由驱动机构和各种传动机构来实现。手臂的三个自由度可以有不同的运动（自由度）组合，通常可以将其设计成以下四种形式：

1. 直角坐标型机器人

直角坐标型机器人手部空间位置的改变通过沿三个互相垂直的轴线的移动来实现，即沿着 x 轴的纵向移动，沿着 y 轴的横向移动及沿着 z 轴的升降。该形式机器人的位置精度高，控制无耦合、简单，避障性好，但结构较庞大，动作范围小，灵活性差，难与其他机器人协调；移动轴的结构较复杂，且占地面积较大，如图 2-7 所示。

2. 圆柱坐标型机器人

圆柱坐标型机器人通过两个移动和一个转动实现手部空间位置的改变，VERSATRAN 机器人是该型机器人的典型代表（图 2-8）。VERSATRAN 机器人手臂的运动系由垂直立柱平面内的伸缩和沿立柱的升降两个直线运动及手臂绕立柱的转动复合而成。圆柱坐标型机器人的位置精度仅次于直角坐标型，控制简单，避障性好，但结构也较庞大，难与其他机器人协调工作，两个移动轴的设计较复杂。

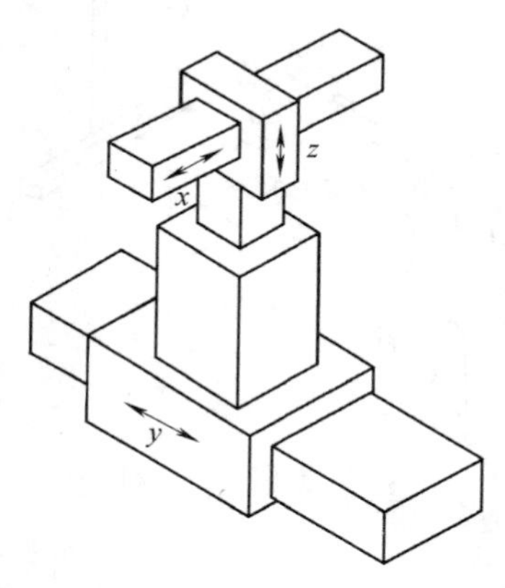

图 2-7　直角坐标型机器人

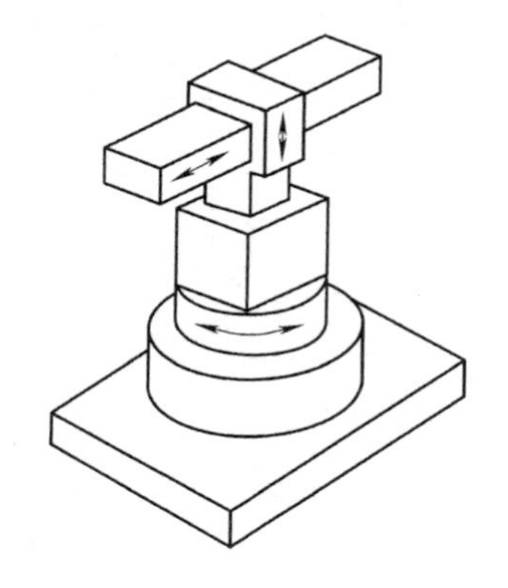

图 2-8　VERSATRAN 机器人

3. 球坐标型机器人

球坐标型机器人手臂的运动由一个直线运动和两个转动所组成，如图 2-9 所示，即沿手臂方向 x 轴的伸缩、绕 y 轴的俯仰和绕 z 轴的回转。UNIMATE 机器人是其典型代表。这类机器人占地面积较小，结构紧凑，位置精度尚可，能与其他机器人协调工作，重量较轻，但避障性差，有平衡问题，位置误差与臂长有关。

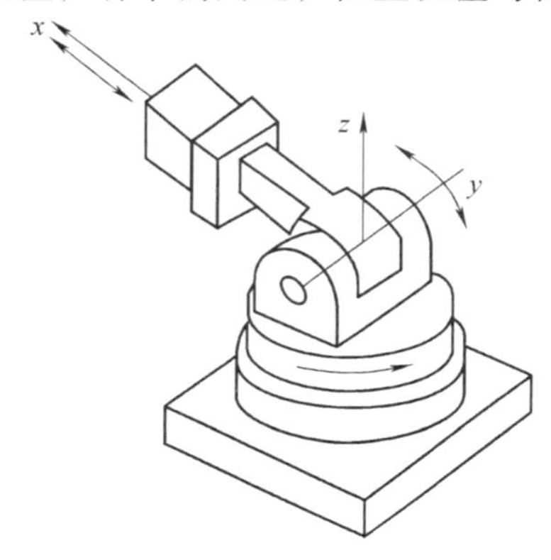

图 2-9　球坐标型机器人

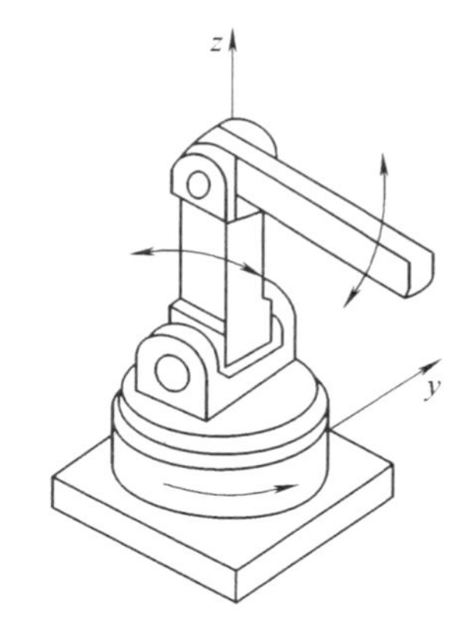

图 2-10　关节坐标型机器人

4. 关节坐标型机器人

关节坐标型机器人主要由立柱、前臂和后臂组成（图 2-10），PUMA 机器人是其代表。机器人的运动由前、后臂的俯仰及立柱的回转构成，其结构最紧凑，灵活性大，占地面积最小，工作空间最大，能与其他机器人协调工作，避障性好，但位置精度较低，有平衡问题，控制存在耦合，故比较复杂，这种机器人目前应用得最多。

（三）末端执行器

机器人为了进行作业，在机器人手腕上安装有直接抓握工件或执行作业的部件，称为机器人的手部或末端执行器，它可以是二手指或多手指的手爪，也可以是喷漆枪、焊枪等作业工具。

1. 机器人手部的特点

（1）手部与手腕相连处可拆卸　手部与手腕有机械接口，也可能有电、气、液接头。工业机器人作业对象不同时，可以方便地拆卸和更换手部。

（2）手部的通用性比较差　机器人手部通常是专用的装置，例如，一种手爪往往只能抓握一种或几种在形状、尺寸、重量等方面相近似的工件；一种工具只能执行一种作业任务。

（3）手部是一个独立的部件　它对于整个工业机器人来说是完成作业好坏以及作业柔性好坏的关键部件之一。具有复杂感知能力的智能化手爪的出现增加了工业机器人作业的灵活性和可靠性。

2. 机器人手部的结构

机器人手部的主要功能是抓握和释放工件，如果手部是某种工具，则其功能为该工具的作业功能，如焊接或喷漆等。下面主要介绍具有抓握和释放功能的手爪结构并简单介绍专用手的结构。

（1）夹钳式手爪　夹钳式是工业机器人最常用的一种手部形式，一般由手指、传动机构、驱动装置和支架组成，如图 2-11 所示。

1）手指。它是直接与工件 5 接触的构件。手部松开和夹紧工件，就是通过手指的张开和闭合来实现的。一般情况下，机器人的手部只有两个手指，少数有三个或多个手指。

①指端结构。结构形式常取决于被夹持工件的形状和特性，如图 2-12 所示。例如，若工件为圆柱形，往往采用 V 形手指；若工件为方形，则一般采用平面指；夹持小型或柔性工件用尖指；对于不规则形状的工件，用专用特形指。

②指面形式。根据工件形状、大小及其被夹持部位材料软硬、表面性质等不同，手指的指面有光滑指面、齿形指面和柔性指面三种形式。

③手指材料。手指材料选用恰当与否，对机器人的使用效果有很大的影响。对于夹钳式手部，其手指材料可选用一般碳素钢和合金结构钢。

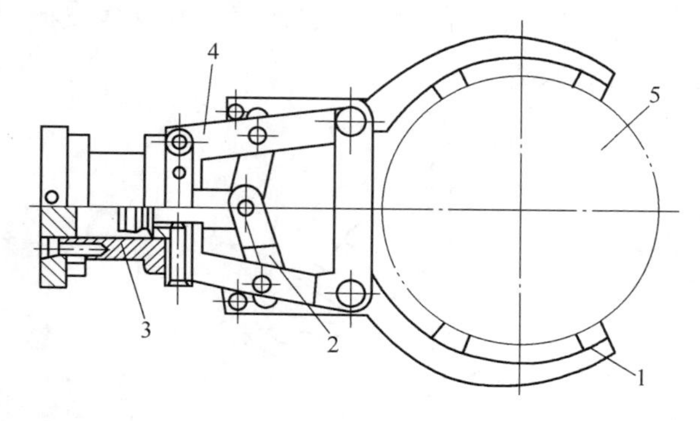

图 2-11　夹钳式手爪

1—手指　2—传动机构　3—驱动装置

4—支架　5—工件

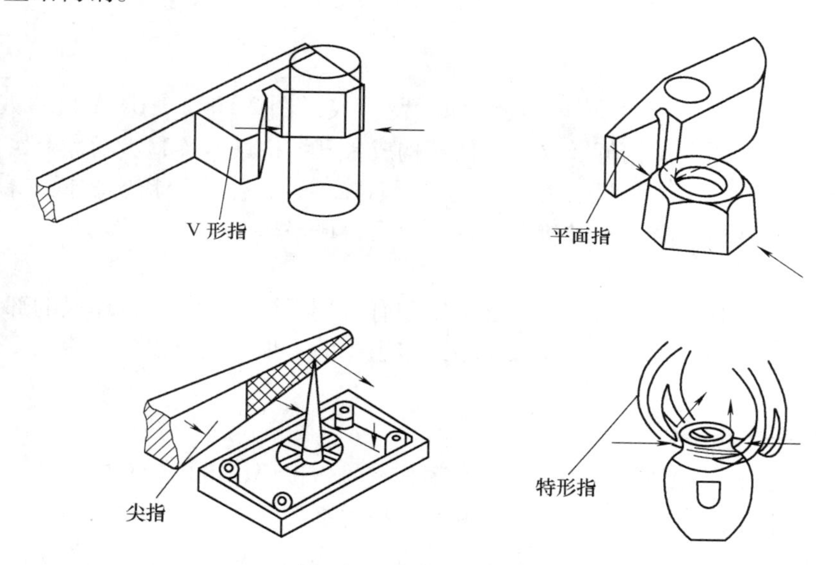

图 2-12　夹钳手爪指端

2）传动机构。传动机构是将驱动源的驱动力向手指传递，以实现夹紧和松开动作的机构。根据手指开合的动作特点可分为回转型和平移型两类。

①回转型传动机构。夹钳式手部中较多的是回转型手部，其手指就是一对（或几对）杠杆，再同斜楔、滑槽、连杆、齿轮、蜗轮蜗杆或螺杆等机构组成复合式杠杆传动机构，来改变传力比、传动比及运动方向等。

图 2-13 所示为单作用斜楔式回转型手爪的结构图。斜楔向下运动，克服弹簧拉力，使杠杆手指装着滚子的一端向外撑开，从而夹紧工件。斜楔向上移动，则在弹簧拉力作用下，使手指松开。手指与斜楔通过滚子接触可以减小摩擦力，提高机械效率。有时为了简化结构，也可让手指与斜楔直接接触。

图 2-14 所示为滑槽式杠杆双支点回转型手爪简图。杠杆型手指的一端装有 V 形指，另

一端则开有长滑槽。驱动杆上的圆柱销套在滑槽内，当驱动连杆同圆柱销一起做往复运动时，即可拨动两个手指各绕其支点（铰销）做相对回转运动，从而实现手指对工件的夹紧与松开。

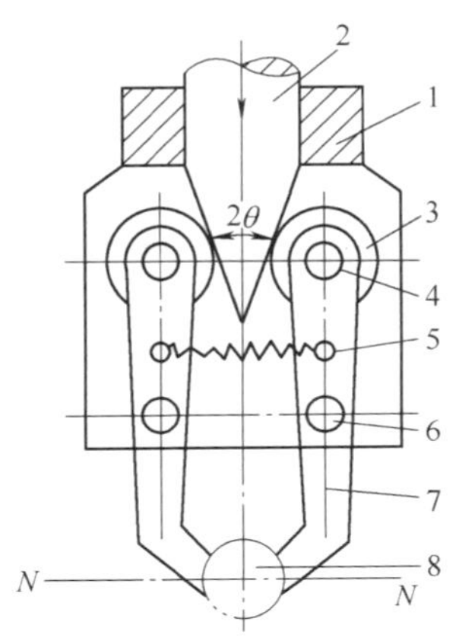

图 2-13　斜楔式回转型手爪

1—指座　2—斜楔驱动杆　3—滚子　4—圆柱销　5—拉簧　6—铰销　7—手指　8—工件

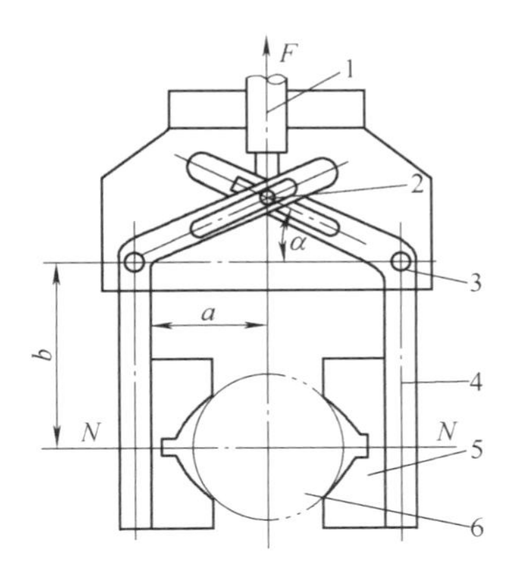

图 2-14　滑槽式杠杆回转型手爪

1—驱动杆　2—圆柱销　3—铰销　4—手指　5—V 形指　6—工件

图 2-15 所示为双支点连杆杠杆式回转型手爪简图。驱动杆末端与连杆由铰销铰接，当驱动杆做直线往复运动时，则通过连杆推动两手指各绕支点做回转运动，从而使手指松开或闭合。该机构活动环节较多，定心精度一般比斜楔传动差。

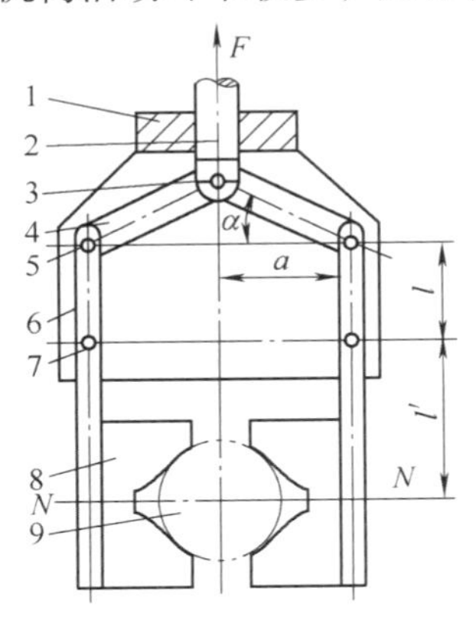

图 2-15　双支点连杆杠杆式回转型手爪

1—指座　2—驱动杆　3—铰销　4—连杆　5、7—圆柱销　6—手指　8—V 形指　9—工件

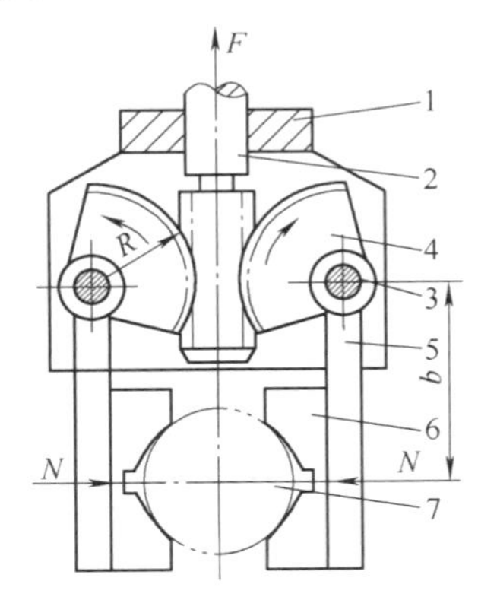

图 2-16　齿轮杠杆式回转型手爪

1—指座　2—驱动杆　3—小轴　4—扇形齿轮　5—手指　6—V 形指　7—工件

图 2-16 所示为由齿轮齿条直接传动齿轮杠杆式回转型手爪简图。驱动杆末端制成双面齿条，与扇形齿轮相啮合，而扇形齿轮与手指固连在一起，可绕支点回转。驱动力推动齿条做上下往复运动，即可带动扇形齿轮回转，从而使手指闭合或松开。

②平移型传动机构。平移型夹钳式手爪是通过手指指面的直线往复运动，或平面移动实现张开与闭合动作的。常用于夹持具有平行平面的工件（如箱体），因其结构较复杂，不如

回转型应用广泛。平移型传动机构根据其结构不同，大致分为平面平行移动机构和直线往复移动机构两种类型。图 2-17 所示为几种平面平行移动机构手爪的简图。它们通过驱动器和驱动元件带动平行四边形铰链机构，以实现手指平移。图 2-17a、b 所示均为齿轮齿条传动手爪，图 2-17c 所示为连杆斜滑槽传动手爪。

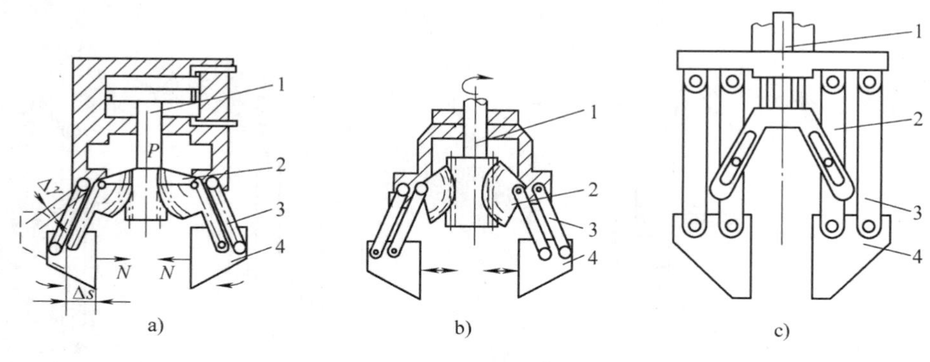

图 2-17　平面平行移动机构手爪

1—驱动杆　2—驱动摇杆　3—从动摇杆　4—手指

图 2-18 所示为几种直线往复移动机构手爪简图。实现直线往复移动的机构很多，常用的斜楔传动、齿条传动、螺旋传动等均可应用于手爪结构。其中图 2-18a 为斜楔平移机构，图 2-18b 为连杆杠杆平移机构，图 2-18c 为螺旋斜楔平移机构。它们可以是双指型的，也可以是三指（或多指）型的。

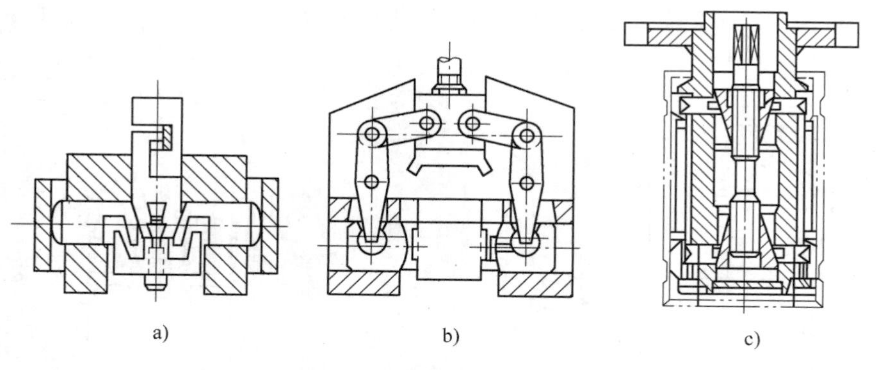

图 2-18　直线往复移动机构手爪

③驱动装置。它是向传动机构提供动力的装置。按驱动方式不同有液压、气动、电动和电磁驱动之分。气动手爪目前得到广泛的应用，因为气动手爪有许多突出的优点：结构简单、成本低、维修容易，而且开合迅速，重量轻，其缺点是空气介质的可压缩性，使爪钳位置控制比较复杂。液压驱动手爪成本稍高一些。电动手爪的优点是手爪开合电动机的控制与机器人控制可以共用一个系统，但是夹紧力比气动、液压手爪小，开合时间比它们长。电磁力手爪控制信号简单，但是夹紧的电磁力与爪钳行程有关，因此，只用在开合距离小的场合。

④支撑元件。支撑元件的作用是使机器人的手部与手腕相连接。支撑元件一般为法兰式机械接口。当一台机器人需要换装不同的末端执行器进行多种作业（如用手爪搬运工件，

之后用焊钳焊接工件）时，就需要用到机器人工具快换装置（Robotic Tool Changer），也被称为自动工具转换装置（ATC）、机器人工具转换、机器人换接器、机器人连接头等。

如图2-19所示，工具快换装置一般由两部分组成，包括一个主侧，安装在机器人手臂上和一个工具侧，安装在末端执行器上，如焊钳或抓手。大多数的机器人工具快换装置使用气体锁紧主侧和工具侧，工具快换装置能够让电信号、视频、超声、气体、水介质等从机器人手臂连通到末端执行器；能承受手部的工作载荷；在失电、失气的情况下，机器人停止工作时不会让末端执行器自行脱离。一个机器人主侧可以根据用户的实际情况与多个工具侧配合使用，工具更换在数秒内完成，大大降低停工时间，大大提高生产线加工制造的柔性化和生产效率。

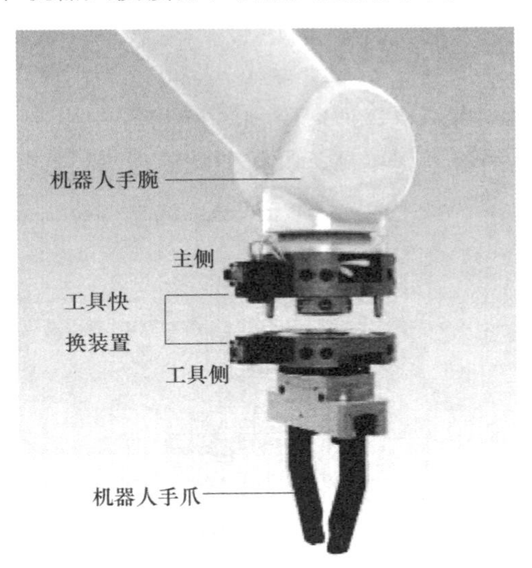

图2-19　工具快换装置

（2）吸附式手爪　吸附式手爪靠吸附力抓取工件，特别适用于抓取大平面（单面接触无法抓取）、易碎（玻璃制品）、微小（不易抓取）的工件或物体，与机械夹钳式手爪相比，具有结构简单、重量轻、抓取力分布均匀的优点，适用面较广。根据吸附力的产生方法不同，将其分为气吸式和磁吸式两大类。

1）气吸式手爪。气吸式手爪是工业机器人常用的一种吸持工件的装置。它由吸盘（一个或几个）、吸盘架及进排气系统组成，具有结构简单、重量轻、使用方便可靠等优点，广泛应用于非金属材料（如板材、纸张、玻璃等物体）或不可有剩磁材料的吸附。

气吸式手爪的一个特点是要求工件表面没有损伤，与吸盘接触部位光滑平整、清洁，被吸工件材质致密，没有透气空隙，且对被吸持工件预定的位置精度要求不高。

气吸式手爪是利用吸盘内的压力与大气压之间的压力差而工作的。按形成压力差的方式不同，可分为真空抽气式、气流负压式和挤压排气式。

①挤压排气式。手爪抓取工件时，橡胶吸盘压紧工件从而发生变形，挤出腔内多余的空气。当手爪上升时，靠橡胶吸盘的恢复力使其腔内与外界气压之间形成负压，从而将工件吸住。释放工件时，压下拉杆，使吸盘腔与大气相连通而失去负压。挤压排气式手爪结构简单，但吸附力有限，吸附状态不易长期保持，如图2-20所示 。

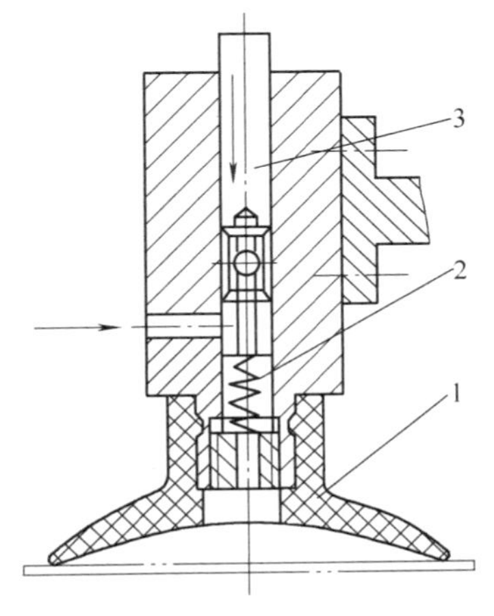

图2-20　挤压排气式手爪结构
1—橡胶吸盘　2—弹簧　3—拉杆

②气流负压式。气流负压式手爪（图2-21）利用流体力学中射流的原理，当需要抓取工件时，高速高压空气流经喷嘴时，其出口处的气压低于吸盘腔内的气压，于是腔内的气体被高速气流带走而形成负压，由此产生吸力，完成抓取工件的动作。当需要释放工件时，切断高速高压空气即可。气流负压需要的压缩空气，在工厂内容易取得，故成本较低，且吸附可靠，控制简单。

③真空抽气式。真空抽气式手爪（图2-22）的真空是由真空泵抽气产生的，真空度较高，所以吸附力最大。当需要抓取工件时，碟形橡胶吸盘与工件表面接触，然后真空泵抽气，吸盘腔内形成真空，产生吸力，从而完成抓取工件动作。当需要释放工件时，管路接通大气，吸盘腔内失去真空即可。为了避免在取料时产生撞击，有的还在支撑杆上配有弹簧缓冲；为了更好地适应物体吸附面的倾斜状况，有的在橡胶吸盘背面设计有球铰链。真空抽气式手爪工作可靠，吸附力大，但需要真空系统，成本较高。

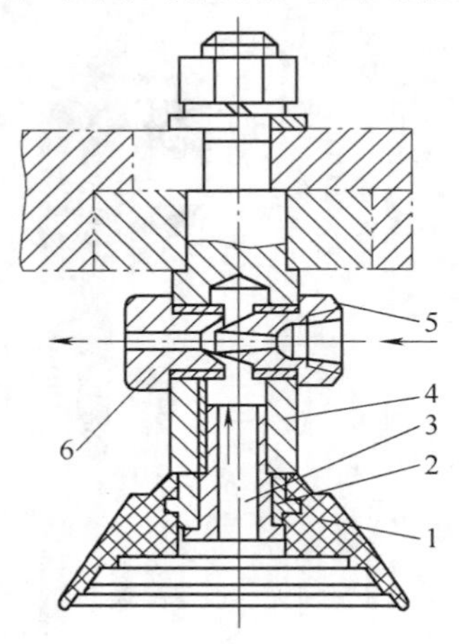

图2-21　气流负压式手爪结构

1—橡胶吸盘　2—心套　3—通气螺钉

4—支撑杆　5—喷嘴　6—喷嘴套

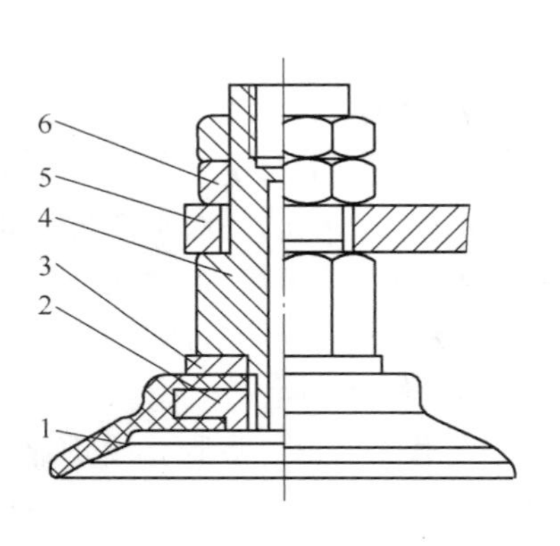

图2-22　真空抽气式手爪结构

1—橡胶吸盘　2—固定环　3—垫片

4—支撑杆　5—基板　6—螺母

2）磁吸式手爪。磁吸式手爪是利用磁场产生的磁吸力来抓取工件的，有较大的单位面积吸力，对工件表面粗糙度及通孔、沟槽无特殊要求。但只能对铁磁性工件起作用（钢、铁等材料在温度超过723℃时就会失去磁性）。另外，对不允许有剩磁的工件要禁止使用，而且吸附头上常吸附磁性屑（如铁屑），往往会影响正常工作。所以磁吸式手爪的使用有一定的局限性。根据磁场产生的方法不同，磁吸式手爪可分为永磁式和电磁式两类。

①永磁式。永磁式手爪是利用永久磁钢的磁吸力来工作的，通过移动隔磁物体来改变吸盘内的磁力线回路，从而达到吸住和释放工件的目的（也可用外力强迫取下工件）。它具有不需要电源、结构简单、安全可靠等优点，缺点是长时间使用后会出现磁吸力减弱的现象，而且对同样重量的吸盘来讲，其吸力不及电磁式。

②电磁式。电磁式手爪是用接通和切断电磁线圈中的电流（直流或交流），产生和消除磁吸力的方法来吸住和释放工件的。当衔铁接触铁磁性工件时，工件被磁化形成磁力线回路并受到电磁吸力而被吸住，其工作原理如图2-23所示。电磁式手爪的各种形状如图2-24所示。

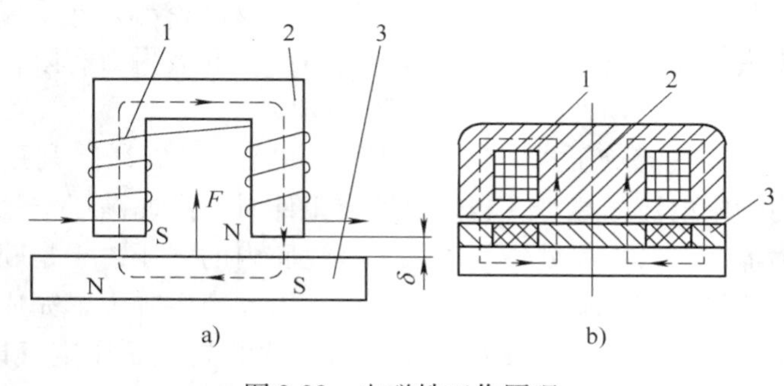

图2-23　电磁铁工作原理

1—线圈　2—铁心　3—衔铁

（3）专用手（工具）　机器人的专用手是指用来完成某一特定操作的、具有特殊功能的末端执行器，其实质就是各种各样的专用工具，例如焊接机器人的焊钳、焊枪，喷涂机器人的喷枪等。目前常用的机器人专用手有焊钳、焊枪、喷枪、砂轮、拧螺母机、激光切割机、滚轮等，如图 2-25 所示。

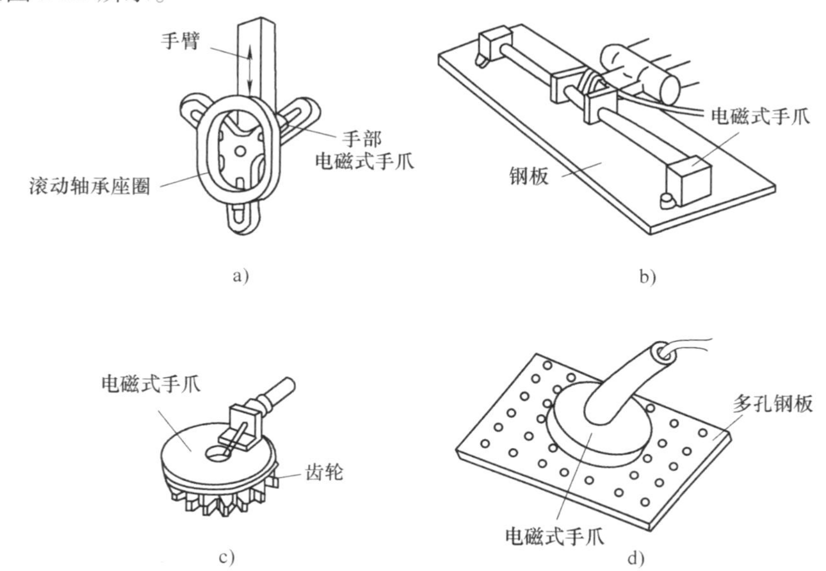

图 2-24　电磁式手爪

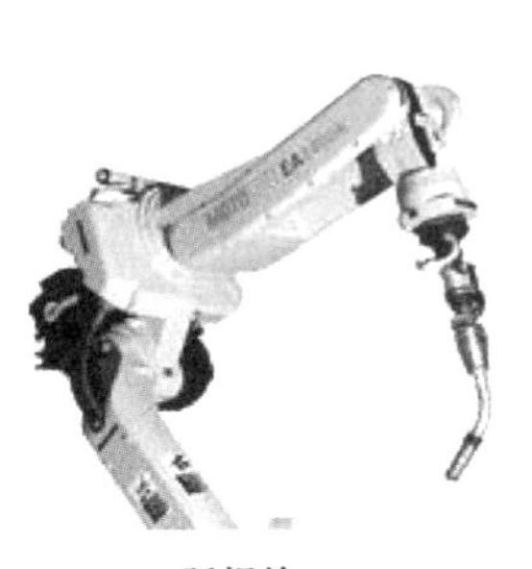

弧焊枪

点焊焊钳

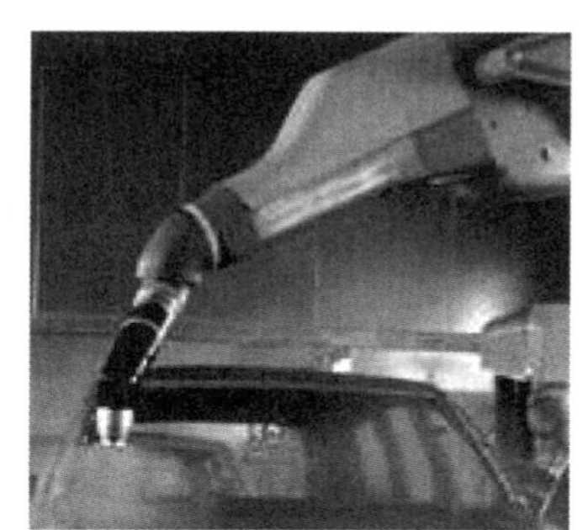

喷漆枪

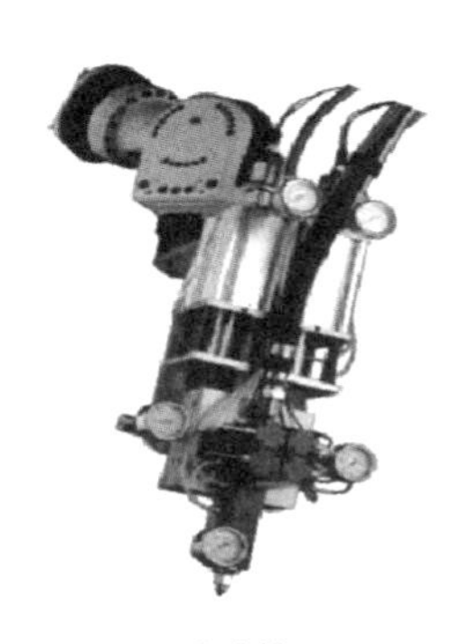

涂胶枪

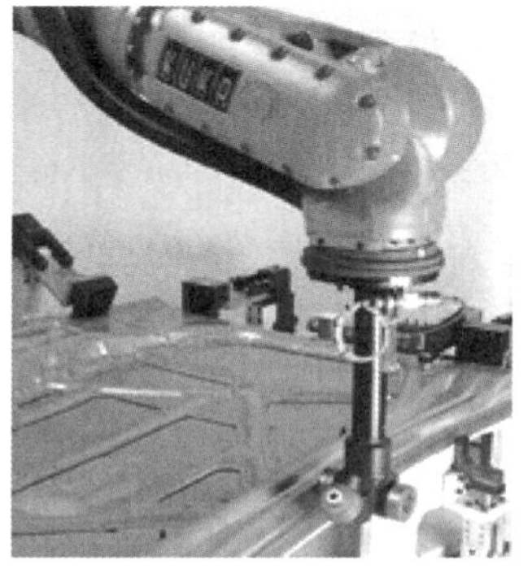

滚轮

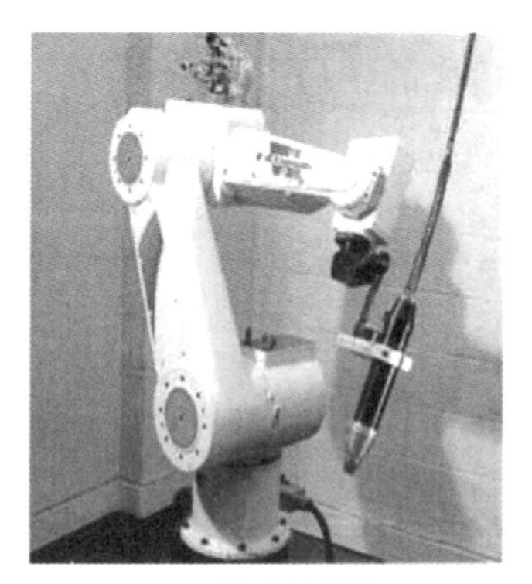

激光切割机

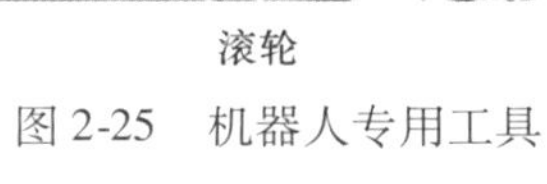

图 2-25　机器人专用工具

1）点焊焊钳结构。“一体式”点焊机器人焊钳的结构形式为焊钳的两电极臂与焊接变压器、变压器二次侧汇流铜排制成一体（图 2-26），然后共同固定在机器人手臂末端的法兰盘上。

按电极臂形状又可分为 C 型焊钳及 X 型焊钳两种。C 型焊钳的特点是只有一个动电极，因此结构简单，电极压力较大并稳定，但不如 X 型焊钳灵活。X 型焊钳的结构特征是：焊钳的两个电极臂在工作时以心轴（图 2-26）为支点可同时张开或闭合。

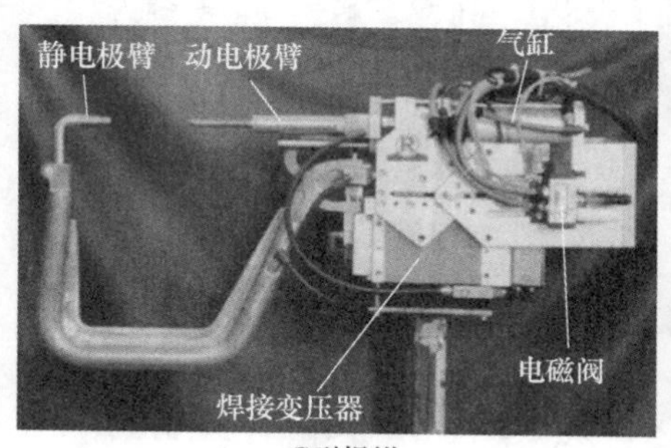

C型焊钳

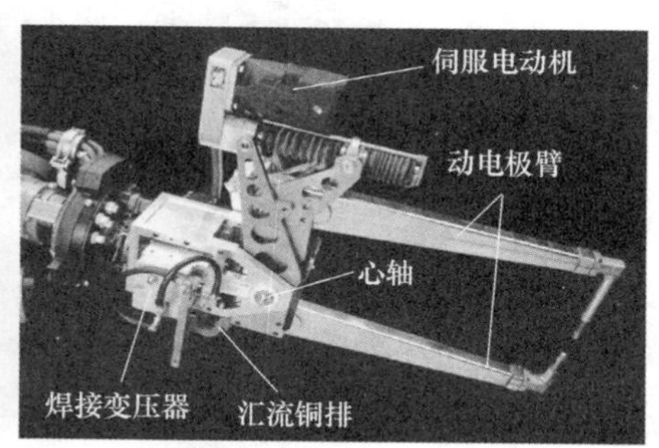

X型焊钳

图 2-26　点焊焊钳结构

X 型点焊焊钳用于点焊水平及接近水平位置的焊点，电极的运动轨迹为圆弧线。C 型点焊焊钳用于点焊垂直及接近垂直的焊点，电极做直线运动。一般情况下，焊点距离制件边缘超过 300mm 的情形选择 X 型焊钳，焊点距离制件边缘小于 300mm 的情形可以选择 X 型、C 型焊钳。

2）点焊焊钳的驱动。焊钳有“气动”和“电动机伺服驱动”两种形式。“气动”是使用压缩空气驱动“加压气缸”活塞，然后由活塞带动电极臂闭合或张开，如 C 型焊钳。一般气缸有两个行程，使焊钳两个电极臂之间有辅助行程和工作行程两种工作过程。

“电动机伺服驱动”的焊钳简称为“伺服焊钳”，是利用伺服电动机代替压缩空气作为动力源，通过相应的力变换机构带动两电极臂闭合或张开的一种焊钳。电动机伺服驱动是利用电动机脉冲码盘反馈张开程度，这种焊钳的张开度可以根据实际需要任意选定并预置，而且电极间的压紧力也可以无级调节。伺服焊钳由于采用的是伺服电动机，电极的动作速度在接触到工件前，可由高速准确调整到低速。这样就可以形成电极对工件软接触，减轻电极冲击所造成的压痕，从而也减轻了后续工件表面修磨处理量，是一种可提高焊点质量、性能较高的机器人用焊钳。

二、驱动装置

机器人的驱动方式可以是液压驱动、气动驱动、电气驱动，或者是这几种驱动结合起来应用的综合驱动，可以直接驱动或者通过同步带、链条、轮系、谐波齿轮等机械传动机构进行间接驱动。

（一）液压驱动

液压驱动的特点是能够以较小的驱动器输出较大的驱动力或力矩，即获得较大的功率重量比。而且可以把驱动液压缸直接做成关节的一部分，使结构简单紧凑，刚性好。由于液体的不可压缩性，定位精度比气压驱动高，可实现任意位置的开停。液压驱动调速比较简单和平稳，可在较大范围内实现无级调速。但是，液压驱动的问题是油液容易泄漏，这不仅影响工作的稳定性与定位精度，而且会造成环境污染。油液中易混入气泡、水分等，使系统的刚性降低，速度特性及定位精度变坏。加之需要配备压力源及复杂的管路系统，使成本偏高。液压驱动大多用于要求输出力较大、速度较低的场合。近年来以电液伺服系统驱动最具代表性。

（二）气压驱动

气压驱动在工业机械手中用得较多。气压驱动的特点是压缩空气的黏性小，流速大，一般压缩空气在管路中的流速可达180m/s，所以其快速性好。气源比较方便，一般工厂都有空压机供气，只要连接高压气管即可工作，并且没有污染，调速简单，只要调节气量就可实现无级变速。由于空气可以压缩，所以气压驱动系统具有较好的缓冲作用。还可以把驱动器做成关节的一部分，使结构简单、成本低、刚性好。气压驱动的问题在于：基于气体的可压缩性，气压驱动很难保证较高的定位精度，而且功率重量比小，驱动装置体积大。使用后的压缩空气向大气排放时会产生噪声。压缩空气中含有冷凝水，使气压系统易锈蚀，在低温下易结冰。

（三）电气驱动

电气驱动是利用各种电动机产生力和转矩，直接或经过机械传动机构去驱动机器人运动。因为省去了中间的能量转换过程，所以比液压及气动驱动效率高。随着大功率交流伺服驱动技术的发展，目前大部分工业机器人采用电气驱动方式，只有在少数要求超大的输出功率、防爆、低运动精度的场合才考虑使用液压和气压驱动。电气驱动无环境污染，响应快，精度高，成本低，控制方便。

电气驱动按照驱动执行元件的不同又分为步进电动机驱动、直流伺服电动机驱动和交流伺服电动机驱动三种形式。

1. 步进电动机

步进电动机是一种将脉冲电信号转换为角位移或直线位移的控制电动机。每当输入一个电脉冲时，它便转过一个角度，这个角度称为步距角，简称步距。脉冲一个一个地输入，电动机便一步一步地转动，步进电动机因此而得名。

从电动机绕组所加的电源形式来看，与一般的交直流电动机也有所区别，它既不是正弦波，也不是恒定电压，而是脉冲电压，所以有时也称这种电动机为脉冲电动机。

（1）步进电动机的优点

1）输出角度精度高，无积累误差，惯性小。步进电动机的输出精度主要由步距角来反映。目前步距角一般可以做到0.002°~0.005°甚至更小。步进电动机的实际步距角与理论步距角总存在一定的误差，这误差在电动机旋转一周的时间内会逐步积累，但当电动机旋转一周后，其转轴又回到初始位置，使误差回到零。

2）输入和输出呈严格线性关系。输出角度不受电压、电流及波形等因素的影响，仅取决于输入脉冲数的多少。

3）容易实现位置、速度控制，起、停及正、反转控制方便。步进电动机的位置（输出角度）由输入脉冲数确定，其转速由输入脉冲的频率决定，正、反转（转向）由输入脉冲的顺序决定，而脉冲数、脉冲频率、脉冲顺序都可方便地由计算机输出控制。

4）输出信号为数字信号，可以与计算机直接接口。

5）结构简单，使用方便，可靠性好，寿命长。

（2）步进电动机的类型　按照励磁方式不同，步进电动机有反应式、永磁式和混合式三种类型。

1）反应式步进电动机（VR）。定子上有绕组，转子由软磁材料组成。结构简单，成本低，步距角小，可达1.2°，但动态性能差，效率低，发热大，可靠性难保证。

2）永磁式步进电动机（PM）。永磁式步进电动机的转子用永磁材料制成，转子的极数与定子的极数相同。其特点是动态性能好，输出转矩大，但这种电动机精度差，步距角大（一般为7.5°或15°）。

3）混合式步进电动机（HB）。混合式步进电动机综合了反应式和永磁式的优点，其定子上有多相绕组，转子上采用永磁材料，转子和定子上均有多个小齿，以提高步距精度。其特点是输出转矩大，动态性能好，步距角小，但结构复杂，成本相对较高，是目前性能最高的步进电动机。它有时也称作永磁感应子式步进电动机。

（3）步进电动机的原理　这里以反应式步进电动机为例说明其工作原理。

图2-27所示为三相反应式步进电动机的剖面示意图。电动机的定子上有六个均布的磁极，其夹角是60°。各磁极上套有线圈，按图2-27连成A、B、C三相绕组。转子上均布40个小齿。所以每个齿的齿距为 $\theta_E = 360°/40 = 9°$，而定子每个磁极的极弧上也有五个小齿，且定子和转子的齿距和齿宽均相同。由于定子和转子的小齿数目分别是30和40，其比值是一个分数，这就产生了所谓"齿错位"的情况。当A相控制绕组通电，而B相和C相不通电时，步进电动机的气隙磁场与A相绕组轴线重合，而磁力线总是力图从磁阻最小的路径通过，故电动机转子受到一个反应转矩，在步进电动机中称为静转矩。在此转矩的作用下，转子上的小齿与定子AA上的小齿对齐，那么B相和C相磁极的齿就会分别和转子齿相错三分之一的齿距，即3°。因此，B、C磁极下的磁阻比A磁极下的磁阻大。若A相断电，B相通电，同样使转子受到反应转矩（磁阻转矩）的作用而转动，直到转子小齿与BB磁极上的齿对齐，恰好转子转过3°。此时A、C磁极下的齿又分别与转子齿错开三分之一齿距。接着停止对B相绕组通电，而改为C相绕组通电，同理受反应转矩的作用，转子按顺时针方向再转过3°。依次类推，当三相绕组按A→B→C→A顺序循环通电时，转子会按顺时针方向，以每个通电脉冲转动3°的规律步进式转动起来。若改变通电顺序，按A→C→B→A顺序循环通电，则转子就按逆时针方向以每个通电脉冲转动3°的规律转动。因为每一瞬间只有一相绕组通电，并且按三种通电状态循环通电，故称为单三拍运行方式。通常为了得到小的步距角和较好的输出性能，用三相六拍通电方式，其通电顺序为A→AB→B→BC→C→CA→A→……（顺时针）和A→AC→C→CB→B→BA→A→……（逆时针），相应地绕组的通电状态每改变一次，转子转过1.5°。

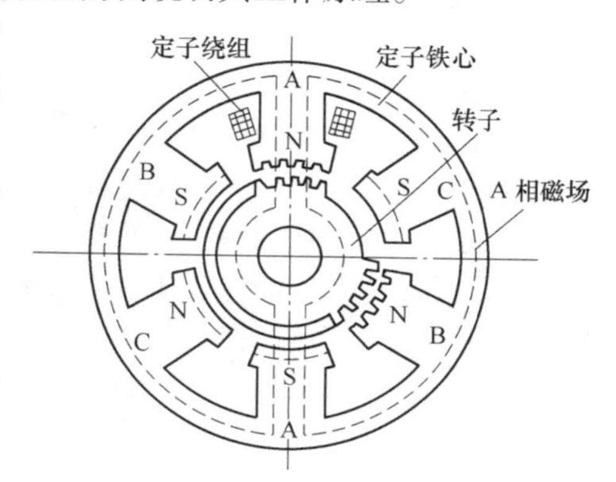

图2-27　三相反应式步进电动机的剖面示意图

步进电动机的步距角可用下式表示，即

$$\theta = \frac{360°}{mzk}$$

式中，θ 为步进电动机的步距角；m 为定子绕组的相数；z 为转子的齿数；k 为通电方式常数，m 相 m 拍通电时，$k=1$，m 相 $2m$ 拍通电时，$k=2$。

2. 直流伺服电动机

伺服一词源于希腊语“奴隶”的意思。人们想把“伺服机构”当个得心应手的驯服工具，按照控制信号的要求而动作。在信号来到之前，电动机静止不动；信号来到之后，电动机立即转动；当信号消失，电动机能即时停转。

直流伺服电动机本身就是直流电动机，直流伺服电动机的结构与直流电动机基本相同。只是为减小转动惯量，电动机做得细长一些。直流伺服电动机的优点有起动转矩大，体积小，重量轻，能在较宽的速度范围内稳定运行，有很好的线性调节特性，响应迅速，可快速起动、增速、减速和停止，效率高，损耗小等。输出功率一般为 1 ~ 600W，转速可达 1500 ~ 1600r/min。

（1）直流电动机的结构　直流电动机的结构由定子和转子两大部分组成。定子的主要作用是产生磁场，由机座、主磁极、换向极、端盖、轴承和电刷装置等组成。运行时转动的部分称为转子，其主要作用是产生电磁转矩和感应电动势，是直流电动机进行能量转换的枢纽，所以通常又称为电枢，由转轴、电枢铁心、电枢绕组、换向器和风扇等组成。

（2）直流电动机的工作原理　图 2-28 中 N、S 为永久磁铁，当位于 N、S 之间的导体转子通过电刷和换向器有电流流过且转子电流和磁通正交时，由于磁场的作用，导体转子两边产生方向相反的电磁力，从而形成如图 2-28 所示的转矩使导体转动。当导体转过 90°时，由于换向器使电流反向，使转子导体两边的电磁力反向，但由于此时转子位置的改变正好使所形成的转矩保持原来相同的方向，使转子继续向同一方向转动。这样，转子每转过 180°，换向器就使电流反向一次，使得转子连续不断地转动。在图 2-28 中所示位置开始通电时，转子转矩最大。随着转子的旋转转矩逐渐减小，直到转过 90°时，转矩为零，但由于转子惯性的作用，转子仍然向同一方向旋转。转过 90°后，转矩又从零开始逐渐增大。所以直流电动机是一种转矩变化剧烈的电动机。应用时为了保证电动机保持一定的最大转矩，实际使用的直流电动机往往要设置 10 个换向器。

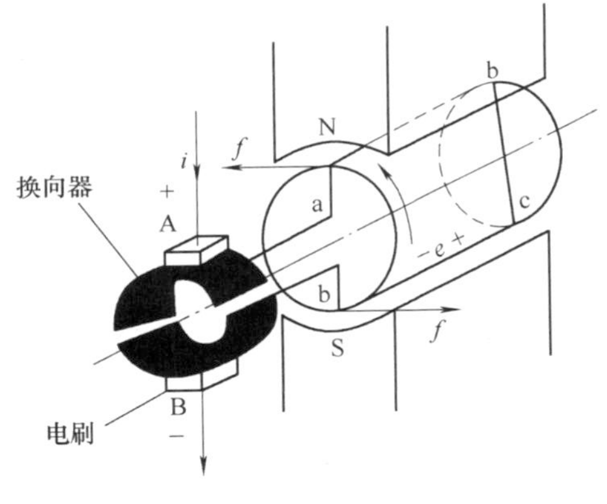

图 2-28　直流电动机结构原理图

3. 交流伺服电动机

直流伺服电动机结构上具有电刷和换向器，需要定期更换电刷和进行维修，电动机使用寿命短，噪声大。尤其是直流电动机的容量小，电枢电压低，很多特性参数随速度而变化，限制了直流电动机向高速、大容量方向发展。在一些具有可燃气体的场合，由于电刷换向过程中可能引起打火，也不适合使用直流电动机，如井下作业等。所以近年来，随着交流技术的发展，直流伺服电动机正越来越多地被交流伺服电动机所取代。

交流伺服电动机无接触换向部件，不需要定期检查和维修，结构紧凑。定子线圈绕在定子铁心上，磁场均匀，转子采用具有精密磁极形状的永久磁铁，因而可实现高转矩惯量比，能在较宽的速度范围内保持理想的转矩，动态响应好，结构简单，运行可靠。交流伺服电动机外形小，重量轻，一般同样体积下，交流电动机的输出功率可比直流电动机高出10%～70%。另外，交流电动机的容量可做得比直流电动机大，达到更高的转速和电压。目前在机器人系统中，90%的系统采用交流伺服电动机。

交流伺服电动机实际上就是自同步三相永磁同步电动机。所谓自同步永磁同步电动机，是其定子绕组产生的旋转磁场位置由永磁转子的位置所决定，能自动地维持与转子磁场有90°的空间夹角，以产生最大的电动机转矩。旋转磁场的转速则严格地由永磁转子的转速所决定。用此种方式运行的永磁同步电动机除仍需逆变器开关电路外，还需要一个能检测转子位置的传感器，逆变器的开关动作使永磁同步电动机定子绕组得到的多相电流，完全由转子位置检测装置给出的信号来控制。这种定子旋转磁场由定子位置来决定的运行方式即自同步永磁同步电动机运行方式。按照定子绕组感应电动势的波形不同，可以分为正弦波永磁同步电动机（PMSM）和梯形波永磁同步电动机（BLDC）。

（1）交流伺服电动机的结构　正弦波永磁同步电动机结构如图2-29所示。该电动机的定子绕组通常为三相绕组（也可制成多相，如四相、五相），三相绕组与定子铁心对称分布，在空间互差120°电角度，电枢绕组常以Y形联结，采用短距分布绕组，通入三相交流电时，产生旋转磁场。转子采用钕铁硼稀土永磁材料取代电励磁磁极，简化了结构，消除了转子的集电环、电刷，实现了无刷结构，缩小了转子体积；省去了励磁直流电源，消除了励磁损耗和发热。

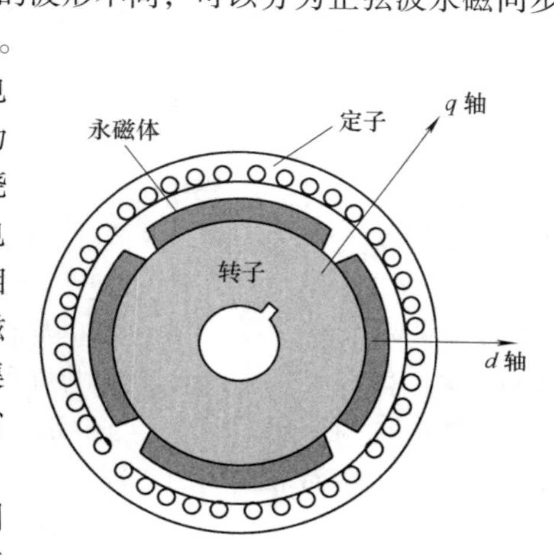

图2-29　正弦波永磁同步电动机结构

（2）交流伺服电动机的工作原理　自同步永磁同步电动机按电动机定子绕组中加入的电流形式不同可分为方波电动机和正弦波电动机两类。方波电动机与有刷直流电动机工作原理完全相同，不同处在于它用电子开关电路和转子位置传感器取代了有刷直流电动机的换向器和电刷，从而实现了直流电动机的无刷化，同时保持了直流电动机的良好控制特性，故该类方波电动机人们习惯称为无刷直流电动机（Brushless DC Motor，BDCM）。这是当前在机器人伺服驱动系统使用最广泛、很有前途的一种自同步永磁同步电动机。

正弦波自同步永磁同步电动机（Permanence Magnet Synchronize Motor，PMSM）的定子绕组得到的是对称三相交流电，但三相交流电的频率、相位和幅值由转子的位置信号所决定。转子位置检测通常使用光电编码器，可精确地获得瞬间转子位置信息。其控制通常采用单片机或数字信号处理器（DSP）作为控制器的核心单元。因其控制性能、控制精度和转矩的平稳性较无刷直流电动机控制系统好，故在机器人伺服驱动中也广为采用。

第三节　工业机器人的传感器

机器人传感器是机器人组成中很重要的一部分，机器人能够准确地、以适当的速度移动位置、变换姿态、避免与环境中物体发生碰撞或找到抓取对象都离不开传感器提供的信息，机器人传感器就像人类的感觉器官，在完成工作任务时发挥着不可或缺的作用。

根据传感器在机器人上应用的目的与使用的范围不同，将其分为两类：内部传感器和外部传感器。用于检测机器人自身状态（如手臂间角度，机器人运动的位置、速度等）的传感器是内部传感器；外部传感器用于检测机器人所处的环境和对象的状况等，如判别机器人抓取对象的形状、空间位置，抓取对象周围是否存在障碍，被抓取物体是否滑落等。

外部传感器又可分为末端执行器传感器和环境传感器。末端执行器传感器主要安装在末端执行器的手上，用于检测精巧作业的感觉信息，类似于人的触觉。环境传感器用于识别物体和检测物体与机器人的距离等。使用外部传感器可提高机器人的适应能力和控制水平，提高机器人的自主控制能力。

一、内部传感器

（一）位置传感器

位置传感器有模拟和数字两类。模拟传感器有旋转变压器、感应同步器、电位器等。数字传感器有光电盘、编码盘、光栅等。

1. 旋转变压器

旋转变压器是一种输出电压随角度变化的检测装置，是用来测量角位移的。其结构与交流绕线式异步电动机相似，由定子和转子组成。定、转子铁心由导磁性能良好的电工钢片叠成，定子铁心内圆和转子铁心外圆上均布有齿槽。定子相当于变压器的初级，在定子槽中分别布置有两个空间互成90°的绕组，一个是定子励磁绕组，一个为定子补偿绕组，两套绕组的结构是完全相同的。在转子槽中分别布置有两个空间互成90°的绕组，一个是正弦输出绕组，一个是余弦输出绕组，两套绕组的结构是完全相同的。定、转子间的气隙是均匀的，气隙磁场一般为两极。定子绕组引出线可直接引出或接到固定的接线板上，而转子绕组引出线则通过集电环和电刷引出。

设定子绕组 D_1D_2 轴线和余弦输出绕组 Z_1Z_2 轴线的夹角为 θ，当输出绕组 Z_1Z_2 和 Z_3Z_4 以及定子补偿绕组 D_3D_4 开路，励磁绕组施加交流励磁电压 U_{s1} 时，旋转变压器励磁磁通 Φ_D 在正、余弦输出绕组 Z_3Z_4 和 Z_1Z_2 中的感应电动势分别为：

$$E_{R1} = 4.44 f W_R \Phi_D \cos\theta = E_R \cos\theta$$

$$E_{R2} = 4.44 f W_R \Phi_D \cos(\theta + 90°) = -E_R \sin\theta$$

式中，E_R 为励磁绕组和输出绕组轴线重合时磁通 Φ_D 在该输出绕组中的感应电动势。

若 Φ_D 在励磁绕组中的感应电动势为 E_D，则

$$E_R / E_D = W_R / W_D = K_\mu$$

式中，W_R 和 W_D 分别为输出绕组和励磁绕组的有效匝数；K_μ 为变比或匝数比。

则得

$$E_{R1} = K_\mu E_D \cos\theta$$

$$E_{R2} = -K_\mu E_D \sin\theta$$

上式表明，当电源电压不变时，输出电动势与转子转角 θ 有严格的正、余弦关系。实验

表明，图 2-30 中正弦输出绕组 Z_3Z_4 带上负载以后，在 Z_3Z_4 中有感应电流产生，在气隙中产生相应的脉振磁场 B_Z，旋转变压器正弦输出绕组 Z_3Z_4 接上负载后，除了存在 $E_{R2} = -K_{\mu}E_D \sin\theta$ 电动势外，还附加了正比于 $B_Z \cos^2\theta$ 的电动势 E_q，其输出电压不再是转角的正弦函数。E_q 的出现破坏了输出电压随转角做正弦变化的关系，造成输出特性的畸变。

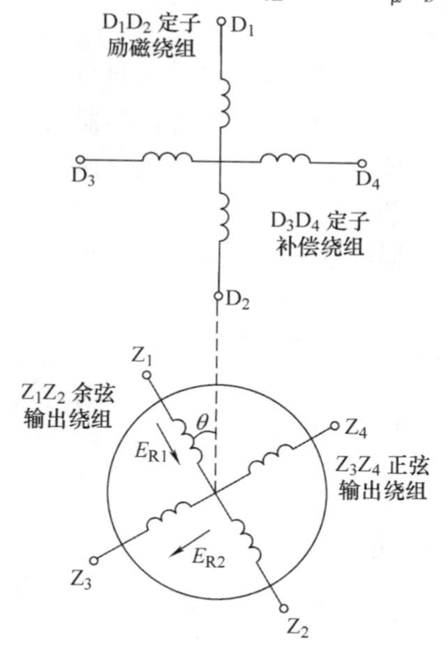

图 2-30　旋转变压器原理图

补偿的办法之一是，定子 D_3D_4 绕组也连接负载，使 D_3D_4 绕组产生感应电压和电流。根据楞次定律，该感应电流所产生的磁通是反对 B_Z 磁通变化的，因而对 B_Z 交轴磁通起去磁作用，从而达到补偿的目的。一般只要把 D_3D_4 短路，即可实现补偿。

补偿的办法之二是，余弦 Z_1Z_2 绕组接对称负载，也可以抵消 B_Z 的影响。

两种补偿可以同时使用，以减小补偿误差。旋转变压器是一种交流励磁型的角度检测器，检测精度较高。在使用时，可以把旋转变压器转子与机器人关节轴连接，用鉴相器测出转子感应电动势的相位，从而确定关节旋转的角度。

2. 感应同步器

感应同步器也是一种电磁式装置的测量元件，工作原理与旋转变压器相似，按其结构特点不同一般分为直线式和旋转式两种。直线式感应同步器由定尺和滑尺组成；旋转式感应同步器（图 2-31、图 2-32）由转子和定子组成。前者用于直线位移测量，后者用于角位移测量。

图 2-31　旋转式感应同步器

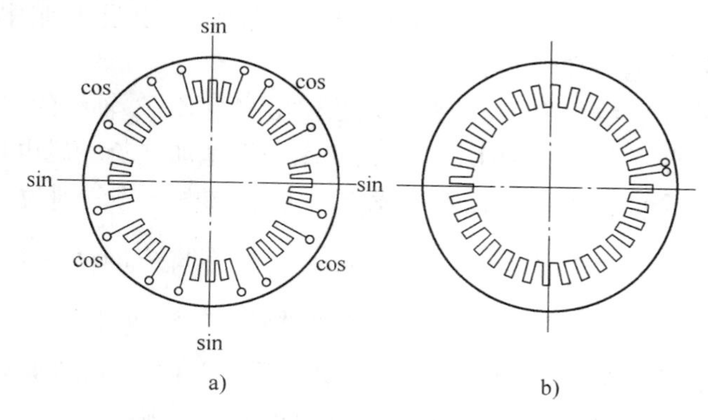

图 2-32　旋转式感应同步器原理图

a）定子　b）转子

在定尺和转子上的是连续绕组，在滑尺和定子上的则是分段绕组。分段绕组分为两组，布置成在空间相差 90°相位，分别称为正弦绕组（S 绕组）和余弦绕组（C 绕组）。感应同步器的分段绕组和连续绕组相当于变压器的一次侧和二次侧线圈，利用交变电磁场和互感原理工作。滑尺或定子的两个绕组中的任一绕组通交变励磁电压时，由于电磁效应，定尺或转子绕组上必然产生相应的感应电动势。感应电动势的大小取决于滑尺相对定尺（或转子相对定子）的位置。以定尺绕组中感应电动势的变化情况为例：滑尺绕组与定尺绕组同向对齐（图 2-33 中正弦绕组）时，这时定尺绕组中的感应电动势最大；如果滑尺相对于定尺向左（或右）平行移动，感应电动势就随之逐渐减小，在两绕组刚好错开 1/4 节距（$\tau/2$）的位置时，感应电动势减为零；若再继续移动，移到 1/2 节距的位置时，两绕组反向对齐，感应电动势为负向最大，当到达 3/4 节距的位置时，感应电动势再一次变为零；这样，滑尺每移动一个节距，定尺绕组的感应电动势大小周期性变化一次。

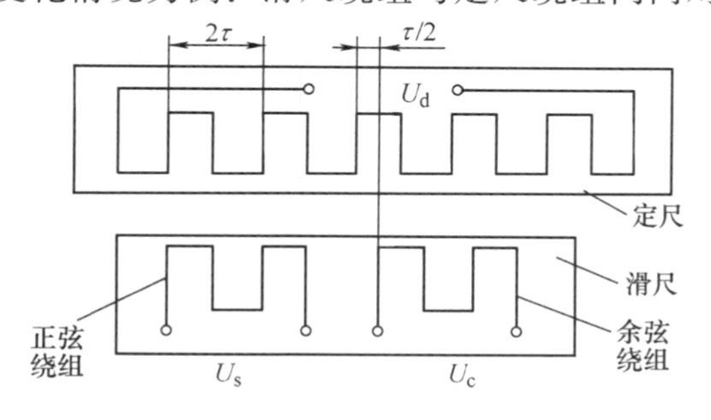

图 2-33　直线式感应同步器原理图

3. 光电编码器

光电编码器是一种旋转式位置传感器，在现代伺服系统中广泛应用于角位移或角速率的测量，它的转轴通常与被测旋转轴连接，随被测轴一起转动，能将被测轴的角位移转换成二进制编码或一串脉冲。光电编码器分为绝对式和增量式两种类型。

（1）增量式光电编码器

1）增量式光电编码器的结构。增量式光电编码器是指随转轴旋转的码盘给出一系列脉冲，然后根据旋转方向用计数器对这些脉冲进行加减计数，以此来表示转过的角位移量。增量式光电编码器结构如图 2-34 所示。光电码盘与转轴连在一起。码盘可用玻璃材料制成，表面镀上一层不透光的金属铬，然后在边缘制成向心的透光狭缝。透光狭缝在码盘圆周上等分，数量从几百条到几千条不等。这样，整个码盘圆周上就被等分成 n 个透光的槽。增量式光电码盘也可用不锈钢薄板制成，然后在圆周边缘切割出均匀分布的透光槽。

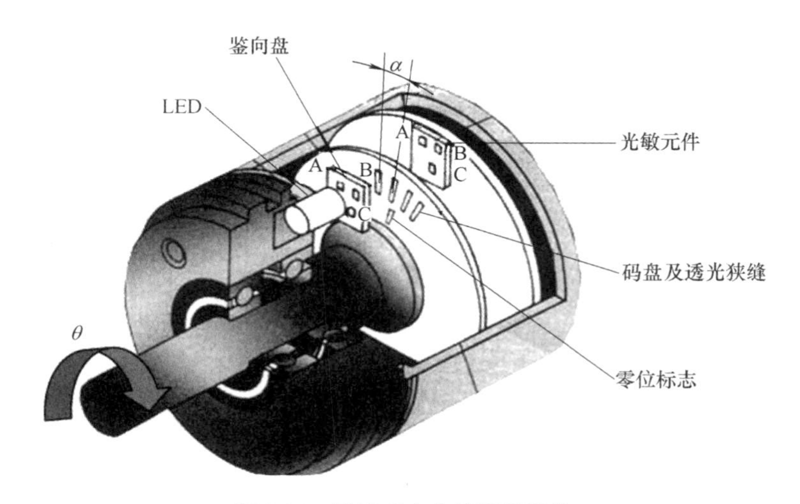

图 2-34　增量式光电编码器结构

2）增量式光电编码器的工作原理。增量式光电编码器的工作原理如图 2-34 所示。它由码盘、鉴向盘、光学系统和光电变换器组成。在码盘（光电盘）周边刻有节距相等的辐射状狭缝，形成均匀分布的透明区和不透明区。鉴向盘与码盘平行，并刻有 a、b 两组透明检测狭缝，两个狭缝距离是码盘上两个狭缝距离的 1/4，以使 A、B 两个光电转换器的输出信号在相位上相差 90°，如图 2-35 所示。工作时，鉴向盘静止不动，码盘与转轴一起转动，光源发出的光投射到码盘与鉴向盘上。当码盘上的不透明区正好与鉴向盘上的透明窄缝对齐时，光线被全部遮住，光电转换器输出电压为最小；当码盘上的透明区正好与鉴向盘上的透明窄缝对齐时，光线全部通过，光电变换器输出电压为最大。码盘每转过一个刻线周期，输出信号为一个脉冲，每一个脉冲对应一个分辨角 α，对脉冲进行计数 N，就是对 α 的累加，即角位移 $\theta = \alpha N$。

光电编码器的测量准确度与码盘圆周上的狭缝条纹数 n 有关，能分辨的角度 α 为 $360°/n$，分辨率为 $1/n$ 。例如，码盘边缘的透光槽数为 1024 个，则能分辨的最小 $\alpha = 360°/1024 = 0.352°$。

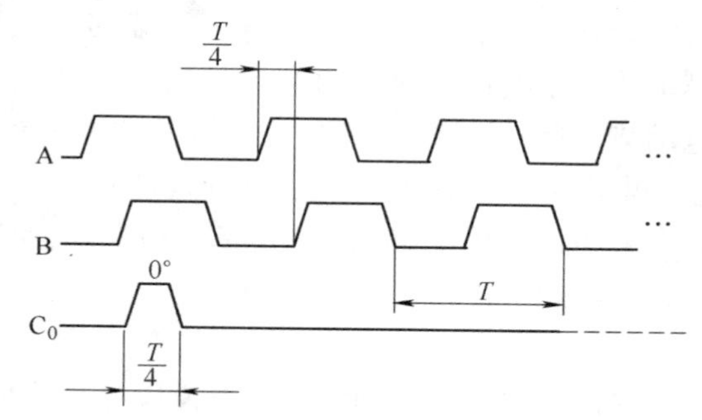

图 2-35　增量式编码器输出波形图

光敏元件所产生的信号 A、B 彼此相差 90 °相位，用于辨向。当码盘正转时，A 信号超前 B 信号 90 °；当码盘反转时，B 信号超前 A 信号 90 °。在码盘里圈，还有一条狭缝 C，每转能产生一个脉冲，该脉冲信号又称“一转信号”或零标志脉冲，作为测量的起始基准。

由于增量式角编码器的输出信号是脉冲形式，因此，可以通过测量脉冲频率或周期的方法来测量转速。角编码器可代替测速发电机的模拟测速，而成为数字测速装置。

根据脉冲计数来测量转速的方法有以下三种：

①M 法测速。在规定时间内测量所产生的脉冲个数来获得被测速度，称为 M 法测速；在一定的时间间隔 t_s（又称闸门时间，如 10s、1s、0. 1s 等）内，用角编码器所产生的脉冲数来确定速度的方法称为 M 法测速，其测速原理如图 2-36a 所示。

若角编码器每转产生 N 个脉冲，在闸门时间间隔 t_s 内得到 m_1 个脉冲，则角编码器所产生的脉冲频率 f 为

$$f = \frac{m_1}{t_s}$$

则转速 n 为

$$n = \frac{f}{N} = 60\,\frac{m_1}{t_s N} \quad (\text{单位为 r/min})$$

例如某角编码器的指标为 2048 个脉冲/r（即 $N = 2048$），在 0. 2s 时间内测得 8K 脉冲（1K = 1024），即 $t_s = 0.2\text{s}$，$m_1 = 8\text{K} = 8192$ 个脉冲，$f = \dfrac{8192}{0.2\text{s}} = 40960\text{Hz}$，则角编码器轴的转速为

$$n = \frac{f}{N} = 60\,\frac{m_1}{t_s N} = 60 \times \frac{8192}{0.2 \times 2048}\text{r/min} = 1200\text{r/min}$$

M 法测速主要应用于要求转速较快的场合，否则计数值较少，测量准确度较低。

②T 法测速。测量相邻两个脉冲的时间来测量速度，称为 T 法测速。T 法测速的原理是用一已知频率 f_c（此频率一般都比较高）的时钟脉冲向一计数器发送脉冲，计数器的起停由码盘反馈的相邻两个脉冲来控制，其测速原理如图 2-36b 所示。若计数器读数为 m_2，则电动机每分钟转数为

$$n=\frac{60f_c}{Pm_2}\ （单位为\ r/min）$$

式中，P 为码盘一圈发出的脉冲个数，即码盘线数。

T 法适合于测量较低的速度，这时能获得较高的分辨率。

③M/T 法测速。同时测量检测时间和在此时间内脉冲发生器发出的脉冲个数来测量速度，称为 M/T 法测速。M/T 法测速是将 M 法和 T 法两种方法结合在一起使用，在一定的时间范围内，同时对光电编码器输出的脉冲个数 m_1 和 m_2 进行计数。采用 M/T 法既具有 M 法测速的高速优点，又具有 T 法测速的低速优点，能够覆盖较广的转速范围，测量的精度也较高，在电动机的控制中有着十分广泛的应用。

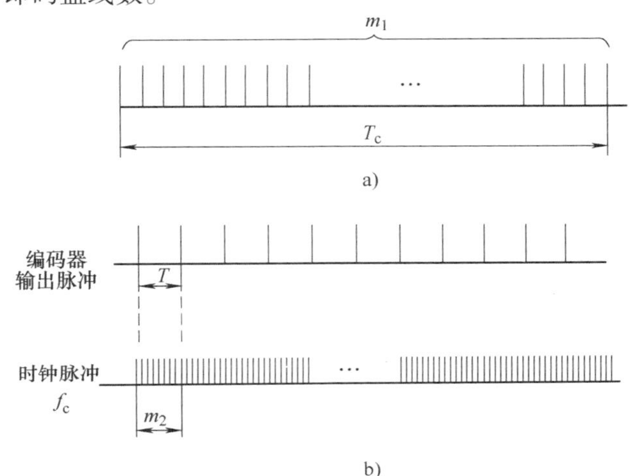

图 2-36　增量式编码测速方法

a）M 法测速　b）T 法测速

(2) 绝对式光电编码器　绝对式光电编码器是把被测转角通过读取码盘上的图案信息直接转换成相应代码的检测元件，如图 2-37 所示。码盘有光电式、接触式和电磁式三种。光电式码盘是目前应用较多的一种，它是在透明材料的圆盘上精确地印制上二进制编码。图 2-38a 所示为四位二进制的码盘，码盘上各圈圆环分别代表一位二进制的数字码道，在同一个码道上印制黑白等间隔图案，形成一套编码。黑色不透光区和白色透光区分别代表二进制的“0”和“1”。在一个四位光电码盘上，有四圈数字码道，每一个码道表示二进制的一位，里侧是高位，外侧是低位，在 360°范围内可编码数为 $2^4=16$ 个。工作时，码盘的一侧放置电源，另一边放置光电接收装置，每个码道都对应有一个光敏管及放大、整形电路。码盘转到不同位置，光敏元件接收光信号，并转成相应的电信号，经放大整形后，成为相应数码电信号。

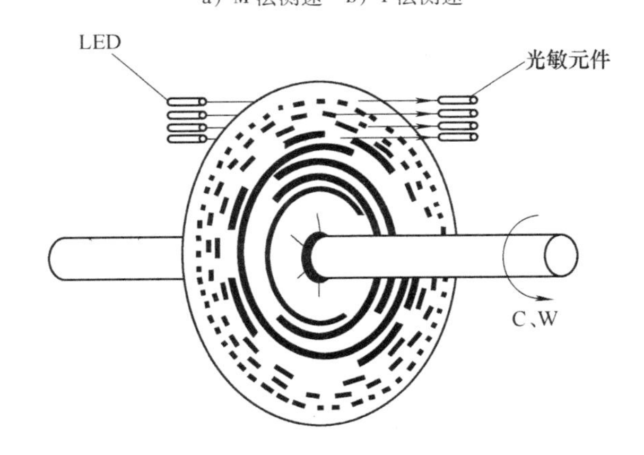

图 2-37　绝对式光电编码器

但由于制造和安装精度的影响，当码盘回转在两码段交替过程中，会产生读数误差。例如，当码盘顺时针方向旋转，由位置“0111”变为“1000”时，这四位数要同时都变化，

可能将数码误读成 16 种代码中的任意一种，如读成 1111、1011、1101、…、0001 等，产生了无法估计的很大数值误差，这种误差称非单值性误差。为了消除非单值性误差，可采用以下的方法：

1）循环码盘（或称格雷码盘）。循环码习惯上又称格雷码，它也是一种二进制编码，只有“0”和“1”两个数。图 2-38b 所示为四位二进制循环码。这种编码的特点是任意相邻的两个代码间只有一位代码有变化，即“0”变为“1”或“1”变为“0”。因此，在两数变换过程中，所产生的读数误差最多不超过“1”，只可能读成相邻两个数中的一个数。所以，它是消除非单值性误差的一种有效方法。

2）带判位光电装置的二进制循环码盘。这种码盘是在四位二进制循环码盘的最外圈再增加一圈信号位。图 2-38c 所示就是带判位光电装置的二进制循环码盘。该码盘最外圈上信号位的位置正好与状态交线错开，只有当信号位处的光电元件有信号时才读数，这样就不会产生非单值性误差。

绝对式光电编码器测量精度取决于它所能分辨的最小角度，这与码盘上的码道数 n 有关，即最小能分辨的角度及分辨率为：最小 $\alpha=360°/2^n$，分辨率为 $1/2^n$。

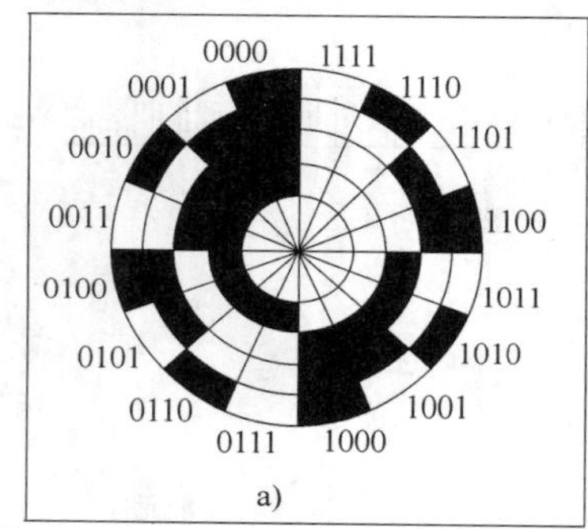

a)

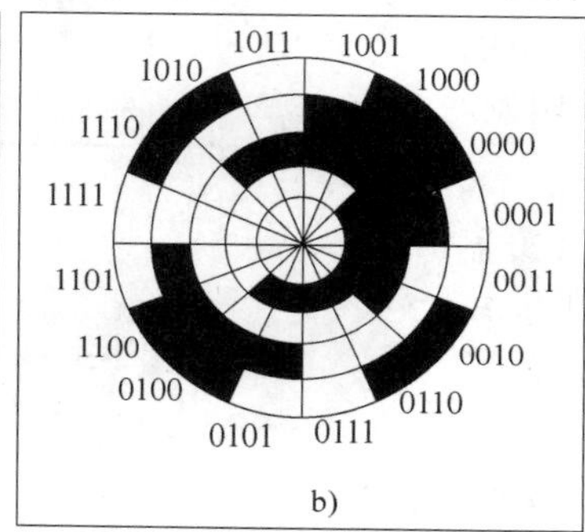

b)

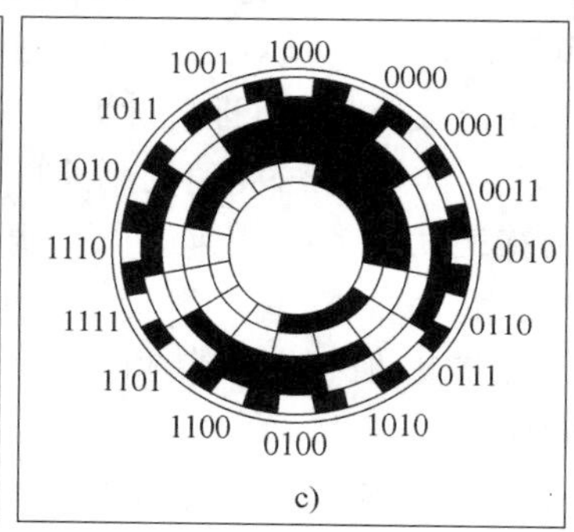

c)

图 2-38　四位码盘编码示意图

a）四位二进制的码盘　b）四位二进制循环码盘　c）带判位光电装置的二进制循环码盘

（二）速度传感器

速度传感器是机器人的内部传感器之一，用来确定关节的运动速度。

（1）绝对式光电编码器也可以用来测量角速度　因为这种编码器输出的是旋转角度的现时值，所以若对单位时间之前的值进行记忆，并取它与现时值之间的差值，就可以求得角速度。

（2）增量式码盘也可以作为速度传感器　当增量式码盘也可以作为速度传感器使用时，既可以用模拟输出，也可以用数字输出。把码盘的脉冲频率转换成与转速成正比的模拟电压的方法可得到模拟输出。而单位时间内的脉冲数就可表示这段时间的平均速度，当时间单位足够小时，则可以代表某个时间点的瞬时速度值。

（3）磁电感应式速度传感器　磁电感应式速度传感器是利用导体和磁场发生相对运动产生感应电动势，是一种磁电能量变换型传感器。不需要供电电源，电路简单，性能稳定，输出阻抗小且频率响应范围广。

变磁通式磁电感应转速传感器，是将感应电动势的频率作为输出，而电动势的频率取决于磁通变化的频率。变磁通式转速传感器的结构有开磁路和闭磁路两种。

如图 2-39 所示为开磁路变磁通式转速传感器。测量齿轮安装在被测转轴上与其一起旋转。当齿轮旋转时，齿的凹凸引起磁阻的变化，从而使磁通发生变化，因而在线圈中感应出交变的电动势，其频率等于齿轮的齿数 z 和转速 n 的乘积，即

$$f = zn/60$$

式中，z 为齿轮齿数；n 为被测轴转速（v/min）；f 为感应电动势频率（Hz）。

这样当已知 z，测得 f 就可得出 n 值。

（4）测速发电机　测速发电机是应用最广泛，能直接得到代表转速的电压且具有良好实时性的一种速度测量传感器。测速发电机实际上是一台小型永磁式直流发电机，其结构原理如图 2-40 所示。其工作原理基于法拉第电磁感应定律，当通过线圈的磁通量恒定时，位于磁场中的线圈旋转使线圈两端产生的电压（感应电动势）与线圈（转子）的转速成正比，即

$$u = kn$$

式中，u 为测速发电机的输出电压（V）；n 为测速发电机的转速（r/min）；k 为比例系数。

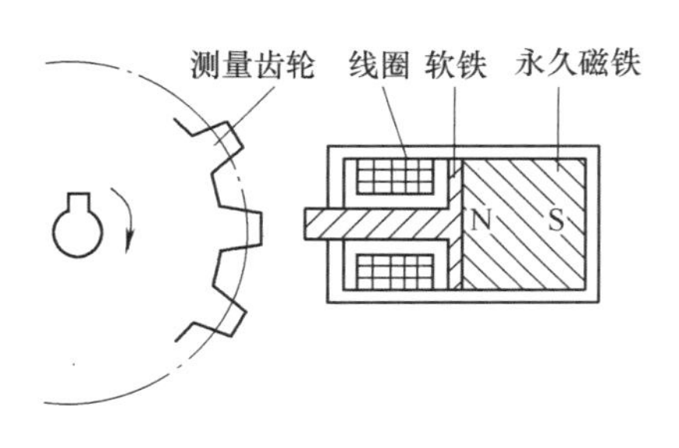

图 2-39　开磁路变磁通式转速传感器

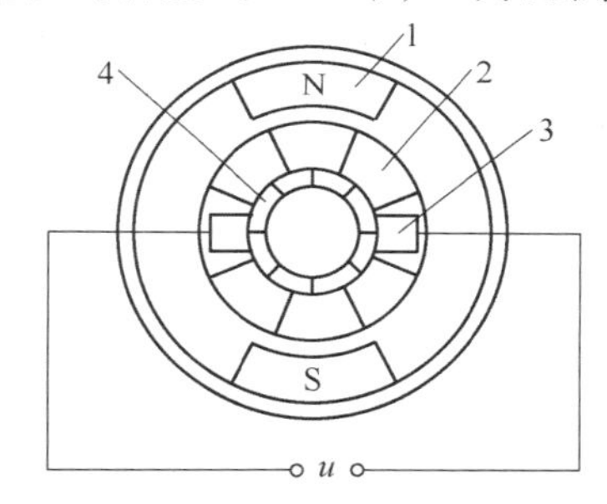

图 2-40　直流测速发电机的结构原理

1—永久磁铁　2—转子线圈　3—电刷　4—整流子

从式中看出，输出电压与转子转速呈线性关系。但当直流测速发电机带有负载时，电枢的线圈绕组便会产生电流而使输出电压下降，这样便破坏了输出电压与转速的线性度，使输出特性产生误差。为了减少测量误差，应使负载尽可能小且保持负载性质不变。测速发电机线性度好，灵敏度高，输出信号强，目前检测范围一般为 20 ~ 40r/min，精度为 0.2% ~ 0.5%。

二、外部传感器

1. 力或力矩（力觉）传感器

工业机器人在进行装配、搬运、研磨等作业时需要对工作力或力矩进行控制。例如装配时需进行将轴类零件插入孔里，调准零件的位置，拧动螺钉等一系列步骤，在拧动螺钉过程中需要有确定的拧紧力；搬运时机器人手爪对工件需有合理的握力，握力太小不足以搬动工件，太大则会损坏工件；研磨时需要有合适的砂轮进给力，以保证研磨质量。另外，机器人在自我保护时也需要检测关节和连杆之间的内力，防止机器人手臂因承载过大或与周围障碍物碰撞而引起的损坏。还用于感知夹持物体的状态；校正由于手臂变形引起的运动误差，所

以力和力矩传感器在机器人中的应用较广泛，主要分为三种类型：

1）装在关节驱动器上的力传感器，称为关节力传感器。用于控制中的力反馈。

2）装在末端执行器和机器人最后一个关节之间的力传感器，称为腕力传感器。腕力传感器能直接测出作用在末端执行器上的各向力和力矩。

3）装在机器人手爪指关节（或手指上）的力传感器，称为指力传感器。用来测量夹持物体时的受力情况。

机器人这三种力觉传感器有不同的特点，关节力传感器用来测量关节的受力（力矩）情况，信息量单一，传感器结构也比较简单，是一种专用的力传感器；手指力传感器一般测量范围较小，同时受手爪尺寸和重量的限制，指力传感器在结构上要求小巧，也是一种较专用的力传感器；腕力传感器从结构上来说是一种相对复杂的传感器，它能获得手爪三个方向的受力（力矩），信息量较多，又由于其安装的部位在末端执行器和机器人手臂之间，比较容易形成通用化的产品系列。

力觉传感器常用的形式有电阻应变片式、压电式、电容式、电感式以及各种外力传感器。它的原理都是通过弹性敏感元件将被测力或力矩转换成某种位移量或变形量，然后通过各自的敏感介质把位移量或变形量转换成能够输出的电量。

目前使用最广泛的是电阻应变片式力和力矩传感器。图 2-41 所示为 20 世纪 70 年代就研制成功的一种六维腕力传感器。它由一只直径为 75mm 的铝管铣削而成，具有八个窄长的弹性梁，每个梁的颈部只传递力，转矩作用很小，八个梁中有四个水平梁和四个垂直梁，每个梁发生的应变集中在梁的一端，把应变片贴在应变最大处的两侧，若应变片的阻值分别为 R_1、R_2，则连接成图 2-42 所示的形式输出，由于 R_1、R_2所受应变方向相反，V_{out}输出比使用单个应变片时大一倍，图 2-41 中从 P_{x+}到 Q_{y-}代表了八根应变梁的变形信号的输出电压。

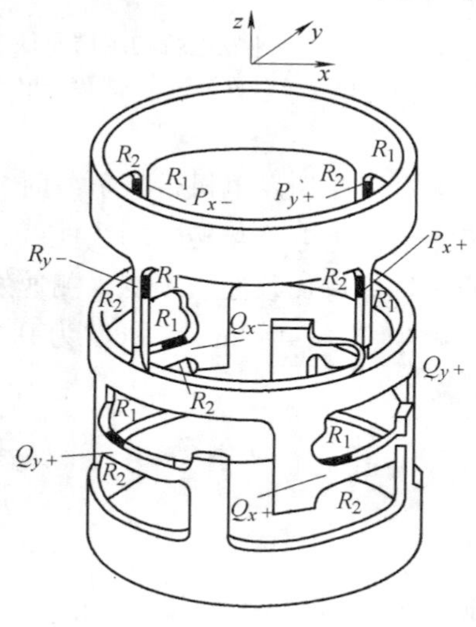

图 2-41　六维腕力传感器

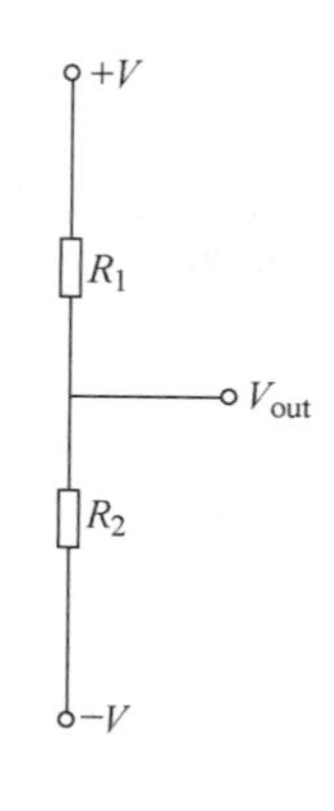

图 2-42　六维腕力传感器应变片连接方式

则六维力（力矩）可表示为

$$F_x = k_1(P_{y+} + P_{y-})$$
$$F_y = k_2(P_{x+} + P_{x-})$$

$$F_z = k_3(Q_{x+} + Q_{x-} + Q_{y+} + Q_{y-})$$
$$M_x = k_4(Q_{y+} - Q_{y-})$$
$$M_y = k_5(Q_{x+} - Q_{x-})$$
$$M_z = k_6(P_{x+} - P_{x-} + P_{y+} - P_{y-})$$

式中，k_1，k_2，k_3，k_4，k_5，k_6为结构系数，由实验测定。

该传感器为直接输出型力传感器，不需要再做运算，并能够进行温度自动补偿。主要缺点是维间有一定耦合，传感器弹性梁的加工难度大，而且刚性较差。

2. 接近觉传感器

接近觉传感器是机器人用来探测机器人自身与周围物体之间相对位置或距离的一种传感器，它探测的距离一般在几毫米到十几厘米之间。接近觉传感器结构上分为接触型和非接触型两种，其中非接触型接近觉传感器应用较广。目前按照转换原理的不同，接近觉传感器分为电涡流式、光纤式、超声波式及激光扫描式等。

图 2-43　电涡流传感器的工作原理

（1）电涡流式传感器　块状金属导体处于一个交变磁场中时，其内部就会产生涡旋状的感应电流。这种感应电流称为电涡流，这一现象称为电涡流现象，利用这一原理可以制作电涡流传感器。电涡流传感器的工作原理如图 2-43 所示。电涡流传感器通过通有交变电流的线圈向外发射高频变化的电磁场，处在磁场周围的被测导电物体就产生了电涡流。由于传感器的电磁场方向与产生的电涡流方向相反，两个磁场相互叠加削弱了传感器的电感和阻抗。用电路把传感器电感和阻抗的变化转换成转换电压，则能计算出目标物与传感器之间的距离。该距离正比于转换电压，但存在一定的线性误差。对于钢或铝等材料的目标物，线性度误差为 ±0.5%。

（2）光纤式传感器　光纤是一种新型的光电材料，在远距离通信和遥测方面应用广泛。用光纤制作接近觉传感器可以用来检测机器人与目标物间较远的距离。这种传感器具有抗电磁干扰能力强、灵敏度高、响应快的特点。光纤式传感器有三种不同的形式。第一种为射束中断型，如图 2-44a 所示。这种光

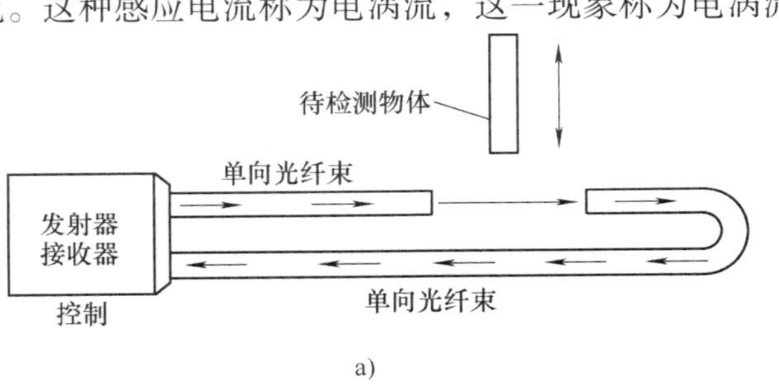

a)

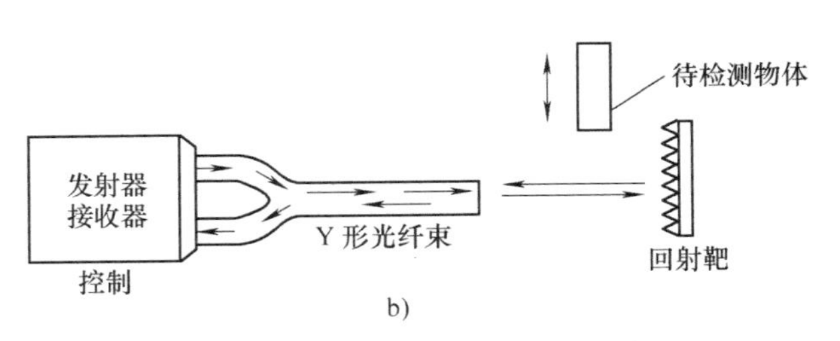

b)

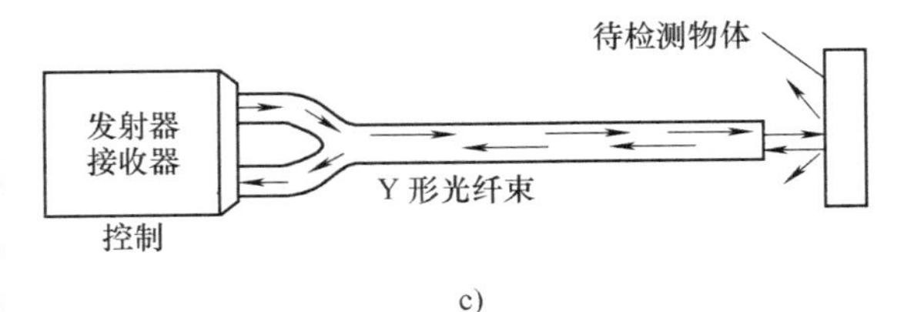

c)

图 2-44　光纤传感器原理图
a）射束中断型光纤传感器　b）回射型光纤传感器
c）扩散型光纤传感器

纤传感器如果光发射器和接收器通路中的光被遮断，则说明通路中有物体存在，传感器便能检测出该物体。这种传感器只能检测出不透明物体，对透明或半透明的物体无法检测。第二种为回射型，如图2-44b所示。不透光物体进入Y形光纤束末端和靶体之间时，到达接收器的反射光强度大为减弱，故可检测出光通路上是否有物体存在。与第一种类型相比，这一种类型的光纤式传感器可以检测出透光材料制成的物体。第三种为扩散型，如图2-44c所示。与第二种相比第三种少了回射靶。因为大部分材料都能反射一定量的光，这种类型可检测透光或半透光物体。

（3）超声波式传感器　超声波接近觉传感器是利用超声波测量距离。声波传输需要一定的时间，其时间与超声波的传播速度和距离成正比，故只要测出超声波到达物体的时间，就能得到距离值。

超声波传感器测距原理图如图2-45所示。传感器由一个超声波发射器、一个超声波接收器、定时电路及控制电路组成。待超声波发射器发出脉冲式超声波后关闭发射器，同时打开超声波接收器。该脉冲波到达物体表面后返回到接收器，定时电路测出从发射器发射到接收器接收的时间。设该时间为T，而声波的传输速度为v，则被测距离L为

$$L = \frac{vT}{2}$$

超声波的传输速度与其波长和频率成正比，只要这两者不变，速度就为常数，但随着环境温度的变化，波速会有一定变化。

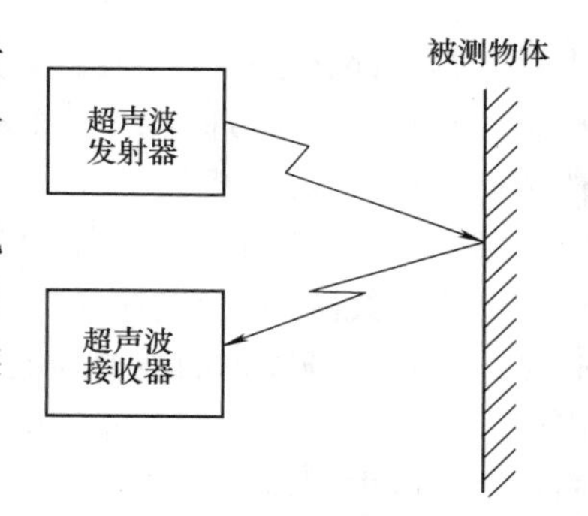

图2-45　超声波传感器测距原理图

超声波传感器对于水下机器人的作业非常重要。水下机器人安装超声波传感器后能使其定位精度达到微米级。另外，激光扫描型接近觉传感器的测量原理与超声波传感器类似。

3. 触觉传感器

一般认为触觉包括接触觉、压觉、滑觉、力觉四种，狭义的触觉按字面上来看是指前三种感知接触的感觉。

（1）接触觉传感器　接触觉传感器是指装在手爪上以判断是否接触物体为基本特征的测量传感器。根据触觉传感器的输出，机器人可以感受和搜索对象物，感受手爪与对象物之间的相对位置和姿态，并修正手爪的操作状态。采用分布密度比较高的接触觉传感器，还可以判断对象物的大致几何形状。

微动开关、光敏开关可作为一种最简单的触觉传感器，装在机器人手爪的前端及内外侧，或相当手掌心的部分，通过其电接点的通断信号实现检测功能。这种传感器价格便宜，实用可靠，连接方便。另外用吸盘吸住物体进行搬运作业时，还可以通过真空压力开关信号检测吸盘是否吸住搬运物，当表面作用有超过阈值的压力时，传感器输出一个电信号，在码垛或上下料等搬运作业中经常用到。

采用柔性导体（如导电橡胶、碳素纤维）和柔性绝缘体为基本材料构成的传感器如图2-46所示，其工作原理是：在电极和柔性导体之间留有间隙，当施加外力作用时，受压部分的柔性导体和柔性绝缘体发生变形，利用柔性导体和电极间的接通状态而形成接触觉。这种传感器的特点是可以提高触点密度，柔性好，甚至可以安装在曲面形手掌上。

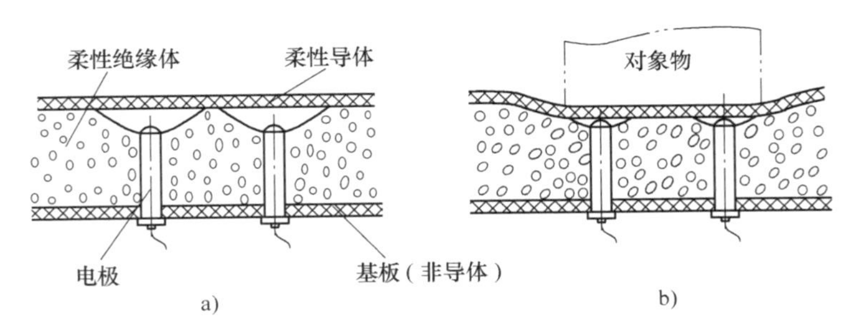

图 2-46　接触觉传感器的结构原理图
a）结构示意图　b）作用原理图

（2）压觉传感器　压觉传感器是以检测机器人与作业对象之间接触面法向压力值大小和压力分布的传感器。可分为单一输出值压觉传感器和多输出值的分布式压觉传感器。它有助于机器人对接触对象的几何形状和硬度的识别。对于易碎、易变形的物体，必须使用压觉传感器来对把持力进行控制。

压觉传感器的敏感元件可由各类压敏材料制成，常用的有压敏导电橡胶、由碳纤维烧结而成的丝状碳素纤维片和绳状导电橡胶的排列面等。图 2-47 所示为以压敏导电橡胶为基本材料的压觉传感器。在导电橡胶上面附有柔性保护层，下部装有玻璃纤维保护环和金属电极。在外压力作用下，导电橡胶电阻发生变化，使基底电极电流相应变化，从而检测出与压力成一定关系的电信号及压力分布情况。通过改变导电橡胶的渗入成分，可控制电阻的大小。例如渗入石墨可加大电阻，渗碳、渗镍可减小电阻。通过合理选材和加工可制成高密度分布式压觉传感器。这种传感器可以测量细微的压力分布及其变化，故有人称之为“人工皮肤”。

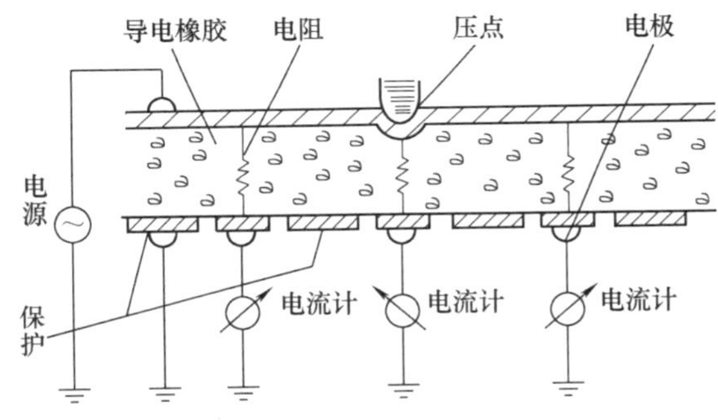

图 2-47　高密度分布式压觉传感器原理图

（3）滑觉传感器　滑觉传感器用于判断和测量机器人抓握或搬运物体时物体所产生的滑移。按有无滑动方向检测功能可分为无方向性、单方向性和全方向性三类。

1）无方向性传感器有探针耳机式，它由蓝宝石探针、金属缓冲器、压电罗谢尔盐晶体和橡胶缓冲器组成。滑动时探针产生振动，由罗谢尔盐转换为相应的电信号。缓冲器的作用是减小噪声。

2）单方向性传感器有滚筒光电式，被抓物体的滑移使滚筒转动，导致光敏二极管接收到透过码盘（装在滚筒的圆面上）的光信号，通过滚筒的转角信号而测出物体的滑动。

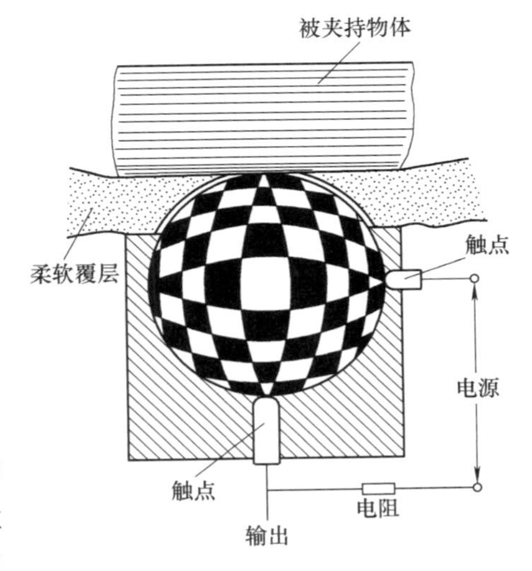

图 2-48　球形滑觉传感器

3）全方向性传感器采用表面包有绝缘材料并构成经纬分布的导电与不导电区的金属球（图 2-48）。当传感器接触物体并产生滑动时，球发生转动，使球面上的导电与不导电区交替接触电极，从而产生通断信号，通过对通断信号的计数和判断可测出滑移的大小和方向。这种传感器的制作工艺要求较高。

4. 视觉传感器

视觉传感器是将景物的光信号转换成电信号的器件。对于机器人视觉系统来说，视觉传感器只是这个系统中的一个组成部分。大多数机器人视觉都不必通过胶卷等媒介物，而是直接把景物摄入。过去经常使用光导摄像等电视摄像机作为机器人的视觉传感器，近年来开发了 CCD（电荷耦合器件），是一种 MOS（金属氧化物半导体）结构的新型固体视觉传感器。固体传感器又可以分为一维线性传感器和二维线性传感器，目前二维线性传感器已经能做到 4000 个像素以上。由于固体视觉传感器具有体积小、重量轻等优点，因此应用日趋广泛。

（1）CCD 原理　一个完整的 CCD 器件由光敏单元、转移栅、移位寄存器及一些辅助输入、输出电路组成。光敏单元简称为“像素”或“像点”，它们本身在空间上、电气上是彼此独立的。固体图像传感器利用光敏单元的光电转换功能将投射到光敏单元上的光学图像转换成电信号“图像”，即将光强的空间分布转换为与光强成比例的、大小不等的电荷包空间分布。CCD 工作时，在设定的积分时间内，光敏单元对光信号进行电荷量的转换，取样结束后，各光敏单元的电荷在转移栅信号驱动下，转移到 CCD 内部的移位寄存器相应单元中。移位寄存器在驱动时钟的作用下，将信号电荷顺次转移到输出端，形成一系列幅值不等的时序脉冲序列，脉冲的顺序可以反映一个光敏单元的位置。输出信号可接到示波器、图像显示器或其他信号存储、处理设备中，可对信号再现或进行存储处理。

（2）CCD 图像传感器的分类　CCD 图像传感器分为一维（线阵）CCD 和二维（面阵）CCD。

一维（线阵）CCD 由一列 MOS 光敏元和一列移位寄存器并行构成。光敏单元和移位寄存器之间有一个转移控制栅（1024 位线阵），由 1024 个光敏元、1024 个读出移位寄存器组成。读出移位寄存器的输出端 Ga 一位一位的输出信息，这一过程是一个串行输出过程。

二维（面阵）CCD 由感光区、信号存储区和输出转移部分组成。目前存在三种典型结构形式。用得最多的一种结构形式为一列感光单元，一列不透光的存储单元交替排列，如图 2-49 所示。在感光区光敏元件积分结束时，转移控制栅打开，电荷信号进入存储区。随后，在每个水平回扫周期内，存储区中整个电荷图像一次一行地向上移到水平读出移位寄存器中。接着这一行电荷信号在读出移位寄存器中向右移位到输出器件，形成视频信号输出。这种结构的器件操作简单，但单元设计复杂，感光单元面积减小，图像清晰。固态图像传感器与普通的图像传感器比，具有体积小、失真小、灵敏度高、抗振动、耐潮湿、成本低的特点。这些特色决定了它可以广泛用于自动控制和自动测量系统中，尤其适用于图像识别技术中。

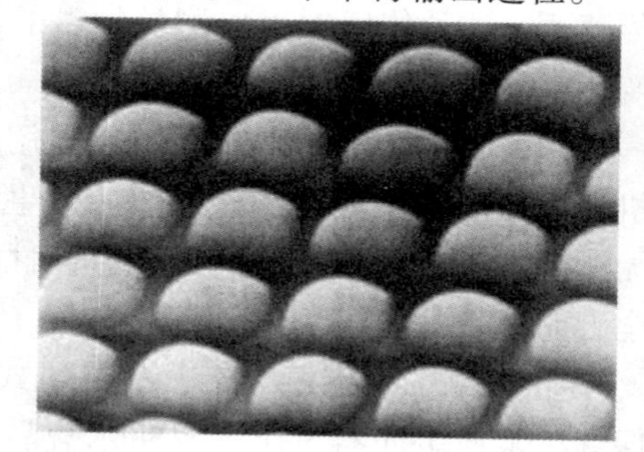

图 2-49　CCD 光敏单元显微照片

第三章 工业机器人运动学

工业机器人运动的控制就是控制机器人各连杆、各关节等彼此之间的相对位置和各连杆、各关节的运动速度以及输出力的大小，这涉及各连杆、各关节、作业工具、作业对象、工作台及参考基准等彼此之间的相对位置的关系。因此，本章对机器人位姿描述和坐标变换进行分析，设置机器人各连杆坐标系，确定各连杆的齐次坐标变换矩阵，建立机器人的运动学方程。

工业机器人运动学主要包括正向运动学和反向运动学两类。正向运动学是在已知各个关节变量的前提下，解决如何建立工业机器人运动学方程，以及如何求解手部相对固定坐标系位姿的问题。反向运动学则是在已知手部要到达目标位姿的前提下，解决如何求出关节变量的问题。反向运动学也称为求运动学逆解。

工业机器人相邻连杆之间的相对运动不是旋转运动，就是平移运动，这种运动体现在连接两个连杆的关节上。物理上的旋转运动或平移运动在数学上可以用矩阵代数来表达，这种表达称之为坐标变换。与旋转运动对应的是旋转变换，与平移运动对应的是平移变换。坐标系之间的运动关系可以用矩阵之间的乘法运算来表达。用坐标变换来描述坐标系（刚体）之间的运动关系是工业机器人运动学分析的基础。

第一节　工业机器人坐标系及其转换

一、机器人的机构

机械手型的机器人具有多个自由度（DOF），并有三维开环链式机构。在具有单自由度的系统中，当变量设定为特定值时，机器人机构就完全确定了，所有其他变量也就随之而定。如图 3-1 所示的四杆机构，当曲柄转角设定为 120°时，则连杆与摇杆的角度也就确定了。然而在一个多自由度机构中，只有独立设定所有的输入变量，才能知道其余的参数。机器人就是这样的多自由度机构，只有知道每一关节变量，才能知道机器人的手处在什么位置。

如果机器人要在空间运动，那么机器人就需要具有三维的结构。虽然也可能有二维多自由度的机器人，但它们并不常见。机器人是开环机构，它与闭环机构不同（例如四杆机构），即使设定所有的关节变量，也不能确保机器人的手准确地处于给定的位置。这是因为如果关节或连杆有丝毫的偏差，该关节之后的所有关节的位置都会改变且没有反馈。例如，在图 3-1 所示的四杆机构中，如果连杆 AB 偏移，它将影响 O_2B 杆。而在开环系统中（例如机器人），由于没有反馈，之后的所有构件都会发生偏移。于是，在开环系统中，必须不断测量所有关节和连杆的参数，或者监控系统的末端，以便知道机器的运动位置。通过比较如

图 3-2 所示的两个连杆机构的向量方程，可以表示出这种差别，该向量方程表示了不同连杆之间的关系。

$$\overrightarrow{O_1A}+\overrightarrow{AB}=\overrightarrow{O_1O_2}+\overrightarrow{O_2B} \tag{3-1}$$

$$\overrightarrow{O_1A}+\overrightarrow{AB}+\overrightarrow{BC}=\overrightarrow{O_1C} \tag{3-2}$$

可见，如果连杆 AB 偏移，连杆 O_2B 也会相应地移动，式(3-1)的两边随连杆的变化而改变。而另一方面，如果机器人的连杆 AB 偏移，所有的后续连杆也会移动，除非 O_1C 有其他方法测量，否则这种变化是未知的。

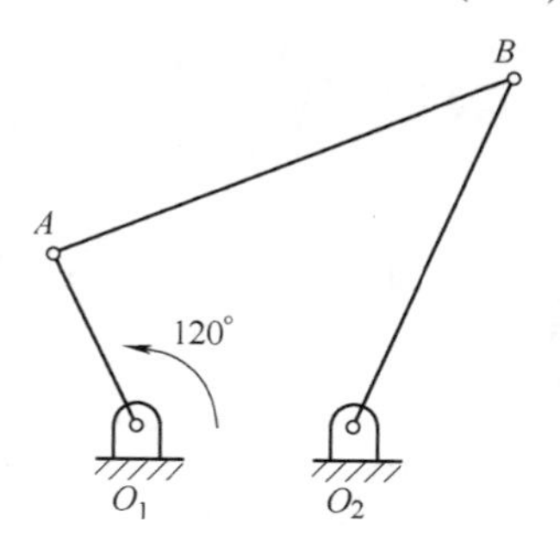

图 3-1　具有单自由度闭环的四杆机构

为了弥补开环机器人的这一缺陷，机器人手的位置可由类似摄像机的装置来进行不断测量，于是机器人需借助外部手段(比如辅助手臂或激光束)来构成闭环系统。或者按照常规做法，也可通过增加机器人连杆和关节强度来减少偏移，采用这种方法将导致机器人重量重、体积大、动作慢，而且它的额定负载与实际负载相比非常小。

二、空间点的表示

空间点 P(图 3-3)可以用它相对于参考坐标系的三个坐标来表示，即

$$P=a_x\boldsymbol{i}+b_y\boldsymbol{j}+c_z\boldsymbol{k} \tag{3-3}$$

其中，a_x，b_y，c_z 是参考坐标系中表示该点的坐标。显然，也可以用其他坐标来表示空间点的位置。

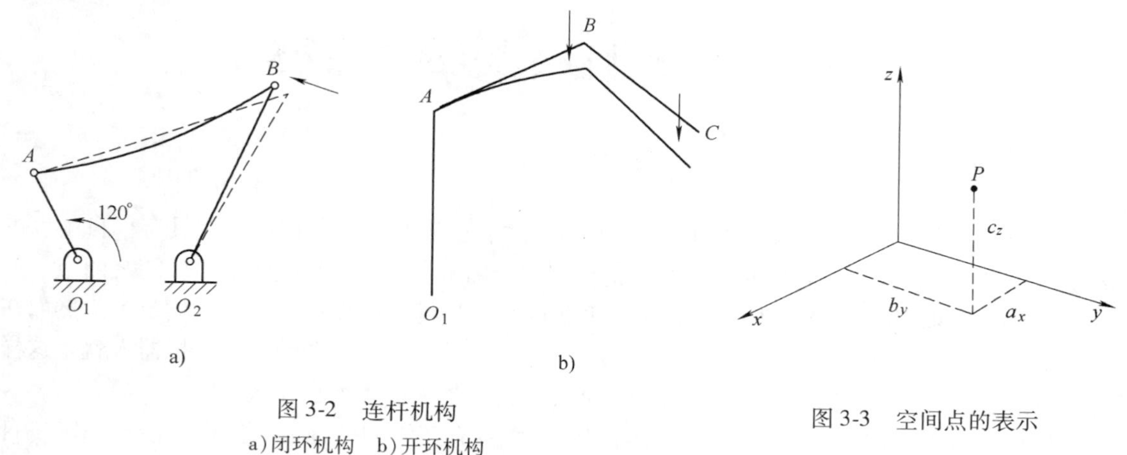

图 3-2　连杆机构
a)闭环机构　b)开环机构

图 3-3　空间点的表示

三、空间点向量表示

向量可以由三个起始和终止的坐标来表示。如果一个向量起始于点 A，终止于点 B，那么它可以表示为 $\boldsymbol{P}$ 或 $\overrightarrow{AB}=(B_x-A_x)\boldsymbol{i}+(B_y-A_y)\boldsymbol{j}+(B_z-A_z)\boldsymbol{k}$。特殊情况下，如果一个向量

起始于原点(图 3-4)，则有

$$P = a_x \boldsymbol{i} + b_y \boldsymbol{j} + c_z \boldsymbol{k} \tag{3-4}$$

式中，a_x，b_y，c_z 是该向量在参考坐标系中的三个分量。

实际上，前一节的点 P 就是用连接到该点的向量来表示的，具体地说，也就是用该向量的三个坐标来表示的。

向量的三个分量也可以写成矩阵的形式，如式(3-5)所示。在本书中将用这种形式来表示运动分量，即

$$P = \begin{pmatrix} a_x \\ b_y \\ c_z \end{pmatrix} \tag{3-5}$$

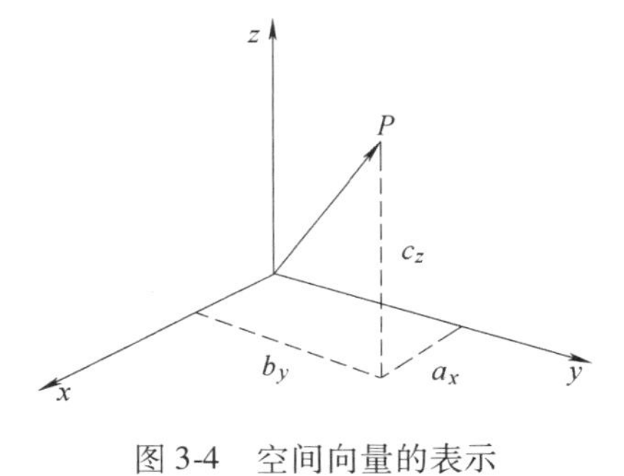

图 3-4　空间向量的表示

这种表示法也可以稍做变化：加入一个比例因子 w，如果 x，y，z 各除以 w，则得到 a_x，b_y，c_z。于是，这时向量可以写为

$$P = \begin{pmatrix} x \\ y \\ z \\ w \end{pmatrix} \quad 其中\ a_x = \frac{x}{w}, b_y = \frac{y}{w}, \cdots \tag{3-6}$$

变量 w 可以为任意数，而且随着它的变化，向量的大小也会发生变化，这与在计算机图形学中缩放一张图片十分类似。随着 w 值的改变，向量的大小也相应地变化。如果 w 大于 1，向量的所有分量都变大；如果 w 小于 1，向量的所有分量都变小。

如果 w 是 1，各分量的大小保持不变。但是，如果 $w=0$，a_x，b_y，c_z 则为无穷大。在这种情况下，$\boldsymbol{x}$，$\boldsymbol{y}$ 和 $\boldsymbol{z}$(以及 a_x，b_y，c_z)表示一个长度为无穷大的向量，它的方向即为该向量所表示的方向。这就意味着方向向量可以由比例因子 $\boldsymbol{w}=\boldsymbol{0}$ 的向量来表示，这里向量的长度并不重要，而其方向由该向量的三个分量来表示。

四、工业机器人坐标系

(一) 坐标系在固定参考坐标系原点的表示

一个中心位于参考坐标系原点的坐标系由三个向量表示，通常这三个向量相互垂直，称为单位向量 $\boldsymbol{n}$，$\boldsymbol{o}$，$\boldsymbol{a}$，分别表示法线(Normal)、指向(Orientation)和接近(Approach)向量(图 3-5)。如前所述，每一个单位向量都由它们所在参考坐标系的三个分量表示。这样，坐标系 F 可以由三个向量以矩阵的形式表示为

$$F = \begin{pmatrix} n_x & o_x & a_x \\ n_y & o_y & a_y \\ n_z & o_z & a_z \end{pmatrix} \tag{3-7}$$

(二) 坐标系在固定参考坐标系中的表示

如果一个坐标系不在固定参考坐标系的原点(实际上也可包括在原点的情况)，那么该坐标系的原点相对于参考坐标系的位置也必须表示出来。为此，在该坐标系原点与参考坐标系原点之间做一个向量来表示该坐标系的位置(图 3-6)。这个向量由相对于参考坐标系的三

个向量来表示。这样，这个坐标系就可以由三个表示方向的单位向量以及第四个位置向量来表示。

$$F=\begin{pmatrix} n_x & o_x & a_x & p_x \\ n_y & o_y & a_y & p_y \\ n_z & o_z & a_z & p_z \\ 0 & 0 & 0 & 1 \end{pmatrix} \tag{3-8}$$

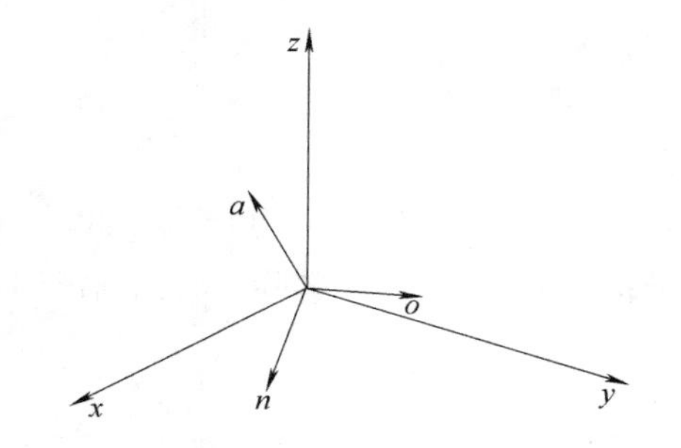

图 3-5 坐标系在参考坐标系原点的表示

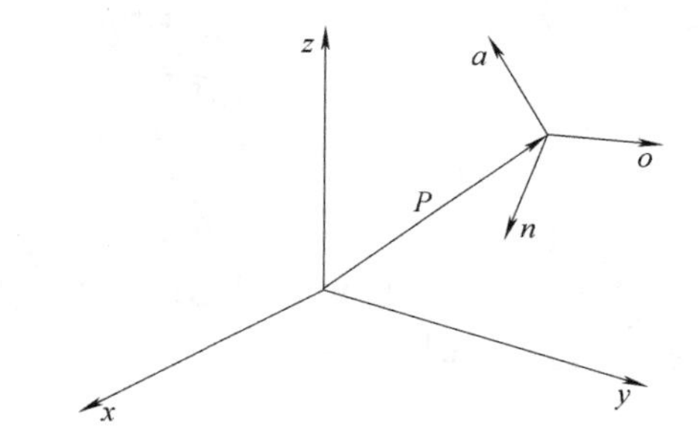

图 3-6 一个坐标系在另一个坐标系中的表示

如式(3-8)所示，前三个向量是 $w=\mathbf{0}$ 的方向向量，表示该坐标系的三个单位向量 $\boldsymbol{n}$，$\boldsymbol{o}$，$\boldsymbol{a}$ 的方向，而第四个 $w=\mathbf{1}$ 的向量表示该坐标系原点相对于参考坐标系的位置。与单位向量不同，向量 $\boldsymbol{P}$ 的长度十分重要，因而使用比例因子为 1。坐标系也可以由一个没有比例因子的 3×4 矩阵表示，但不常用。

五、齐次变换矩阵

由于各种原因，变换矩阵应写成方形形式，3×3 或 4×4 均可。首先，如后面看到的，计算方形矩阵的逆要比计算长方形矩阵的逆容易得多。其次，为使两矩阵相乘，它们的维数必须匹配，即第一矩阵的列数必须与第二矩阵的行数相同。如果两矩阵是方阵，则无上述要求。由于要以不同顺序将许多矩阵乘在一起得到机器人运动方程，因此，应采用方阵进行计算。

为保证所表示的矩阵为方阵，如果在同一矩阵中既表示姿态又表示位置，那么可在矩阵中加入比例因子使之成为 4×4 矩阵。如果只表示姿态，则可去掉比例因子得到 3×3 矩阵，或加入第四列全为 0 的位置数据以保持矩阵为方阵。这种形式的矩阵称为齐次矩阵，它们写为

$$F=\begin{pmatrix} n_x & o_x & a_x & p_x \\ n_y & o_y & a_y & p_y \\ n_z & o_z & a_z & p_z \\ 0 & 0 & 0 & 1 \end{pmatrix} \tag{3-9}$$

（一）平移变换

如果一坐标系（它也可能表示一个物体）在空间以不变的姿态运动，那么该坐标就是纯平移。在这种情况下，它的方向单位向量保持同一方向不变。所有的改变只是坐标系原点相

对于参考坐标系的变化，如图 3-7 所示。相对于固定参考坐标系的新的坐标系的位置可以用原来坐标系的原点位置向量加上表示位移的向量求得。若用矩阵形式，新坐标系的表示可以通过坐标系左乘变换矩阵得到。由于在纯平移中方向向量不改变，变换矩阵 $\boldsymbol{T}$ 可以简单地表示为

$$\boldsymbol{T}=\begin{pmatrix}1 & 0 & 0 & d_x\\0 & 1 & 0 & d_y\\0 & 0 & 1 & d_z\\0 & 0 & 0 & 1\end{pmatrix} \tag{3-10}$$

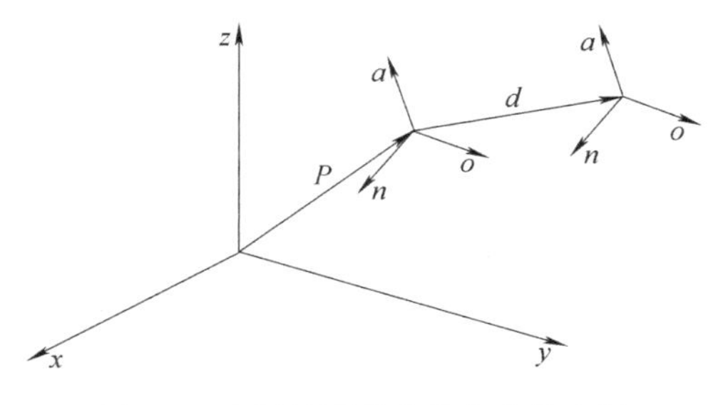

图 3-7　坐标轴平移变换各点的坐标

其中，d_x，d_y，d_z 是纯平移向量 $\boldsymbol{d}$ 相对于参考坐标系 x，y，z 轴的三个分量。可以看到，矩阵的前三列表示没有旋转运动（等同于单位阵），而最后一列表示平移运动。新的坐标系位置为

$$\boldsymbol{F}_{\text{new}}=\begin{pmatrix}1 & 0 & 0 & d_x\\0 & 1 & 0 & d_y\\0 & 0 & 1 & d_z\\0 & 0 & 0 & 1\end{pmatrix}\begin{pmatrix}n_x & o_x & a_x & p_x\\n_y & o_y & a_y & p_y\\n_z & o_z & a_z & p_z\\0 & 0 & 0 & 1\end{pmatrix}=\begin{pmatrix}n_x & o_x & a_x & p_x+d_x\\n_y & o_y & a_y & p_y+d_y\\n_z & o_z & a_z & p_z+d_z\\0 & 0 & 0 & 1\end{pmatrix} \tag{3-11}$$

这个方程也可用符号写为

$$\boldsymbol{F}_{\text{new}}=\text{Trans}(d_x,d_y,d_z)\boldsymbol{F}_{\text{old}} \tag{3-12}$$

首先，如前面所看到的，新坐标系的位置可通过在坐标系矩阵前面左乘变换矩阵得到，后面将看到，无论以何种形式，这种方法对于所有的变换都成立。其次可以注意到，方向向量经过纯平移后保持不变。但是，新的坐标系的位置是 $\boldsymbol{d}$ 和 $\boldsymbol{p}$ 向量相加的结果。最后应该注意到，齐次变换矩阵与矩阵乘法的关系使得到的新矩阵的维数和变换前相同。

（二）绕轴纯旋转变换的表示

为简化绕轴旋转的推导，首先假设该坐标系位于参考坐标系的原点并且与之平行，之后将结果推广到其他的旋转以及旋转的组合。

假设坐标系（n，o，a）位于参考坐标系（x，y，z）的原点，坐标系（n，o，a）绕参考坐标系的 x 轴旋转一个角度 θ，再假设旋转坐标系（n，o，a）上有一点 P 相对于参考坐标系的坐标为（P_x，P_y，P_z），相对于运动坐标系的坐标为（P_n，P_o，P_a）。当坐标系绕 x 轴旋转时，坐标系上的点 P 也随坐标系一起旋转。在旋转之前，P 点在两个坐标系中的坐标是相同的（这时两个坐标系位置相同，并且相互平行）。旋转后，该点坐标（P_n，P_o，P_a）在旋转坐标系（x，y，z）中保持不变，但在参考坐标系中 P_x，P_y，P_z 却改变了（图 3-8）。现在要求找到运动坐标系旋转后 P 相对于固定参考坐标系的新坐标。

从 x 轴来观察在二维平面上同一点的坐标，图 3-8 显示了点 P 在坐标系旋转前后的坐标。点 P 相对于参考坐标系的坐标是（P_x，P_y，P_z），而相对于旋转坐标系（点 P 所固连的坐标系）的坐标仍为（P_n，P_o，P_a）。由图 3-9 可以看出，P_x 不随坐标系统 x 轴的转动而改变，而 P_y 和 P_z 却改变了，可以证明

$$
\begin{aligned}
P_x &= P_n \\
P_y &= l_1 - l_2 = P_o\cos\theta - P_a\sin\theta \\
P_z &= l_3 + l_4 = P_o\sin\theta + P_a\cos\theta
\end{aligned}
\tag{3-13}
$$

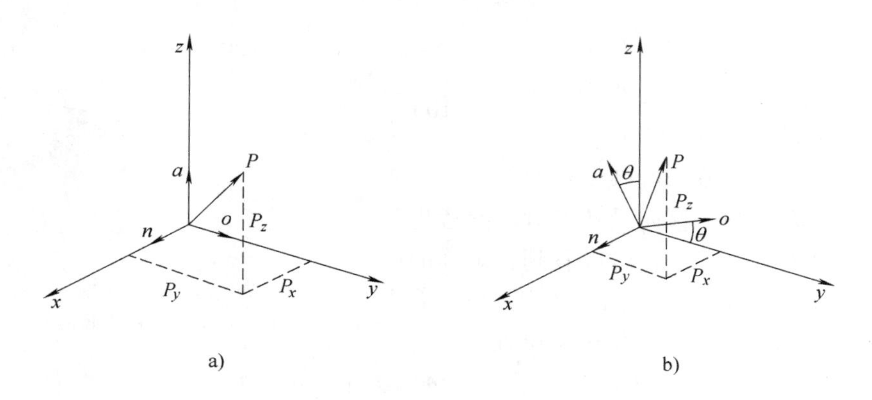

图 3-8　在坐标系旋转前后的点的坐标

a) 旋转前　b) 旋转后

写成矩阵形式为

$$
\begin{pmatrix} P_x \\ P_y \\ P_z \end{pmatrix} = \begin{pmatrix} 1 & 0 & 0 \\ 0 & \cos\theta & -\sin\theta \\ 0 & \sin\theta & \cos\theta \end{pmatrix} \begin{pmatrix} P_n \\ P_o \\ P_a \end{pmatrix} \tag{3-14}
$$

可见，为了得到在参考坐标系中的坐标，旋转坐标系中的点 P(或向量 $\boldsymbol{P}$)的坐标必须左乘旋转矩阵。这个旋转矩阵只适用于绕参考坐标系的 x 轴做纯旋转变换的情况，它可表示为

$$
\boldsymbol{P}_{xyz} = \mathrm{Rot}(x,\theta)\boldsymbol{P}_{noa} \tag{3-15}
$$

注意在式(3-15)中，旋转矩阵的第一列表示相对于 x 轴的位置，其值为1，0，0，它表示沿 x 轴的坐标没有改变。

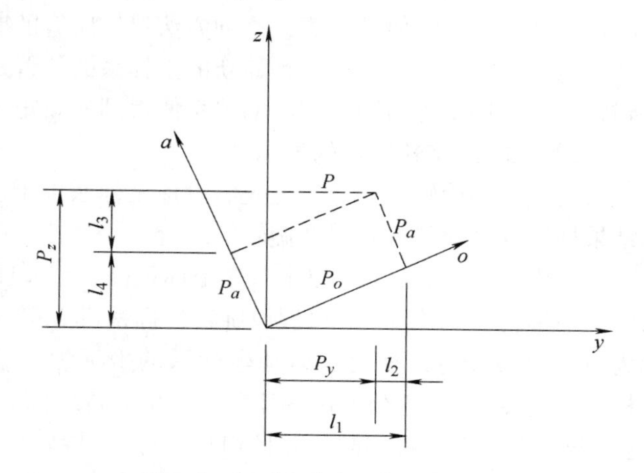

图 3-9　相对于参考坐标系的点的坐标和从 x 轴上观察旋转坐标系

为简化书写，习惯用符号 $\mathrm{C}\theta$ 表示 $\cos\theta$ 以及用 $\mathrm{S}\theta$ 表示 $\sin\theta$。因此，旋转矩阵也可写为

$$
\mathrm{Rot}(x,\theta) = \begin{pmatrix} 1 & 0 & 0 \\ 0 & \mathrm{C}\theta & -\mathrm{S}\theta \\ 0 & \mathrm{S}\theta & \mathrm{C}\theta \end{pmatrix} \tag{3-16}
$$

可用同样的方法来分析坐标系绕参考坐标系 y 轴和 z 轴旋转的情况，可以证明其结果为

$$\mathrm{Rot}(y,\theta)=\begin{pmatrix}C\theta & 0 & S\theta\\ 0 & 1 & 0\\ -S\theta & 0 & C\theta\end{pmatrix}\text{和 }\mathrm{Rot}(z,\theta)=\begin{pmatrix}C\theta & -S\theta & 0\\ S\theta & C\theta & 0\\ 0 & 0 & 1\end{pmatrix}\tag{3-17}$$

式(3-15)也可写为习惯的形式，以便于理解不同坐标系间的关系，为此，可将该变换表示为${}^{U}\boldsymbol{T}_{R}$[读作坐标系 R 相对于坐标系 U(Universe)的变换]，将$\boldsymbol{P}_{noa}$表示为${}^{R}\boldsymbol{P}$(P 相对于坐标系 R)，将$\boldsymbol{P}_{xyz}$表示为${}^{U}\boldsymbol{P}$(P 相对于坐标系 U)，式(3-15)可简化为

$${}^{U}\boldsymbol{P}={}^{U}\boldsymbol{T}_{R}\,{}^{R}\boldsymbol{P}\tag{3-18}$$

由上式可见，去掉 R 便得到了 P 相对于坐标系 U 的坐标。

（三）复合变换的表示

复合变换是由固定参考坐标系或当前运动坐标系的一系列沿轴平移和绕轴旋转变换所组成的。任何变换都可以分解为按一定顺序的一组平移和旋转变换。例如，为了完成所要求的变换，可以先绕 x 轴旋转，再沿 x，y，z 轴平移，最后绕 y 轴旋转。在后面将会看到，这个变换顺序很重要，如果颠倒两个依次变换的顺序，结果将会完全不同。

为了探讨如何处理复合变换，假定坐标系($\boldsymbol{n}$，$\boldsymbol{o}$，$\boldsymbol{a}$)相对于参考坐标系(x，y，z)依次进行了下面三个变换：

1)绕 x 轴旋转 α 度。

2)接着平移(l_1，l_2，l_3)(分别相对于 x，y，z 轴)。

3)最后绕 y 轴旋转 β 度。

比如点 P_{noa}固定在旋转坐标系，开始时旋转坐标系的原点与参考坐标系的原点重合。随着坐标系($\boldsymbol{n}$，$\boldsymbol{o}$，$\boldsymbol{a}$)相对于参考坐标系旋转或者平移时，坐标系中的 P 点相对于参考坐标系也跟着改变。如前面所看到的，第一次变换后，P 点相对于参考坐标系的坐标可用下列方程进行计算

$$\boldsymbol{P}_{1,xyz}=\mathrm{Rot}(x,\alpha)\boldsymbol{P}_{noa}\tag{3-19}$$

其中，$P_{1,xyz}$是第一次变换后该点相对于参考坐标系的坐标。第二次变换后，该点相对于参考坐标系的坐标是

$$\boldsymbol{P}_{2,xyz}=\mathrm{Trans}(l_1,l_2,l_3)\boldsymbol{P}_{1,xyz}=\mathrm{Trans}(l_1,l_2,l_3)\mathrm{Rot}(x,\alpha)\boldsymbol{P}_{noa}$$

同样，第三次变换后，该点相对于参考坐标系的坐标为

$$\boldsymbol{P}_{xyz}=\boldsymbol{P}_{3,xyz}=\mathrm{Rot}(y,\beta)\boldsymbol{P}_{2,xyz}=\mathrm{Rot}(y,\beta)\mathrm{Trans}(l_1,l_2,l_3)\mathrm{Rot}(x,\alpha)\boldsymbol{P}_{noa}$$

可见，每次变换后该点相对于参考坐标系的坐标都是通过用每个变换矩阵左乘该点的坐标得到的。当然，矩阵的顺序不能改变。同时还应注意，对于相对于参考坐标系的每次变换，矩阵都是左乘的。因此，矩阵书写的顺序和进行变换的顺序正好相反。

（四）变换矩阵的逆

正如前面所提到的，在机器人分析过程中有很多地方要用到矩阵的逆，在下面的例子中可以看到一种涉及变换矩阵的情况。在图 3-10 中，假设机器人要在零件 P 上钻孔而须向零件 P 处移动。机器人基座相对于参考坐标系 U 的位置用坐标系 R 来描述，机器人手用坐标系 H 来描述，末端执行器(即用来钻孔的钻头的末端)用坐标系 E 来描述，零件的位置用坐标系 P 来描述。钻孔的点的位置与参考坐标系 U 可以通过两个独立的路径发生联系：一个是通过该零件的路径，另一个是通过机器人的路径。因此，可以写出下面的方程：

$${}^{U}\boldsymbol{T}_{E}={}^{U}\boldsymbol{T}_{R}\,{}^{R}\boldsymbol{T}_{H}\,{}^{H}\boldsymbol{T}_{E}={}^{U}\boldsymbol{T}_{P}\,{}^{P}\boldsymbol{T}_{E}\tag{3-20}$$

这就是说，该零件中点 E 的位置可以通过从 U 变换到 P，并从 P 变换到 E 来完成，或者从 U 变换到 R，从 R 变换到 H，再从 H 变换到 E。

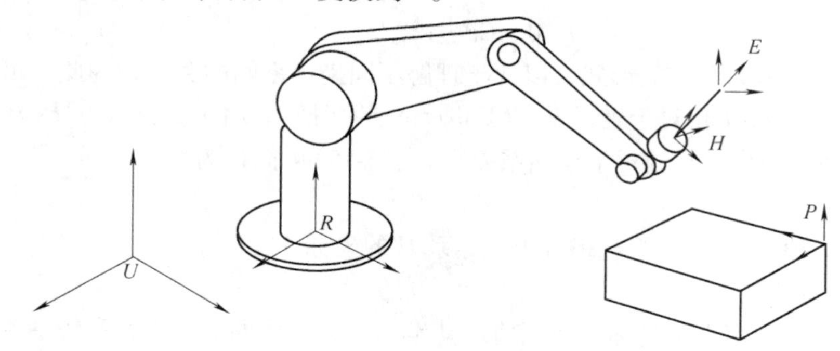

图 3-10　全局坐标系、机器人坐标系、手坐标系、零件坐标系及末端执行器坐标系

事实上，由于在任何情况下机器人的基座位置在安装时就是已知的，因此变换 ${}^{U}\boldsymbol{T}_{R}$（坐标系 R 相对于坐标系 U 的变换）是已知的。比如，一个机器人安装在一个工作台上，由于它被紧固在工作台上，所以它的基座的位置是已知的。即使机器人是可移的或放在传送带上，因为控制器始终掌控着机器人基座的运动，因此它在任意时刻的位置也是已知的。由于用于末端执行器的任何器械都是已知的，而且其尺寸和结构也是已知的，所以 ${}^{H}\boldsymbol{T}_{E}$（机器人末端执行器相对于机器人手的变换）也是已知的。此外，${}^{U}\boldsymbol{T}_{P}$（零件相对于全局坐标系的变换）也是已知的，还必须要知道将在其上面钻孔的零件的位置，该位置可以通过将该零件放在钻模上，然后用照相机、视觉系统、传送带、传感器或其他类似仪器来确定。最后需要知道零件上钻孔的位置，所以 ${}^{P}\boldsymbol{T}_{E}$ 也是已知的。此时，唯一未知的变换就是 ${}^{R}\boldsymbol{T}_{H}$（机器人手相对于机器人基座的变换）。因此，必须找出机器人的关节变量（机器人旋转关节的角度以及滑动关节的连杆长度），以便将末端执行器定位在要钻孔的位置上。可见，必须要计算出这个变换，它指出机器人需要完成的工作。后面将用所求出的变换来求解机器人关节的角度和连杆的长度。

不能像在代数方程中那样来计算这个矩阵，即不能简单地用方程的右边除以方程的左边，而应该用合适的矩阵的逆并通过左乘或右乘来将它们从左边去掉。因此有

$$({}^{U}\boldsymbol{T}_{R})^{-1}({}^{U}\boldsymbol{T}_{R}\,{}^{R}\boldsymbol{T}_{H}\,{}^{H}\boldsymbol{T}_{E})({}^{H}\boldsymbol{T}_{E})^{-1}=({}^{U}\boldsymbol{T}_{R})^{-1}({}^{U}\boldsymbol{T}_{P}\,{}^{P}\boldsymbol{T}_{E})({}^{H}\boldsymbol{T}_{E})^{-1} \tag{3-21}$$

由于 $({}^{U}\boldsymbol{T}_{R})^{-1}({}^{U}\boldsymbol{T}_{R})=1$ 和 $({}^{H}\boldsymbol{T}_{E})({}^{H}\boldsymbol{T}_{E})^{-1}=1$，式(3-21)的左边可简化为 ${}^{R}\boldsymbol{T}_{H}$，于是得

$${}^{R}\boldsymbol{T}_{H}=({}^{U}\boldsymbol{T}_{R})^{-1}\,{}^{U}\boldsymbol{T}_{P}\,{}^{P}\boldsymbol{T}_{E}({}^{H}\boldsymbol{T}_{E})^{-1} \tag{3-22}$$

该方程的正确性可以通过认为 ${}^{E}\boldsymbol{T}_{H}$ 与 $({}^{H}\boldsymbol{T}_{E})^{-1}$ 相同来加以检验。因此，该方程可重写为

$${}^{R}\boldsymbol{T}_{H}=({}^{U}\boldsymbol{T}_{R})^{-1}\,{}^{U}\boldsymbol{T}_{P}\,{}^{P}\boldsymbol{T}_{E}({}^{H}\boldsymbol{T}_{E})^{-1}={}^{R}\boldsymbol{T}_{U}\,{}^{U}\boldsymbol{T}_{P}\,{}^{P}\boldsymbol{T}_{E}\,{}^{E}\boldsymbol{T}_{H}={}^{R}\boldsymbol{T}_{H} \tag{3-23}$$

显然，为了对机器人运动学进行分析，需要能够计算变换矩阵的逆。

来看看关于 x 轴的简单旋转矩阵的求逆计算情况。关于 x 轴的旋转矩阵是

$$\mathrm{Rot}(x,\theta)=\begin{bmatrix}1 & 0 & 0\\ 0 & \mathrm{C}\theta & -\mathrm{S}\theta\\ 0 & \mathrm{S}\theta & \mathrm{C}\theta\end{bmatrix} \tag{3-24}$$

必须采用以下的步骤来计算矩阵的逆：

1）计算矩阵的行列式。

2）将矩阵转置。

3）将转置矩阵的每个元素用它的子行列式（伴随矩阵）代替。

4）用转换后的矩阵除以行列式。

将上面的步骤用到该旋转，得到

$$\Delta = 1(\mathrm{C}^2\theta + \mathrm{S}^2\theta) + 0 = 1$$

$$\mathrm{Rot}(x,\ \theta)^{\mathrm{T}} = \begin{pmatrix} 1 & 0 & 0 \\ 0 & \mathrm{C}\theta & \mathrm{S}\theta \\ 0 & -\mathrm{S}\theta & \mathrm{C}\theta \end{pmatrix}$$

现在计算每一个子行列式（伴随矩阵）。例如：元素 2，2 的子行列式是 $\mathrm{C}\theta - 0 = \mathrm{C}\theta$；元素 1，1 的子行列式 $\mathrm{C}^2\theta + \mathrm{S}^2\theta = 1$。可以注意到，这里的每一个元素的子行列式与其本身相同，因此有

$$\mathrm{Rot}(x,\ \theta)^{\mathrm{T}}_{\mathrm{minor}} = \mathrm{Rot}(x,\ \theta)^{\mathrm{T}}$$

由于原旋转矩阵的行列式为 1，因此用 $\mathrm{Rot}(x,\ \theta)^{\mathrm{T}}_{\mathrm{minor}}$ 矩阵除以行列式仍得出相同的结果。因此，关于 x 轴的旋转矩阵的逆的行列式与它的转置矩阵相同，即

$$\mathrm{Rot}(x,\theta)^{-1} = \mathrm{Rot}(x,\theta)^{\mathrm{T}} \tag{3-25}$$

具有这种特征的矩阵称为酉矩阵，也就是说所有的旋转矩阵都是酉矩阵。因此，计算旋转矩阵的逆就是将该矩阵转置。可以证明，关于 y 轴和 z 轴的旋转矩阵同样也是酉矩阵。

应注意，只有旋转矩阵才是酉矩阵。如果一个矩阵不是一个简单的旋转矩阵，那么它也许就不是酉矩阵。

以上结论只对简单的不表示位置的 3×3 旋转矩阵成立。对一个齐次的 4×4 变换矩阵而言，它的求逆可以将矩阵分为两部分。矩阵的旋转部分仍是酉矩阵，只需简单的转置；矩阵的位置部分是向量 $\boldsymbol{P}$ 分别与 $\boldsymbol{n}$，$\boldsymbol{o}$，$\boldsymbol{a}$ 向量点积的负值，其结果为

$$\boldsymbol{F} = \begin{pmatrix} n_x & o_x & a_x & p_x \\ n_y & o_y & a_y & p_y \\ n_z & o_z & a_z & p_z \\ 0 & 0 & 0 & 1 \end{pmatrix} \tag{3-26}$$

$$\boldsymbol{F} = \begin{pmatrix} n_x & n_y & n_z & -\boldsymbol{P}\cdot\boldsymbol{n} \\ o_x & o_y & o_z & -\boldsymbol{P}\cdot\boldsymbol{o} \\ a_x & a_y & a_z & -\boldsymbol{P}\cdot\boldsymbol{a} \\ 0 & 0 & 0 & 1 \end{pmatrix}$$

如上所示，矩阵的旋转部分是简单的转置，转置的部分由点乘的负值代替，而最后一行（比例因子）则不受影响。这样做对于计算变换矩阵的逆是很有帮助的，而直接计算 4×4 矩阵的逆是一个很冗长的过程。

第二节　工业机器人运动学方程

假设有一个构型已知的机器人，即它的所有连杆长度和关节角度都是已知的，那么计算机器人手的位姿就称为正运动学分析。换言之，如果已知所有机器人关节变量，用正运动学方程就能计算任一瞬间机器人的位姿。然而，如果想要将机器人的手放在一个期望的位姿，就必须知道机器人每一个连杆的长度和关节的角度，只有这样才能将手定位在所期望的位姿，这称为逆运动学分析，也就是说，这里不是把已知的机器人变量代入正向运动学方程中，而是要设法找到这些方程的逆，从而求得所需的关节变量，使机器人放置在期望的位姿。事实上，逆运动学方程更为重要，机器人的控制器将用这些方程来计算关节值，并以此来运行机器人到达期望的位姿。下面首先推导机器人的正运动学方程，然后利用这些方程来计算逆运动学方程。

对正运动学，必须推导出一组与机器人特定构型(将构件组合在一起构成机器人的方法)有关的方程，以使得将有关的关节和连杆变量代入这些方程就能计算出机器人的位姿，然后可用这些方程推出逆运动学方程。

要确定一个刚体在空间的位姿，须在物体上固连一个坐标系，然后描述该坐标系的原点位置和它三个轴的姿态，总共需要六个自由度或六条信息来完整地定义该物体的位姿。同理，如果要确定或找到机器人手在空间的位姿，也必须在机器人手上固连一个坐标系并确定机器人手坐标系的位姿，这正是机器人正运动学方程所要完成的任务。换言之，根据机器人连杆和关节的构型配置，可用一组特定的方程来建立机器人手的坐标系和参考坐标系之间的联系。图3-11所示为机器人手的坐标系、参考坐标系以及它们的相对位姿，两个坐标系之间的关系与机器人的构型有关。当然，机器人可能有许多不同的构型，后面将会看到将如何根据机器人的构型来推导出与这两个坐标系相关的方程。

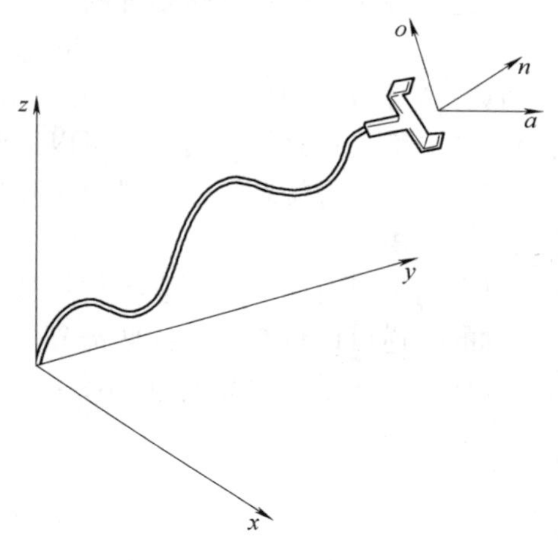

图3-11　机器人手的坐标系相对于参考坐标系

为使过程简化，可分别分析位置和姿态问题，首先推导出位置方程，然后再推导出姿态方程，再将两者结合在一起形成一组完整的方程。最后，将看到关于Denavit-Hartenberg表示法的应用，该方法可用于对任何机器人构型建模。

一、位置的正逆运动学方程

对于机器人的定位，可以通过相对于任何惯用坐标系的运动来实现。比如，基于直角坐标系对空间的一个点定位，这意味着有三个关于x，y，z轴的线性运动，此外，如果用球坐标来实现，就意味着需要有一个线性运动和两个旋转运动。常见的情况有：①笛卡儿(台架，直角)坐标；②圆柱坐标；③球坐标；④链式(拟人或全旋转)坐标。

（一）笛卡儿（台架，直角）坐标

这种情况下有三个沿 x，y，z 轴的线性运动，这一类型机器人所有的驱动机构都是线性的（比如液压活塞或线性动力丝杠），这时机器人手的定位是通过三个线性关节分别沿三个轴的运动来完成的（图3-12）。台架式机器人基本上就是一个直角坐标机器人，只不过是将机器人固连在一个朝下的直角架上。

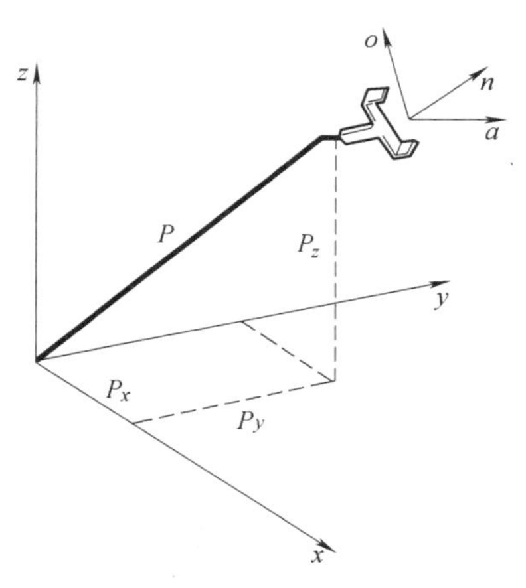

图 3-12　直角坐标

当然，如果没有旋转运动，表示向 P 点运动的变换矩阵是一种简单的平移变换矩阵，下面将可以看到这一点。注意这里只涉及坐标系原点的定位，而不涉及姿态。在直角坐标系中，表示机器人手位置的正运动学变换矩阵为

$$^{R}\boldsymbol{T}_{P}=\boldsymbol{T}_{\mathrm{cart}}=\begin{pmatrix}1&0&0&P_x\\0&1&0&P_y\\0&0&1&P_z\\0&0&0&1\end{pmatrix}\tag{3-27}$$

其中 $^{R}\boldsymbol{T}_{P}$ 是参考坐标系与手坐标系原点 P 的变换矩阵，而 $\boldsymbol{T}_{\mathrm{cart}}$ 表示直角坐标变换矩阵。对于逆运动学的求解，只需简单地设定期望的位置等于 P。

（二）圆柱坐标

圆柱形坐标系统包括两个线性平移运动和一个旋转运动。其顺序为：先沿 x 轴移动 r，再绕 z 轴旋转 α 角，最后沿 z 轴移动 l，如图 3-13 所示。这三个变换建立了手坐标系与参考坐标系之间的联系。由于这些变换都是相对于全局参考坐标系的坐标轴的，因此由这三个变换所产生的总变换可以通过依次左乘每一个矩阵而求得，即

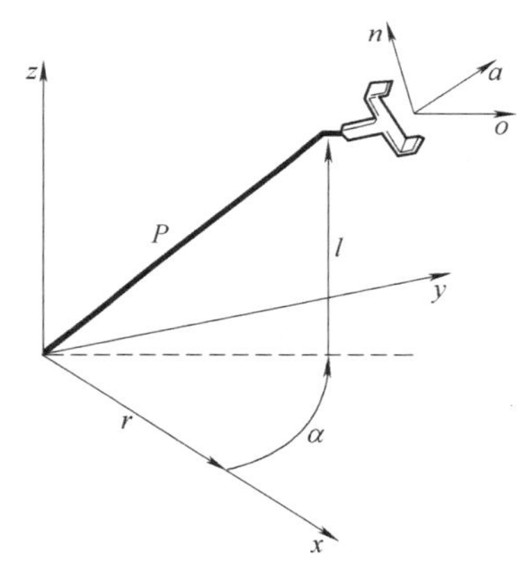

图 3-13　圆柱坐标

$$^{R}\boldsymbol{T}_{P}=\boldsymbol{T}_{\mathrm{cyl}}(r,\alpha,l)=\mathrm{Trans}(0,0,l)\,\mathrm{Rot}(z,\alpha)\,\mathrm{Trans}(r,0,0)\tag{3-28}$$

$$^{R}\boldsymbol{T}_{P}=\begin{pmatrix}1&0&0&0\\0&1&0&0\\0&0&1&l\\0&0&0&1\end{pmatrix}\begin{pmatrix}\mathrm{C}\alpha&-\mathrm{S}\alpha&0&0\\\mathrm{S}\alpha&\mathrm{C}\alpha&0&0\\0&0&1&0\\0&0&0&1\end{pmatrix}\begin{pmatrix}1&0&0&r\\0&1&0&0\\0&0&1&0\\0&0&0&1\end{pmatrix}\tag{3-29}$$

$$^{R}\boldsymbol{T}_{P}=\boldsymbol{T}_{\mathrm{cyl}}=\begin{pmatrix}\mathrm{C}\alpha&-\mathrm{S}\alpha&0&r\mathrm{C}\alpha\\\mathrm{S}\alpha&\mathrm{C}\alpha&0&r\mathrm{S}\alpha\\0&0&1&l\\0&0&0&1\end{pmatrix}$$

经过一系列变换后，前三列表示了坐标系的姿态，然而我们只对坐标系的原点位置即最后一列感兴趣。显然，在圆柱形坐标运动中，由于绕 z 轴旋转了 α 角，运动坐标系的姿态也将改变，这一改变将在后面讨论。

实际上，可以通过绕 n，o，a 坐标系中的 a 轴旋转 $-\alpha$ 角度，使坐标系回转到和初始参

考坐标系平行的状态，它等效于圆柱坐标矩阵右乘旋转矩阵(a，$-\alpha$)，其结果是，该坐标系的位置仍在同一地方，但其姿态再次平行于参考坐标系，如下所示：

$$\boldsymbol{T}_{\text{cyl}}\text{Rot}(z,\ -\alpha)=\begin{pmatrix}\text{C}\alpha & -\text{S}\alpha & 0 & r\text{C}\alpha\\ \text{S}\alpha & \text{C}\alpha & 0 & r\text{S}\alpha\\ 0 & 0 & 1 & l\\ 0 & 0 & 0 & 1\end{pmatrix}\begin{pmatrix}\text{C}(-\alpha) & -\text{S}(-\alpha) & 0 & 0\\ \text{S}(-\alpha) & \text{C}(-\alpha) & 0 & 0\\ 0 & 0 & 1 & 0\\ 0 & 0 & 0 & 1\end{pmatrix}=\begin{pmatrix}1 & 0 & 0 & r\text{C}\alpha\\ 0 & 1 & 0 & r\text{S}\alpha\\ 0 & 0 & 1 & l\\ 0 & 0 & 0 & 1\end{pmatrix}$$

由此可见，运动坐标系的原点位置没有改变，但它转回到了与参考坐标系平行的状态。需注意的是，最后的旋转是绕本地坐标系的 a 轴的，其目的是不引起坐标系位置的任何改变，而只改变姿态。

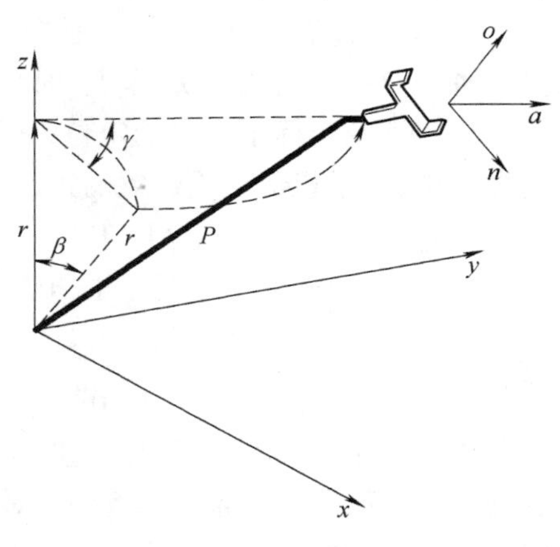

图 3-14　球坐标

（三）球坐标

如图 3-14 所示，球坐标系统由一个线性运动和两个旋转运动组成，运动顺序为：先沿 z 轴平移 r，再绕 y 轴旋转 β 并绕 z 轴旋转 γ。这三个变换建立了手坐标系与参考坐标系之间的联系。由于这些变换都是相对于全局参考坐标系的坐标轴的，因此由这三个变换所产生的总变换可以通过依次左乘每一个矩阵而求得

$$^{R}\boldsymbol{T}_{P}=\boldsymbol{T}_{\text{sph}}(r,\beta,\gamma)=\text{Rot}(z,\gamma)\text{Rot}(y,\beta)\text{Trans}(0,0,r) \tag{3-30}$$

$$^{R}\boldsymbol{T}_{P}=\begin{pmatrix}\text{C}\gamma & -\text{S}\gamma & 0 & 0\\ \text{S}\gamma & \text{C}\gamma & 0 & 0\\ 0 & 0 & 1 & 0\\ 0 & 0 & 0 & 1\end{pmatrix}\begin{pmatrix}\text{C}\beta & 0 & \text{S}\beta & 0\\ 0 & 1 & 0 & 0\\ -\text{S}\beta & 0 & \text{C}\beta & 0\\ 0 & 0 & 0 & 1\end{pmatrix}\begin{pmatrix}1 & 0 & 0 & 0\\ 0 & 1 & 0 & 0\\ 0 & 0 & 1 & r\\ 0 & 0 & 0 & 1\end{pmatrix}$$

$$^{R}\boldsymbol{T}_{P}=\boldsymbol{T}_{\text{sph}}=\begin{bmatrix}\text{C}\beta\cdot\text{C}\gamma & -\text{S}\gamma & \text{S}\beta\cdot\text{C}\gamma & r\text{S}\beta\cdot\text{C}\gamma\\ \text{C}\beta\cdot\text{S}\gamma & \text{C}\gamma & \text{S}\beta\cdot\text{S}\gamma & r\text{S}\beta\cdot\text{S}\gamma\\ -\text{S}\beta & 0 & \text{C}\beta & r\text{C}\beta\\ 0 & 0 & 0 & 1\end{bmatrix} \tag{3-31}$$

前三列表示了经过一系列变换后的坐标系的姿态，而最后一列则表示了坐标系原点的位置。以后还要进一步讨论该矩阵的姿态部分。

这里也可回转最后一个坐标系，使它与参考坐标系平行。这一问题将作为练习留给读者，要求找出正确的运动顺序来获得正确的答案。

球坐标的逆运动学方程比简单的直角坐标和圆柱坐标更复杂，因为两个角度 β 和 γ 是耦合的。下面通过例子来说明如何求解球坐标的逆运动学方程。

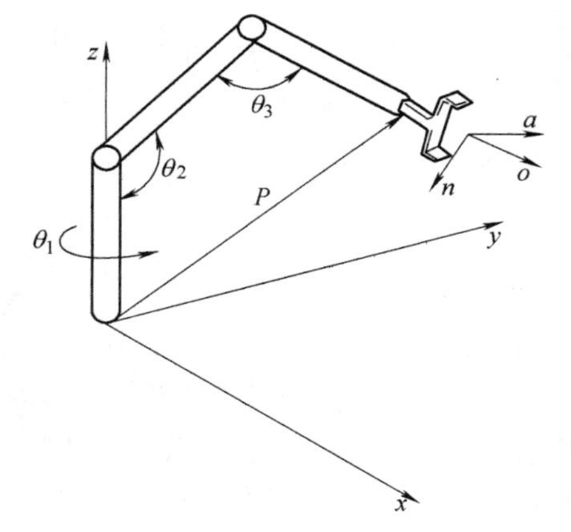

图 3-15　链式坐标

（四）链式坐标

如图 3-15 所示，链式坐标由 3 个旋转组成。后面在讨论 Denavit-Hartenberg 表示法时，将推导链式坐标

的矩阵表示法。

二、姿态的正逆运动学方程

假设固连在机器人手上的运动坐标系已经运动到期望的位置上，但它仍然平行于参考坐标系，或者假设其姿态并不是所期望的，下一步是要在不改变位置的情况下，适当地旋转坐标系而使其达到所期望的姿态。合适的旋转顺序取决于机器人手腕的设计以及关节装配在一起的方式。考虑以下三种常见的构型配置：

1）滚动角、俯仰角、偏航角（RPY）。

2）欧拉角。

3）链式关节。

（一）滚动角、俯仰角和偏航角

这是分别绕当前 a，o，n 轴的三个旋转顺序，能够把机器人的手调整到所期望的姿态。此时，假定当前的坐标系平行于参考坐标系，于是机器人手的姿态在 RPY（滚动角、俯仰角、偏航角）运动前与参考坐标系相同。如果当前坐标系不平行于参考坐标系，那么机器人手最终的姿态将会是先前的姿态与 RPY 右乘的结果。

因为不希望运动坐标系原点的位置有任何改变（它已被放在一个期望的位置上，所以只需要旋转它到所期望的姿态），所以 RPY 的旋转运动都是相对于当前的运动轴的。否则，如前面所看到的，运动坐标系的位置将会改变。于是，右乘所有由 RPY 和其他旋转所产生的与姿态改变有关的矩阵。

参考图 3-16，可看到 RPY 旋转包括以下几种：

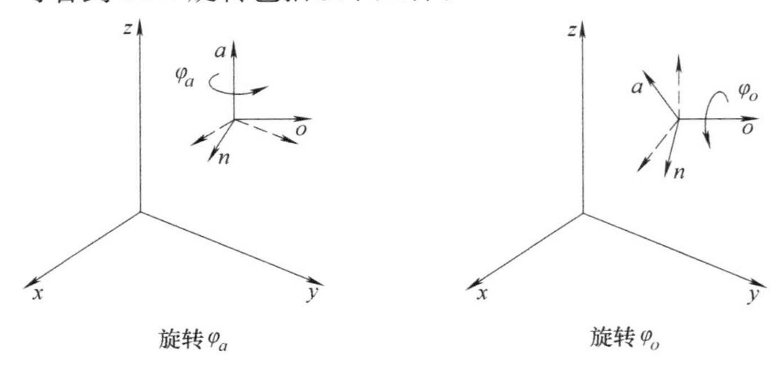

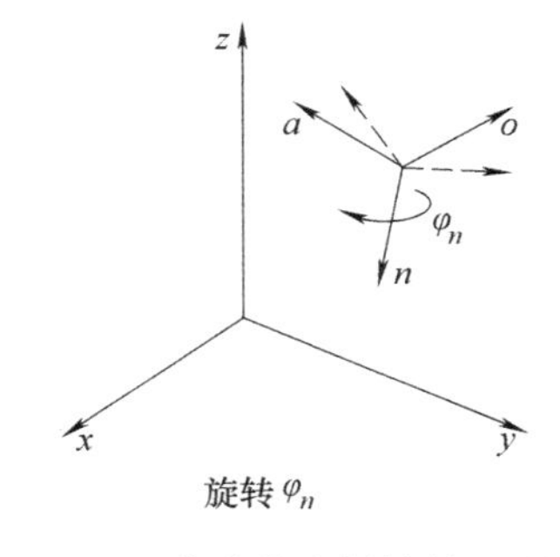

图 3-16　绕当前坐标轴的 RPY 旋转

1）绕 a 轴（运动坐标系的 z 轴）旋转 φ_a 称为滚动。

2）绕 o 轴（运动坐标系的 y 轴）旋转 φ_o 称为俯仰。

3）绕 n 轴（运动坐标系的 x 轴）旋转 φ_n 称为偏航。

表示 RPY 姿态变化的矩阵为

$$\mathrm{RPY}(\varphi_a,\ \varphi_o,\ \varphi_n)=\mathrm{Rot}(a,\ \varphi_a)\mathrm{Rot}(o,\ \varphi_o)\mathrm{Rot}(n,\ \varphi_n)=$$

$$\begin{pmatrix} \mathrm{C}\varphi_a\mathrm{C}\varphi_o & \mathrm{C}\varphi_a\mathrm{S}\varphi_o\mathrm{S}\varphi_n-\mathrm{S}\varphi_a\mathrm{C}\varphi_n & \mathrm{C}\varphi_a\mathrm{S}\varphi_o\mathrm{C}\varphi_n+\mathrm{S}\varphi_a\mathrm{S}\varphi_n & 0 \\ \mathrm{S}\varphi_a\mathrm{C}\varphi_o & \mathrm{S}\varphi_a\mathrm{S}\varphi_o\mathrm{S}\varphi_n+\mathrm{C}\varphi_a\mathrm{C}\varphi_n & \mathrm{S}\varphi_a\mathrm{S}\varphi_o\mathrm{C}\varphi_n-\mathrm{C}\varphi_a\mathrm{S}\varphi_n & 0 \\ -\mathrm{S}\varphi_o & \mathrm{C}\varphi_o\mathrm{S}\varphi_n & \mathrm{C}\varphi_o\mathrm{C}\varphi_n & 0 \\ 0 & 0 & 0 & 1 \end{pmatrix} \tag{3-32}$$

这个矩阵表示了仅由 RPY 引起的姿态变化。该坐标系相对于参考坐标系的位置和最终姿态是表示位置变化和 RPY 的两个矩阵的乘积。例如，假设一个机器人是根据球坐标和 RPY 来设计的，那么这个机器人就可以表示为

$$^{R}\boldsymbol{T}_H=\boldsymbol{T}_{\mathrm{sph}}(r,\ \beta,\ \gamma)\mathrm{RPY}(\varphi_a,\ \varphi_o,\ \varphi_n)$$

关于 RPY 的逆运动学方程的解比球坐标更复杂，因为这里有三个耦合角，所以需要所有三个角各自的正弦值和余弦值的信息才能解出这个角。为解出这三个角的正弦值和余弦值，必须将这些角解耦。因此，用 $\mathrm{Rot}(a,\ \varphi_a)$ 的逆左乘方程两边，得

$$\mathrm{Rot}\ (a,\varphi_a)^{-1}\mathrm{RPY}(\varphi_a,\varphi_o,\varphi_n)=\mathrm{Rot}(o,\varphi_o)\mathrm{Rot}(n,\varphi_n) \tag{3-33}$$

假设用 RPY 得到的最后所期望的姿态是用（$\boldsymbol{n}$，$\boldsymbol{o}$，$\boldsymbol{a}$）矩阵来表示的，则有

$$\mathrm{Rot}\ (a,\varphi_a)^{-1}\begin{pmatrix} n_x & o_x & a_x & 0 \\ n_y & o_y & a_y & 0 \\ n_z & o_z & a_z & 0 \\ 0 & 0 & 0 & 1 \end{pmatrix}=\mathrm{Rot}(o,\varphi_o)\mathrm{Rot}(n,\varphi_n) \tag{3-34}$$

进行矩阵相乘后得

$$\begin{pmatrix} n_x\mathrm{C}\varphi_a+n_y\mathrm{S}\varphi_a & o_x\mathrm{C}\varphi_a+o_y\mathrm{S}\varphi_a & a_x\mathrm{C}\varphi_a+a_y\mathrm{S}\varphi_a & 0 \\ n_y\mathrm{C}\varphi_a-n_x\mathrm{S}\varphi_a & o_y\mathrm{C}\varphi_a-o_x\mathrm{S}\varphi_a & a_y\mathrm{C}\varphi_a-a_x\mathrm{S}\varphi_a & 0 \\ n_z & o_z & a_z & 0 \\ 0 & 0 & 0 & 1 \end{pmatrix}=$$

$$\begin{bmatrix} \mathrm{C}\varphi_o & \mathrm{S}\varphi_o\mathrm{S}\varphi_n & \mathrm{S}\varphi_o\mathrm{C}\varphi_n & 0 \\ 0 & \mathrm{C}\varphi_n & -\mathrm{S}\varphi_n & 0 \\ -\mathrm{S}\varphi_o & \mathrm{C}\varphi_o\mathrm{S}\varphi_n & \mathrm{C}\varphi_o\mathrm{C}\varphi_n & 0 \\ 0 & 0 & 0 & 1 \end{bmatrix} \tag{3-35}$$

在式（3-34）中的 n，o，a 分量表示了最终的期望值，它们通常是给定或已知的，而 RPY 角的值是未知的变量。

让式（3-35）左右两边对应的元素相等，将产生如下结果：

根据 2，1 元素得

$$n_y\mathrm{C}\varphi_a-n_x\mathrm{S}\varphi_a=0\rightarrow\varphi_a=\mathrm{ATAN2}(n_y,n_x)\quad \varphi_a=\mathrm{ATAN2}(-n_y,\ -n_x) \tag{3-36}$$

根据 3，1 元素和 1，1 元素得

$$S\varphi_o = -n_z$$
$$C\varphi_o = n_x C\varphi_a + n_y S\varphi_a \rightarrow \varphi_o = \mathrm{ATAN2}[-n_z, (n_x C\varphi_a + n_y S\varphi_a)] \tag{3-37}$$

根据2，2元素和2，3元素得

$$C\varphi_n = o_y C\varphi_a - o_x S\varphi_a$$
$$S\varphi_n = -a_y C\varphi_a + a_x S\varphi_a \rightarrow \varphi_n = \mathrm{ATAN2}[(-a_y C\varphi_a + a_x S\varphi_a), (o_y C\varphi_a - o_x S\varphi_a)] \tag{3-38}$$

（二）欧拉角

除了最后的旋转是沿当前的 a 轴外，欧拉角的其他方面均与 RPY 相似(参见图3-17)。我们仍需要使所有旋转都是绕当前的轴转动，以防止机器人的位置有任何改变。表示欧拉角的转动如下：

1）绕 a 轴(运动坐标系的 z 轴)旋转 φ 度。

2）接着绕 o 轴(运动坐标系的 y 轴)旋转 θ 度。

3）最后再绕 a 轴(运动坐标系的 x 轴)旋转 ψ 度。

表示欧拉角姿态变化的矩阵是

$$\mathrm{Euler}(\varphi,\theta,\psi) = \mathrm{Rot}(a,\varphi)\mathrm{Rot}(o,\theta)\mathrm{Rot}(a,\psi) = \begin{pmatrix} C\varphi C\theta C\psi - S\varphi C\psi & -C\varphi C\theta S\psi - S\varphi C\psi & C\varphi S\theta & 0 \\ S\varphi C\theta C\psi + C\varphi S\psi & -S\varphi C\theta S\psi + C\varphi C\psi & S\varphi S\theta & 0 \\ -S\theta C\psi & S\theta S\psi & C\theta & 0 \\ 0 & 0 & 0 & 1 \end{pmatrix} \tag{3-39}$$

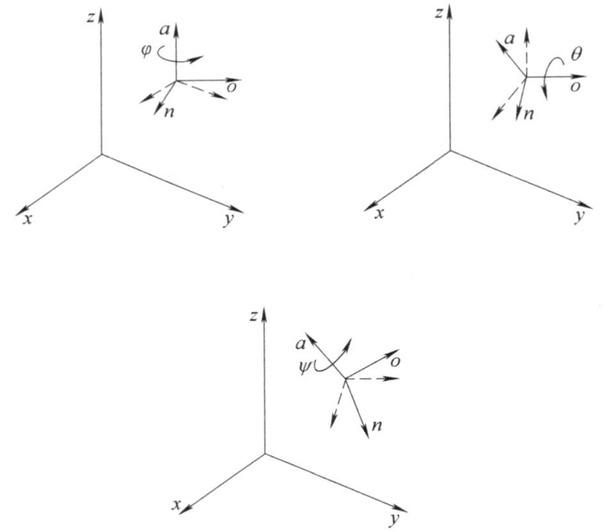

图3-17　绕当前坐标轴的欧拉旋转

再次强调，该矩阵只是表示了由欧拉角所引起的姿态变化。相对于参考坐标系，这个坐标系的最终位姿是表示位置变化的矩阵和表示欧拉角的矩阵的乘积。

欧拉角的逆运动学求解与 RPY 非常相似。可以使欧拉方程的两边左乘 $\mathrm{Rot}^{-1}(a, \varphi)$ 来消去其中一边的 φ。让两边的对应元素相等，就可得到以下方程[假设由欧拉角得到的最终所期望的姿态是由($\boldsymbol{n}$, $\boldsymbol{o}$, $\boldsymbol{a}$)矩阵表示]，即

$$\mathrm{Rot}^{-1}(a,\varphi)\begin{pmatrix} n_x & o_x & a_x & 0 \\ n_y & o_y & a_y & 0 \\ n_z & o_z & a_z & 0 \\ 0 & 0 & 0 & 1 \end{pmatrix} = \begin{pmatrix} \mathrm{C}\theta\mathrm{C}\psi & -\mathrm{C}\theta\mathrm{S}\psi & \mathrm{S}\theta & 0 \\ \mathrm{S}\psi & \mathrm{C}\psi & 0 & 0 \\ -\mathrm{S}\theta\mathrm{C}\psi & \mathrm{S}\theta\mathrm{S}\psi & \mathrm{C}\theta & 0 \\ 0 & 0 & 0 & 1 \end{pmatrix} \tag{3-40}$$

或

$$\begin{pmatrix} n_x\mathrm{C}\varphi + n_y\mathrm{S}\varphi & o_x\mathrm{C}\varphi + o_y\mathrm{S}\varphi & a_x\mathrm{C}\varphi + a_y\mathrm{S}\varphi & 0 \\ -n_x\mathrm{S}\varphi + n_y\mathrm{C}\varphi & -o_x\mathrm{S}\varphi + o_y\mathrm{C}\varphi & -a_x\mathrm{S}\varphi + a_y\mathrm{C}\varphi & 0 \\ n_z & o_z & a_z & 0 \\ 0 & 0 & 0 & 1 \end{pmatrix} = \begin{pmatrix} \mathrm{C}\theta\mathrm{C}\psi & -\mathrm{C}\theta\mathrm{S}\psi & \mathrm{S}\theta & 0 \\ \mathrm{S}\psi & \mathrm{C}\psi & 0 & 0 \\ -\mathrm{S}\theta\mathrm{C}\psi & \mathrm{S}\theta\mathrm{S}\psi & \mathrm{C}\theta & 0 \\ 0 & 0 & 0 & 1 \end{pmatrix} \tag{3-41}$$

记住，式(3-40)中的 $\boldsymbol{n}$，$\boldsymbol{o}$，$\boldsymbol{a}$ 表示了最终的期望值，它们通常是给定或已知的。欧拉角的值是未知变量。

让式(3-41)左右两边对应的元素相等，可得到如下结果：

根据2，3 元素，可得

$$-a_x\mathrm{S}\varphi + a_y\mathrm{C}\varphi = 0 \rightarrow \varphi = \mathrm{ATAN2}(a_y, a_x) \text{或} \varphi = \mathrm{ATAN2}(-a_y, -a_x) \tag{3-42}$$

由于求得了值，因此式(3-41)左边所有的元素都是已知的。根据2，1 元素和2，2 元素得

$$\begin{gathered} \mathrm{S}\psi = -n_x\mathrm{S}\varphi + n_y\mathrm{C}\varphi \\ \mathrm{C}\psi = -o_x\mathrm{S}\varphi + o_y\mathrm{C}\varphi \rightarrow \psi = \mathrm{ATAN2}(-n_x\mathrm{S}\varphi + n_y\mathrm{C}\varphi,\ -o_x\mathrm{S}\varphi + o_y\mathrm{C}\varphi) \end{gathered} \tag{3-43}$$

最后根据1，3 元素和3，3 元素，得

$$\begin{gathered} \mathrm{S}\theta = a_x\mathrm{C}\varphi + a_y\mathrm{S}\varphi \\ \mathrm{C}\theta = a_z \rightarrow \theta = \mathrm{ATAN2}(a_x\mathrm{C}\varphi + a_y\mathrm{S}\varphi, a_z) \end{gathered} \tag{3-44}$$

(三) 链式关节

链式关节由3 个旋转组成，而不是上面刚提出来的旋转模型，这些旋转取决于关节的设计，就像在链式坐标所做的那样。

在机器人的基座上，可以从第一个关节开始变换到第二个关节，然后到第三个……再到机器人的手，最终到末端执行器。若把每个变换定为关节，则可以得到许多表示变换的矩阵。在机器人的基座与手之间的总变换则为

$${}^{R}\boldsymbol{T}_{H} = {}^{R}\boldsymbol{T}_{1}\,{}^{1}\boldsymbol{T}_{2}\,{}^{2}\boldsymbol{T}_{3}\cdots{}^{n-1}\boldsymbol{T}_{n} = \boldsymbol{A}_1\boldsymbol{A}_2\boldsymbol{A}_3\cdots\boldsymbol{A}_n \tag{3-45}$$

其中 n 是关节数。对于一个具有6 个自由度的机器人而言，有6 个 $\boldsymbol{A}$ 矩阵。

为了简化 $\boldsymbol{A}$ 矩阵的计算，可以制作一张关节和连杆参数的表格，其中每个连杆和关节的参数值可从机器人的原理示意图上确定，并且可将这些参数代入 $\boldsymbol{A}$ 矩阵。

第三节　雅可比方程与静力计算

工业机器人在作业过程中，当手部(或末端操作器)与环境接触时，会引起各个关节产生相应的作用力。工业机器人各关节的驱动装置提供关节力矩，通过连杆传递到手部，克服外界作用力。本节讨论操作臂在静止状态下力的平衡关系。假定各关节“锁住”，工业机器

人成为一个结构体。关节的“锁定用”力与手部所支持的载荷或受到外界环境作用的力取得静力学平衡。求解这种“锁定用”的关节力矩，或求解在已知驱动力作用下手部的输出力就是对工业机器人操作臂进行静力学分析。

一、工业机器人速度雅可比

数学上雅可比矩阵（Jacobian Matrix）是一个多元函数的偏导矩阵。

假设有 6 个函数，每个函数有 6 个变量，即

$$\begin{cases} y_1 = f_1(x_1, x_2, x_3, x_4, x_5, x_6) \\ y_2 = f_2(x_1, x_2, x_3, x_4, x_5, x_6) \\ \quad\vdots \\ y_6 = f_6(x_1, x_2, x_3, x_4, x_5, x_6) \end{cases} \tag{3-46}$$

可写成

$$\boldsymbol{Y} = \boldsymbol{F}(\boldsymbol{X})$$

将其微分，得

$$\begin{cases} \mathrm{d}y_1 = \dfrac{\partial f_1}{\partial x_1}\mathrm{d}x_1 + \dfrac{\partial f_1}{\partial x_2}\mathrm{d}x_2 + \cdots + \dfrac{\partial f_1}{\partial x_6}\mathrm{d}x_6 \\ \mathrm{d}y_2 = \dfrac{\partial f_2}{\partial x_1}\mathrm{d}x_1 + \dfrac{\partial f_2}{\partial x_2}\mathrm{d}x_2 + \cdots + \dfrac{\partial f_2}{\partial x_6}\mathrm{d}x_6 \\ \quad\vdots \\ \mathrm{d}y_6 = \dfrac{\partial f_6}{\partial x_1}\mathrm{d}x_1 + \dfrac{\partial f_6}{\partial x_2}\mathrm{d}x_2 + \cdots + \dfrac{\partial f_6}{\partial x_6}\mathrm{d}x_6 \end{cases} \tag{3-47}$$

也可简写成

$$\mathrm{d}\boldsymbol{Y} = \frac{\partial \boldsymbol{F}}{\partial \boldsymbol{X}}\mathrm{d}\boldsymbol{X} \tag{3-48}$$

式（3-48）中的（6×6）矩阵$\dfrac{\partial \boldsymbol{F}}{\partial \boldsymbol{X}}$叫作雅可比矩阵。

在工业机器人速度分析和以后的静力学分析中都将遇到类似的矩阵，称为工业机器人雅可比矩阵，或简称雅可比，一般用符号 $\boldsymbol{J}$ 表示。

图 3-18 所示为二自由度平面关节型工业机器人（2R 工业机器人），其端点位置 x，y 与关节变量 θ_1、θ_2的关系为

$$\begin{cases} x = l_1\cos\theta_1 + l_2\cos(\theta_1 + \theta_2) \\ y = l_1\sin\theta_1 + l_2\sin(\theta_1 + \theta_2) \end{cases} \tag{3-49}$$

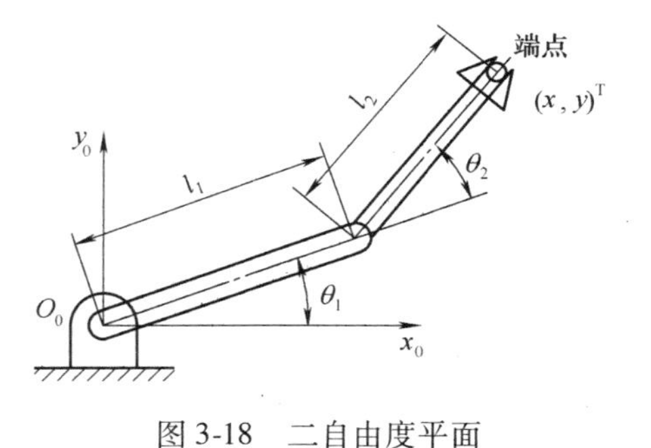

图 3-18　二自由度平面关节型工业机器人

即

$$\begin{cases} x = x(\theta_1, \theta_2) \\ y = y(\theta_1, \theta_2) \end{cases} \tag{3-50}$$

将其微分，得

$$\begin{cases} dx = \dfrac{\partial x}{\partial \theta_1}d\theta_1 + \dfrac{\partial x}{\partial \theta_2}d\theta_2 \\ dy = \dfrac{\partial y}{\partial \theta_1}d\theta_1 + \dfrac{\partial y}{\partial \theta_2}d\theta_2 \end{cases}$$

将其写成矩阵形式为

$$\begin{pmatrix} dx \\ dy \end{pmatrix} = \begin{pmatrix} \dfrac{\partial x}{\partial \theta_1} & \dfrac{\partial x}{\partial \theta_2} \\ \dfrac{\partial y}{\partial \theta_1} & \dfrac{\partial y}{\partial \theta_2} \end{pmatrix} \begin{pmatrix} d\theta_1 \\ d\theta_2 \end{pmatrix} \tag{3-51}$$

令

$$\boldsymbol{J} = \begin{pmatrix} \dfrac{\partial x}{\partial \theta_1} & \dfrac{\partial x}{\partial \theta_2} \\ \dfrac{\partial y}{\partial \theta_1} & \dfrac{\partial y}{\partial \theta_2} \end{pmatrix} \tag{3-52}$$

式(3-51)可简写为

$$d\boldsymbol{X} = \boldsymbol{J}d\boldsymbol{\theta} \tag{3-53}$$

其中 $d\boldsymbol{X} = \begin{pmatrix} dx \\ dy \end{pmatrix}$ $d\boldsymbol{\theta} = \begin{pmatrix} d\theta_1 \\ d\theta_2 \end{pmatrix}$

将 $\boldsymbol{J}$ 称为图 3-18 所示二自由度平面关节型工业机器人的速度雅可比，它反映了关节空间微小运动 $d\boldsymbol{\theta}$ 与手部作业空间微小位移 $d\boldsymbol{X}$ 之间的关系。注意：$d\boldsymbol{X}$ 此时表示微小线位移。

若对式(3-52)进行运算，则 2R 工业机器人的雅可比写为

$$\boldsymbol{J} = \begin{pmatrix} -l_1\sin\theta_1 - l_2\sin(\theta_1+\theta_2) & -l_2\sin(\theta_1+\theta_2) \\ l_1\cos\theta_1 + l_2\cos(\theta_1+\theta_2) & l_2\cos(\theta_1+\theta_2) \end{pmatrix} \tag{3-54}$$

从 $\boldsymbol{J}$ 中元素的组成可见，$\boldsymbol{J}$ 矩阵的值是 θ_1 及 θ_2 的函数。

对于 n 个自由度的工业机器人，其关节变量可以用广义关节变量 $\boldsymbol{q}$ 表示，$\boldsymbol{q} = (q_1, q_2, \cdots, q_n)^T$。当关节为转动关节时，$q_i = \theta_i$，当关节为移动关节时，$q_i = d_i$，$d\boldsymbol{q} = [dq_1, dq_2, \cdots, dq_n]^T$ 反映了关节空间的微小运动。工业机器人手部在操作空间的运动参数用 $\boldsymbol{X}$ 表示，它是关节变量的函数，即 $\boldsymbol{X} = \boldsymbol{X}(\boldsymbol{q})$，并且是一个 6 维列矢量(因为表达空间刚体的运动需要 6 个参数，即 3 个沿坐标轴的独立移动和 3 个绕坐标轴的独立转动)。因此，$d\boldsymbol{X} = (dx, dy, dz, \delta\varphi_x\ \delta\varphi_y, \delta\varphi_z)^T$ 反映了操作空间的微小运动，它由工业机器人手部微小线位移和微小角位移(微小转动)组成，d 和 δ 没差别，因为在数学上，$dx = \delta x$。于是，参照式(3-53)可写出类似的方程式，即

$$d\boldsymbol{X} = \boldsymbol{J}(\boldsymbol{q})d\boldsymbol{q} \tag{3-55}$$

式中，$\boldsymbol{J}(\boldsymbol{q})$ 是 $6 \times n$ 的偏导数矩阵，称为 n 自由度工业机器人速度雅可比矩阵。它反映了关节空间微小运动 $d\boldsymbol{q}$ 与手部作业空间微小运动 $d\boldsymbol{X}$ 之间的关系。它的第 i 行第 j 列元素为

$$J_{ij}(\boldsymbol{q})=\frac{\partial x_i(\boldsymbol{q})}{\partial q_j} \qquad i=1,2,\cdots,6; j=1,2,\cdots,n \tag{3-56}$$

二、操作臂中的静力学

这里以操作臂中单个杆件为例分析受力情况，如图 3-19 所示，杆件 i 通过关节 i 和 $i+1$ 分别与杆件 $i-1$ 和杆件 $i+1$ 相连接，两个坐标系 $\{i-1\}$ 和 $\{i\}$ 分别如图 3-19 所示。

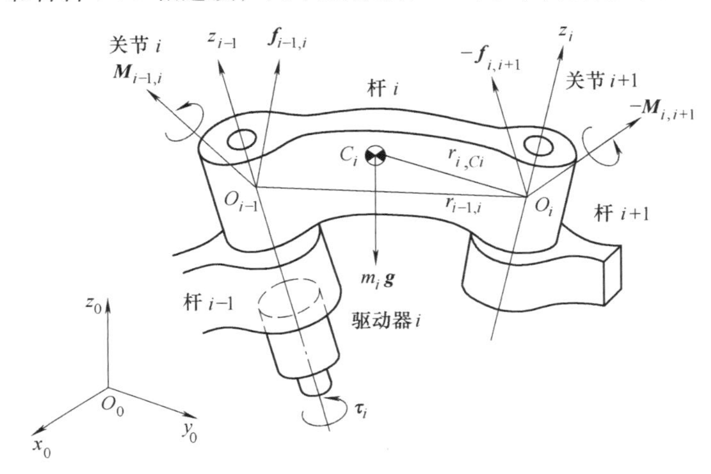

图 3-19　杆 i 上的力和力矩

图 3-19 中

$\boldsymbol{f}_{i-1,i}$ 及 $\boldsymbol{M}_{i-1,i}$——$i-1$ 杆通过关节 i 作用在 i 杆上的力和力矩；

$\boldsymbol{f}_{i,i+1}$ 及 $\boldsymbol{M}_{i,i+1}$——i 杆通过关节 $i+1$ 作用在 $i+1$ 杆上的力和力矩；

$-\boldsymbol{f}_{i,i+1}$ 及 $-\boldsymbol{M}_{i,i+1}$——$i+1$ 杆通过关节 $i+1$ 作用在 i 杆上的反作用力和反作用力矩；

$\boldsymbol{f}_{n,n+1}$ 及 $\boldsymbol{M}_{n,n+1}$——工业机器人手部端点对外界环境的作用力和力矩；

$-\boldsymbol{f}_{n,n+1}$ 及 $-\boldsymbol{M}_{n,n+1}$——外界环境对工业机器人手部端点的作用力和力矩；

$\boldsymbol{f}_{0,1}$ 及 $\boldsymbol{M}_{0,1}$——工业机器人底座对杆 1 的作用力和力矩；

$m_i\boldsymbol{g}$——连杆 i 的重量，作用在质心 C_i 上。

连杆 i 的静力学平衡条件为其上所受的合力和合力矩为零，因此力和力矩平衡方程式为

$$\boldsymbol{f}_{i-1,i}+(-\boldsymbol{f}_{i,i+1})+m_i\boldsymbol{g}=0 \tag{3-57}$$

$$\boldsymbol{M}_{i-1,i}+(-\boldsymbol{M}_{i,i+1})+(\boldsymbol{r}_{i-1,i}+\boldsymbol{r}_{i,Ci})\boldsymbol{f}_{i-1,i}+(\boldsymbol{r}_{i,Ci})(-\boldsymbol{f}_{i,i+1})=0 \tag{3-58}$$

式中，$\boldsymbol{r}_{i-1,i}$ 为坐标系 $\{i\}$ 的原点相对于坐标系 $\{i-1\}$ 的位置矢量；$\boldsymbol{r}_{i,Ci}$ 为质心相对于坐标系 $\{i\}$ 的位置矢量。

假如已知外界环境对工业机器人最末杆的作用力和力矩，那么可以由最后一个连杆向第零号连杆(机座)依次递推，从而计算出每个连杆上的受力情况。

为了便于表示工业机器人手部端点对外界环境的作用力和力矩(简称为端点力 $\boldsymbol{F}$)，可将 $\boldsymbol{f}_{n,n+1}$ 和 $\boldsymbol{M}_{n,n+1}$ 合并写成一个 6 维矢量：

$$\boldsymbol{F}=\begin{pmatrix}\boldsymbol{f}_{n,n+1}\\ \boldsymbol{M}_{n,n+1}\end{pmatrix} \tag{3-59}$$

各关节驱动器的驱动力或力矩可写成一个 n 维矢量的形式，即

$$\boldsymbol{\tau}=\begin{pmatrix}\tau_1\\ \tau_2\\ \vdots\\ \tau_n\end{pmatrix} \tag{3-60}$$

式中，n 为关节的个数；$\boldsymbol{\tau}$ 为关节力矩（或关节力）矢量，简称广义关节力矩，对于转动关节，τ_i表示关节驱动力矩；对于移动关节，τ_i表示关节驱动力。

三、工业机器人静力学分析

假定关节无摩擦，并忽略各杆件的重力，则广义关节力矩 $\boldsymbol{\tau}$ 与工业机器人手部端点力 $\boldsymbol{F}$ 的关系可用下式描述，即

$$\boldsymbol{\tau}=\boldsymbol{J}^{\mathrm{T}}\boldsymbol{F} \tag{3-61}$$

式中，$\boldsymbol{J}^{\mathrm{T}}$ 为 $n\times6$ 阶工业机器人力雅可比矩阵或力雅可比。

上式可用下述虚功原理证明：

证明 考虑各个关节的虚位移为 δq_i，手部的虚位移为 $\delta \boldsymbol{X}$，如图 3-20 所示。

及
$$\delta\boldsymbol{q}=(\delta q_1,\delta q_2,\cdots,\delta q_n)^{\mathrm{T}} \tag{3-62}$$

$$\delta\boldsymbol{X}=\begin{pmatrix}\boldsymbol{d}\\ \boldsymbol{\delta}\end{pmatrix}$$

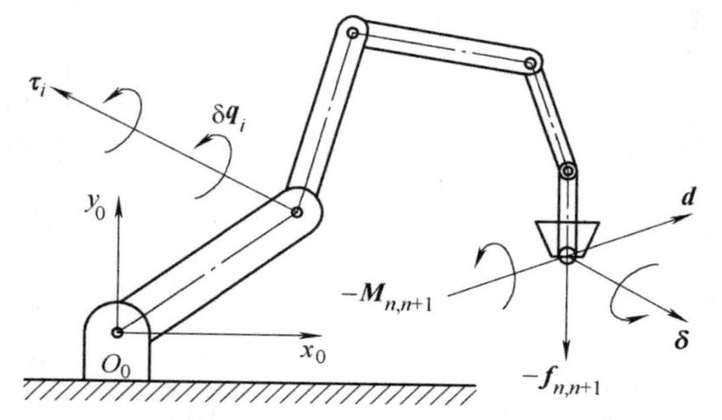

图 3-20 手部及各关节的虚位移

式中，$\boldsymbol{d}=(d_x,\ d_y,\ d_z)^{\mathrm{T}}$ 和 $\boldsymbol{\delta}=(\delta\varphi_x,\ \delta\varphi_y,\ \delta\varphi_z]^{\mathrm{T}}$ 分别对应于手部的线虚位移和角虚位移（作业空间）；$\delta\boldsymbol{q}$ 为由各关节虚位移 δq_i组成的工业机器人关节虚位移矢量（关节空间）。

假设发生上述虚位移时，各关节力矩为 $\tau_i(i=1,\ 2,\ \cdots,\ n)$，环境作用在工业机器人手部端点上的力和力矩分别为 $-\boldsymbol{f}_{n,n+1}$ 和 $-\boldsymbol{M}_{n,n+1}$。由上述力和力矩所做的虚功可以由下式求出，即

$$\delta W=\tau_1\delta q_1+\tau_2\delta q_2+\cdots+\tau_n\delta q_n-\boldsymbol{f}_{n,n+1}\boldsymbol{d}-\boldsymbol{M}_{n,n+1}\boldsymbol{\delta}$$

或写成

$$\delta W=\boldsymbol{\tau}^{\mathrm{T}}\delta\boldsymbol{q}-\boldsymbol{F}^{\mathrm{T}}\delta\boldsymbol{X} \tag{3-63}$$

根据虚位移原理，工业机器人处于平衡状态的充分必要条件是对任意符合几何约束的虚位移，有

$$\delta W=0$$

注意到虚位移 $\delta\boldsymbol{q}$ 和 $\delta\boldsymbol{X}$ 并不是独立的，是符合杆件的几何约束条件的。利用式(3-53) $\mathrm{d}\boldsymbol{X}=\boldsymbol{J}\mathrm{d}\boldsymbol{q}$，将式(3-63)改写成

$$\delta W=\boldsymbol{\tau}^{\mathrm{T}}\delta\boldsymbol{q}-\boldsymbol{F}^{\mathrm{T}}\boldsymbol{J}\delta\boldsymbol{q}=(\boldsymbol{\tau}-\boldsymbol{J}^{\mathrm{T}}\boldsymbol{F})^{\mathrm{T}}\delta\boldsymbol{q} \tag{3-64}$$

式中，$\delta\boldsymbol{q}$ 表示几何上允许位移的关节独立变量，对于任意的 $\delta\boldsymbol{q}$，欲使 $\delta W=0$，必有

$$\boldsymbol{\tau}=\boldsymbol{J}^{\mathrm{T}}\boldsymbol{F}$$

证毕。

式(3-64)表示在静力学平衡状态下，手部端点力 $\boldsymbol{F}$ 向广义关节力矩 $\boldsymbol{\tau}$ 映射的线性关系。

式中 $\boldsymbol{J}^{\mathrm{T}}$ 与手部端点力 $\boldsymbol{F}$ 和广义关节力矩 $\boldsymbol{\tau}$ 之间的力传递有关，故称为工业机器人力雅可比。很明显，力雅可比 $\boldsymbol{J}^{\mathrm{T}}$ 正好是工业机器人速度雅可比 $\boldsymbol{J}$ 的转置。

四、工业机器人静力学的两类问题

从操作臂手部端点力 $\boldsymbol{F}$ 与广义关节力矩 $\boldsymbol{\tau}$ 之间的关系式 $\boldsymbol{\tau}=\boldsymbol{J}^{\mathrm{T}}\boldsymbol{F}$ 可知，操作臂静力学可分为两类问题：

1）已知外界环境对工业机器人手部作用力 $\boldsymbol{F}'$（即手部端点力 $\boldsymbol{F}=-\boldsymbol{F}'$），求相应的满足静力学平衡条件的关节驱动力矩 $\boldsymbol{\tau}$。

2）已知关节驱动力矩 $\boldsymbol{\tau}$，确定工业机器人手部对外界环境的作用力 $\boldsymbol{F}$ 或负荷的质量。第二类问题是第一类问题的逆解。这时

$$\boldsymbol{F}=(\boldsymbol{J}^{\mathrm{T}})^{-1}\boldsymbol{\tau}$$

但是，由于工业机器人的自由度可能不是6，比如 $n>6$，力雅可比矩阵就有可能不是一个方阵，则 $\boldsymbol{J}^{\mathrm{T}}$ 就没有逆解。所以，对这类问题的求解就困难得多，在一般情况下不一定能得到唯一的解。如果 $\boldsymbol{F}$ 的维数比 $\boldsymbol{\tau}$ 的维数低，且 J 是满秩，则可利用最小二乘法求得 $\boldsymbol{F}$ 的估值。

第四章 工业机器人动力学

工业机器人动力学研究的是各杆件的运动和作用力之间的关系。工业机器人动力学分析是工业机器人设计、运动仿真和动态实时控制的基础。

为了控制机器人，仅有机器人运动学的基础是远远不够的，还必须建立起其动力学方程。工业机器人的动力学问题主要是研究机器人各关节的关节位置、关节速度、关节加速度与各关节执行器驱动力矩之间的关系。研究的主要目的是解决如何控制工业机器人，同时为工业机器人的最优化设计提供有力的证据。

机器人的动力学有两个相反的问题：一是动力学问题，已知机器人位置速度、加速度，求相应的关节力矩相量，用正运动学来确定机器人末端手的位姿，称为动力学正问题；二是相反的问题是已知关节力矩，求机器人的位置、速度和加速度。

研究动力学的重要目的之一是对机器人的运动进行有效控制，以实现预期的轨迹运动，所以在动力学算法的研究中，本书主要介绍逆动力学问题。工业机器人作为非常复杂的动力学系统，目前已提出了多种动力学分析方法，分别基于不同的力学方程和原理，如牛顿-欧拉方程、拉格朗日方程、凯恩方程、广义达朗贝尔原理等。本章主要介绍常用的牛顿-欧拉方程和拉格朗日方程。

第一节　牛顿-欧拉方程

一、刚体的加速度

现在把对刚体运动的分析推广到加速度的情况。在任一瞬时，线速度矢量和角速度矢量的导数分别称为线加速度和角加速度。即

$$^{B}\dot{v}_{Q}=\frac{\mathrm{d}}{\mathrm{d}t}{}^{B}v_{Q}=\lim_{\Delta t\to 0}\frac{^{B}v_{Q}(t+\Delta t)-{}^{B}v_{Q}(t)}{\Delta t} \tag{4-1}$$

和

$$^{A}\dot{\boldsymbol{\Omega}}_{Q}=\frac{\mathrm{d}}{\mathrm{d}t}{}^{A}\boldsymbol{\Omega}_{Q}=\lim_{\Delta t\to 0}\frac{^{A}\boldsymbol{\Omega}_{Q}(t+\Delta t)-{}^{A}\boldsymbol{\Omega}_{Q}(t)}{\Delta t} \tag{4-2}$$

正如速度的情况一样，当求导的参考坐标系被理解为某个宇宙标系 $\{U\}$ 时，将用下面的记号

$$\dot{v}_{A}={}^{U}\dot{v}_{AORG} \tag{4-3}$$

和

$$\dot{\omega}_A = {}^U\dot{\boldsymbol{\Omega}}_A \tag{4-4}$$

（一）线加速度

从描述当原点重合时从坐标系｛A｝看到的矢量${}^BQ$的速度

$${}^Av_Q = {}^A_B\boldsymbol{R}\,{}^Bv_Q + {}^A\boldsymbol{\Omega}_B\,{}^A_B\boldsymbol{R}\,{}^B\boldsymbol{Q} \tag{4-5}$$

这个方程的左边描述${}^AQ$如何随时间而变化。所以，因为原点是重合的，可以重写式(4-5)为

$$\frac{\mathrm{d}}{\mathrm{d}t}({}^A_B\boldsymbol{R}\,{}^B\boldsymbol{Q}) = {}^A_B\boldsymbol{R}\,{}^Bv_Q + {}^A\boldsymbol{\Omega}_B\,{}^A_B\boldsymbol{R}\,{}^B\boldsymbol{Q} \tag{4-6}$$

这种形式的方程式当推导对应的加速度方程时特别有用。

通过对式(4-5)求导，可以推出当｛A｝与｛B｝的原点重合时，从｛A｝中看到的${}^B\boldsymbol{Q}$的加速度表达式

$${}^A\dot{v}_Q = \frac{\mathrm{d}}{\mathrm{d}t}({}^A_B\boldsymbol{R}\,{}^Bv_Q) + {}^A\dot{\boldsymbol{\Omega}}_B\,{}^A_B\boldsymbol{R}\,{}^B\boldsymbol{Q} + {}^A\boldsymbol{\Omega}_B\frac{\mathrm{d}}{\mathrm{d}t}({}^A_B\boldsymbol{R}\,{}^B\boldsymbol{Q}) \tag{4-7}$$

现在用式(4-6)两次—— 一次对第一项，一次对最后一项。式(4-7)的右侧成为

$${}^A_B\boldsymbol{R}\,{}^B\dot{v}_Q + {}^A\boldsymbol{\Omega}_B\,{}^A_B\boldsymbol{R}\,{}^Bv_Q + {}^A\dot{\boldsymbol{\Omega}}_B\,{}^A_B\boldsymbol{R}\,{}^B\boldsymbol{Q} + {}^A\boldsymbol{\Omega}_B({}^A_B\boldsymbol{R}\,{}^Bv_Q + {}^A\boldsymbol{\Omega}_B\,{}^A_B\boldsymbol{R}\,{}^B\boldsymbol{Q}) \tag{4-8}$$

把相同两项合起来

$${}^A_B\boldsymbol{R}\,{}^B\dot{v}_Q + 2\,{}^A\boldsymbol{\Omega}_B\,{}^A_B\boldsymbol{R}\,{}^Bv_Q + {}^A\dot{\boldsymbol{\Omega}}_B\,{}^A_B\boldsymbol{R}\,{}^B\boldsymbol{Q} + {}^A\boldsymbol{\Omega}_B({}^A\boldsymbol{\Omega}_B\,{}^A_B\boldsymbol{R}\,{}^B\boldsymbol{Q}) \tag{4-9}$$

最后，为了推广到原点不重合的情况，加上一项给出$\{B\}$原点的线加速度的项，式 4-7 的右侧得到

$${}^A\dot{v}_{\mathrm{BORG}} + {}^A_B\boldsymbol{R}\,{}^B\dot{v}_Q + 2\,{}^A\boldsymbol{\Omega}_B\,{}^A_B\boldsymbol{R}\,{}^Bv_Q + {}^A\dot{\boldsymbol{\Omega}}_B\,{}^A_B\boldsymbol{R}\,{}^B\boldsymbol{Q} + {}^A\boldsymbol{\Omega}_B({}^A\boldsymbol{\Omega}_B\,{}^A_B\boldsymbol{R}\,{}^B\boldsymbol{Q}) \tag{4-10}$$

对于将在本章上考虑的情况，总是有${}^B\boldsymbol{Q}$为不变，或

$${}^Bv_Q = {}^B\dot{v}_Q = 0 \tag{4-11}$$

所以，式(4-10)简化为

$${}^A\dot{v}_Q = {}^A\dot{v}_{\mathrm{BORG}} + {}^A\boldsymbol{\Omega}_B({}^A\boldsymbol{\Omega}_B\,{}^A_B\boldsymbol{R}\,{}^B\boldsymbol{Q}) + {}^A\dot{\boldsymbol{\Omega}}_B\,{}^A_B\boldsymbol{R}\,{}^B\boldsymbol{Q} \tag{4-12}$$

用这一结果来计算操作机杆件的线加速度。

（二）角加速度

考虑｛B｝以${}^A\boldsymbol{\Omega}_B$相对于｛$A$｝转动的情况，而｛$C$｝以${}^B\boldsymbol{\Omega}_C$相对于｛$B$｝转动。为了计算${}^A\boldsymbol{\Omega}_C$，把矢量在坐标系｛$A$｝中相加

$${}^A\boldsymbol{\Omega}_C = {}^A\boldsymbol{\Omega}_B + {}^A_B\boldsymbol{R}\,{}^B\boldsymbol{\Omega}_C \tag{4-13}$$

求导后得到

$${}^A\dot{\boldsymbol{\Omega}}_C = {}^A\dot{\boldsymbol{\Omega}}_B + \frac{\mathrm{d}}{\mathrm{d}t}{}^A_B\boldsymbol{R}\,{}^B\boldsymbol{\Omega}_C \tag{4-14}$$

现在，把式(4-6)用到式(4-14)的末项中去，得到

$${}^A\dot{\boldsymbol{\Omega}}_C = {}^A\dot{\boldsymbol{\Omega}}_B + {}^A_B\boldsymbol{R}\,{}^B\dot{\boldsymbol{\Omega}}_C + {}^A\boldsymbol{\Omega}_B\,{}^A_B\boldsymbol{R}\,{}^B\boldsymbol{\Omega}_C \tag{4-15}$$

把这个结果用来求操作机杆件的角加速度。

把操作机的每个杆件考虑为刚体。如果知道杆件质心的位置和惯性张量，则它的质量分布特性就完全表示出来了。为了使这些杆件运动，必须使它们加速或减速。对于这种运动所需的力是期望的加速度和杆件质量分布的函数。牛顿方程和回转用的与它类似的欧拉方程描述了力、惯性和加速度之间是什么样的关系。

二、牛顿-欧拉方程

（一）牛顿方程

图 4-1 所示为一刚体，其质心以加速度 $\dot{v}_C$ 在加速运动。

在这种情况下，作用在质心的造成这个加速度的力 **F** 可以由牛顿方程给出为

$$F = m\dot{v}_C \tag{4-16}$$

式中，m 为刚体的总质量。

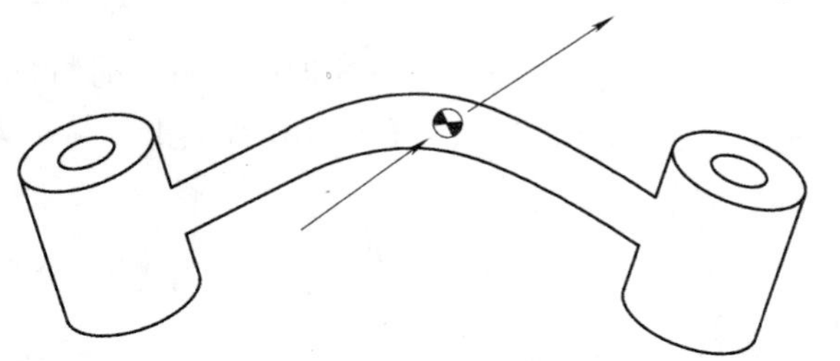

图 4-1　牛顿方程

（二）欧拉方程

图 4-2 所示为一刚体以角速度 ω 回转着，角加速度为 $\dot{\omega}$。

在这样的情况下，为了产生这个运动必须施加在刚体上的力矩 M 可由欧拉方程给出即

$$M = {}^{C}I\dot{\omega} + \omega \times {}^{C}I\omega \tag{4-17}$$

式中，${}^{C}I$ 为卸载标架 $\{C\}$ 中刚体的惯性张量，$\{C\}$ 的原点位于质心，如图 4-2 所示。

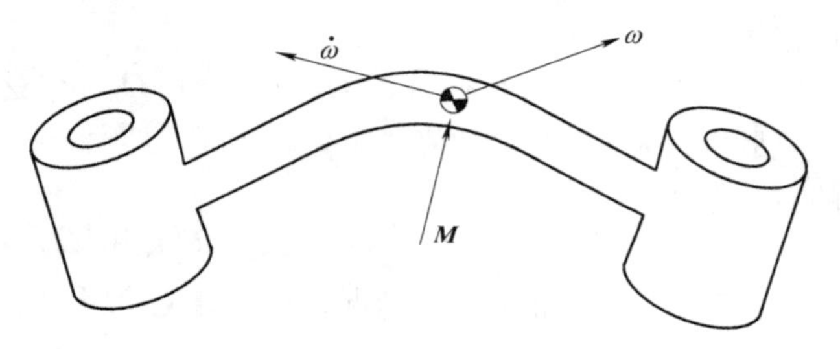

图 4-2　欧拉方程

现在考虑计算对应于给定操作机轨迹的扭矩的问题。假定已知关节的位置、速度和加速度（θ、$\dot{\theta}$、$\ddot{\theta}$）。根据这些知识以及机器人运动学的知识、质量分布的信息等，可以计算出造成这个运动所需的关节扭矩。

（三）向前迭代以计算速度和加速度

为了计算作用在杆件上的惯性力，需要计算在每个给定瞬时，操作机各杆件的回转速度、质心的线加速度和回转加速度。这些计算将以迭代式的形式从杆 1 开始，逐次向外移动，一杆接一杆，直到杆 n。

在前面讨论了从杆件到杆件的回转速度的变换，即

$${}^{i}\omega_{i+1} = {}^{i}\omega_i + {}_{i+1}^{i}R\dot{\theta}_{i+1}{}^{i+1}\hat{z}_{i+1} \tag{4-18}$$

从式(4-18)得到从杆件到杆件的角加速度的变换方程，即

$${}^{i+1}\dot{\omega}_{i+1} = {}_{i}^{i+1}R\,{}^{i}\dot{\omega}_i + {}_{i}^{i+1}R\,{}^{i}\omega_i \times \dot{\theta}_{i+1}{}^{i+1}\hat{z}_{i+1} + \ddot{\theta}_{i+1}{}^{i+1}\hat{z}_{i+1} \tag{4-19}$$

各个杆的线加速度根据式(4-12)可以得到为

$${}^{i+1}\dot{v}_{i+1} = {}_{i}^{i+1}R[\,{}^{i}\dot{\omega}_i \times {}^{i}P_{i+1} + {}^{i}\omega_i \times ({}^{i}\omega_i \times {}^{i}P_{i+1}) + {}^{i}\dot{v}_i] \tag{4-20}$$

也将需要各个杆件质心的线加速度，它也可由应用式(4-10)求出，即

$${}^{i}\dot{v}_{Ci} = {}^{i}\dot{\omega}_i \times {}^{i}P_{Ci} + {}^{i}\omega_i \times ({}^{i}\omega_i \times {}^{i}P_{Ci}) + {}^{i}\dot{v}_i \tag{4-21}$$

式中，假想一个标架 $\{C_i\}$ 固结于各个杆件，而它的原点位于杆件质心处，而且与杆件标架

$\{i\}$有相同的方位。

注意方程式应用于杆 1 特别简单，因为$^0\omega_0 = {}^0\dot{\omega}_0 = 0$。

（四）作用在杆件上的力和扭矩

计算出各个杆件质心的线加速度和角加速度后，可以应用牛顿-欧拉方程来计算作用在各个杆件质心上的力和扭矩。

$$\begin{aligned} F_i &= m\dot{v}_{Ci} \\ M_i &= {}^{Ci}I\dot{\omega} + \omega \times {}^{Ci}I\omega \end{aligned} \tag{4-22}$$

式中，$\{C_i\}$的原点在各杆的质心处，而它的方位与杆件标架$\{ i \}$相同。

（五）向后迭代以计算力和扭矩

计算出作用在各杆件上的力和扭矩后，现在剩下要做的是计算关节扭矩，它们将产生这些作用在杆件上的净力和扭矩。

根据对典型杆件的分离体图（图 4-3）写出力和力矩的平衡方程式就可以计算出这些关节扭矩。各个杆件受到其相邻杆件所施加的作用力和扭矩，还承受一个惯性力和力矩。对这些邻杆的作用力规定特殊的符号，即

f_i = 杆件 $i-1$ 作用到杆件 i 的力

M_i = 杆件 $i-1$ 作用到杆件 i 的力矩

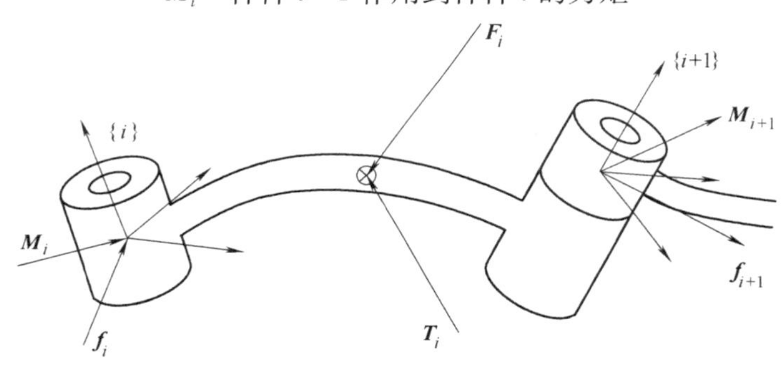

图 4-3　典型杆件的分离体图

把作用在杆件 i 上的力加起来得到一个力平衡关系，即

$$^iF_i = {}^if_i - {}^i_{i+1}R\,{}^{i+1}f_{i+1} \tag{4-23}$$

把扭矩对于质心加起来再让它们等于零，得到扭矩平衡方程式

$$^iM_i = {}^im_i - {}^im_{i+1} + (-{}^iP_{Ci}) \times {}^if_i - ({}^iP_{i+1} - {}^iP_{Ci}) \times {}^if_{i+1} \tag{4-24}$$

从力平衡关系(4-23)得来的结果再加上几个回转矩阵，可以把式(4-24)写为

$$^iM_i = {}^im_i - {}^i_{i+1}R\,{}^{i+1}m_{i+1} - {}^iP_{Ci} \times {}^iF_i - {}^iP_{i+1} \times {}^i_{i+1}R\,{}^{i+1}f_{i+1} \tag{4-25}$$

最后，可以整理力和扭矩方程式使它们成为由较高编号连杆。

$$^if_i = {}^i_{i+1}R\,{}^{i+1}f_{i+1} + {}^iF_i \tag{4-26}$$

$$^im_i = {}^iM_i + {}^i_{i+1}R\,{}^{i+1}m_{i+1} + {}^iP_{Ci} \times {}^iF_i + {}^iP_{i+1} \times {}^i_{i+1}R\,{}^{i+1}f_{i+1} \tag{4-27}$$

这些方程式一杆接一杆地求值，从杆 n 开始向机器人的基座进行下去。这些向后力的迭代与前面介绍过的静力迭代相似，只是现在考虑了各杆的惯性力和力矩。

如同静力的情况那样，所需的关节扭矩可由取一杆作用于其邻杆的扭矩的 z 分量来求得

$$\tau_i = {}^i m_i^{\mathrm{T}} \hat{z}_i \tag{4-28}$$

注意对一个在自由空间运动的机器人，${}^{n+1}f_{n+1}$和${}^{n+1}m_{n+1}$都让它为零，因此方程式的第一个对杆 n 的应用非常简单。如果机器人与周围环境有接触，由于接触而产生的力和扭矩以${}^{n+1}f_{n+1}$和${}^{n+1}m_{n+1}$不等于零而包括在力平衡中。

三、迭代的牛顿-欧拉动力学算法

由关节的运动来计算关节扭矩的完整的算法由两部分组成。首先，杆件的速度和加速度从杆件 1 到杆件 n 迭代地被计算出来，牛顿-欧拉方程式被用于各个杆件。其次，反力和反力矩以及促动器扭矩从杆件 n 回到杆件 1 递归地被计算出来。这些方程式概括如下：

向前 i：0→5

$${}^{i+1}\omega_{i+1} = {}^{i+1}_{i}R\,{}^{i}\omega_i + \dot{\theta}_{i+1}\,{}^{i+1}\hat{z}_{i+1} \tag{4-29}$$

$${}^{i+1}\dot{\omega}_{i+1} = {}^{i+1}_{i}R\,{}^{i}\dot{\omega}_i + {}^{i+1}_{i}R\,{}^{i}\omega_i \times \dot{\theta}_{i+1}\,{}^{i+1}\hat{z}_{i+1} + \ddot{\theta}_{i+1}\,{}^{i+1}\hat{z}_{i+1} \tag{4-30}$$

$${}^{i+1}\dot{v}_{i+1} = {}^{i+1}_{i}R[\,{}^{i}\dot{\omega}_i \times {}^{i}P_{i+1} + {}^{i}\omega_i \times ({}^{i}\omega_i \times {}^{i}P_{i+1}) + {}^{i}\dot{v}_i] \tag{4-31}$$

$${}^{i+1}\dot{v}_{C_{i+1}} = {}^{i+1}\dot{\omega}_{i+1} \times {}^{i+1}P_{C_{i+1}} + {}^{i+1}\omega_{i+1} \times ({}^{i+1}\omega_{i+1} \times {}^{i+1}P_{C_{i+1}}) + {}^{i+1}\dot{v}_{i+1} \tag{4-32}$$

$${}^{i+1}F_{i+1} = m_{i+1}\,{}^{i+1}\dot{v}_{C_{i+1}} \tag{4-33}$$

$${}^{i+1}M_{i+1} = I_{i+1}\,{}^{i+1}\dot{\omega}_{i+1} + {}^{i+1}\omega_{i+1} \times I_{i+1}\,{}^{i+1}\omega_{i+1} \tag{4-34}$$

向后 i：6→1

$${}^{i}f_i = {}^{i}_{i+1}R\,{}^{i+1}f_{i+1} + {}^{i}F_i \tag{4-35}$$

$${}^{i}m_i = {}^{i}M_i + {}^{i}_{i+1}R\,{}^{i+1}m_{i+1} + {}^{i}P_{C_i} \times {}^{i}F_i + {}^{i}P_{i+1} \times {}^{i}_{i+1}R\,{}^{i+1}f_{i+1} \tag{4-36}$$

$$\tau_i = {}^{i}m_i^{\mathrm{T}}\,{}^{i}\hat{z}_i \tag{4-37}$$

第二节　拉格朗日方程

一、拉格朗日函数

拉格朗日函数 L 的定义是一个机械系统的动能 E_{k}和势能 E_{q}之差，即

$$L = E_{\mathrm{k}} - E_{\mathrm{q}} \tag{4-38}$$

令 $q_i(i=1,\ 2,\ \cdots,\ n)$是使系统具有完全确定位置的广义关节变量，$\dot{q}_i$ 是相应的广义关节速度。由于系统动能 E_{k}是 q_i和 $\dot{q}_i$ 的函数，系统势能 E_{q}是 q_i的函数，因此拉格朗日函数也是 q_i和 $\dot{q}_i$ 的函数。

二、拉格朗日方程

系统的拉格朗日方程为

$$F_i = \frac{\mathrm{d}}{\mathrm{d}t}\frac{\partial L}{\partial \dot{q}_i} - \frac{\partial L}{\partial q_i} \qquad i = 1, 2, \cdots, n \tag{4-39}$$

式中，F_i称为关节 i 的广义驱动力。如果是移动关节，则 F_i为驱动力；如果是转动关节，则 F_i为驱动力矩。

三、用拉格朗日法建立工业机器人动力学方程的步骤

1）选取坐标系，选定完全而且独立的广义关节变量 $q_i(i=1, 2, \cdots, n)$。

2）选定相应的关节上的广义力 F_i：当 q_i是位移变量时，则 F_i为力；当 q_i是角度变量时，则 F_i为力矩。

3）求出工业机器人各构件的动能和势能，构造拉格朗日函数。

4）代入拉格朗日方程求得工业机器人系统的动力学方程。

四、二自由度平面关节型工业机器人动力学方程

（一）广义关节变量及广义力的选定

选取笛卡儿坐标系如图 4-4 所示。连杆 1 和连杆 2 的关节变量分别为转角 θ_1和 θ_2，相应的关节 1 和关节 2 的力矩是 τ_1和 τ_2。连杆 1 和连杆 2 的质量分别是 m_1和 m_2，杆长分别为 l_1和 l_2，质心分别在 C_1和 C_2处，离相应关节中心的距离分别为 p_1和 p_2。因此，杆 1 质心 C_1的位置坐标为

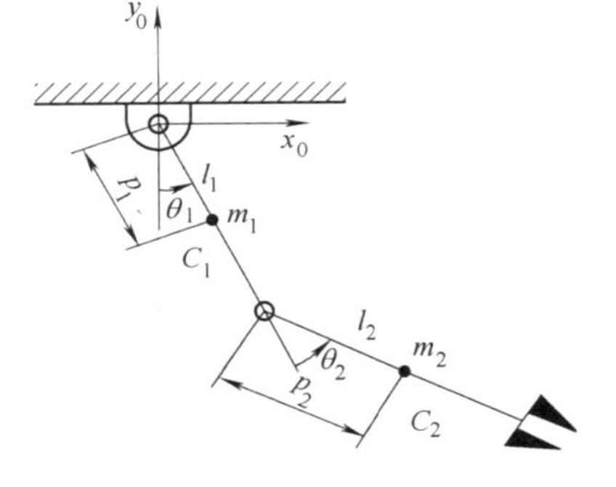

图 4-4　二自由度工业机器人动力学方程的建立

$$x_1 = p_1 \sin\theta_1$$

$$y_1 = -p_1 \cos\theta_1$$

杆 1 质心 C_1的速度平方为

$$\dot{x}_1^2 + \dot{y}_1^2 = (p_1\dot{\theta}_1)^2$$

杆 2 质心 C_2的位置坐标为

$$x_2 = l_1 \sin\theta_1 + p_2 \sin(\theta_1 + \theta_2)$$

$$y_2 = -l_1 \cos\theta_1 - p_2 \cos(\theta_1 + \theta_2)$$

杆 2 质心 C_2的速度平方为

$$\dot{x}_2 = l_1 \cos\theta_1 \dot{\theta}_1 + p_2 \cos(\theta_1 + \theta_2)(\dot{\theta}_1 + \dot{\theta}_2)$$

$$\dot{y}_2 = l_1 \sin\theta_1 \dot{\theta}_1 + p_2 \sin(\theta_1 + \theta_2)(\dot{\theta}_1 + \dot{\theta}_2)$$

$$\dot{x}_2^2 + \dot{y}_2^2 = l_1^2\dot{\theta}_1^2 + p_2^2(\dot{\theta}_1 + \dot{\theta}_2)^2 + 2l_1p_2(\dot{\theta}_1^2 + \dot{\theta}_1\dot{\theta}_2)\cos\theta_2$$

（二）系统动能

$$E_{k1} = \frac{1}{2}m_1p_1^2\dot{\theta}_1^2$$

$$E_{k2}=\frac{1}{2}m_2l_1^2\dot{\theta}_1^2+\frac{1}{2}m_2p_2^2(\dot{\theta}_1+\dot{\theta}_2)^2+m_2l_1p_2(\dot{\theta}_1^2+\dot{\theta}_1\dot{\theta}_2)\cos\theta_2$$

$$E_k=\sum_{i=1}^{2}E_{ki}=\frac{1}{2}(m_1p_1^2+m_2l_1^2)\dot{\theta}_1^2+\frac{1}{2}m_2p_2^2(\dot{\theta}_1+\dot{\theta}_2)^2+m_2l_1p_2(\dot{\theta}_1^2+\dot{\theta}_1\dot{\theta}_2)\cos\theta_2$$

（三）系统势能（以质心处于最低位置为势能零点）

$$E_{p1}=m_1gp_1(1-\cos\theta_1)$$

$$E_{p2}=m_2gl_1(1-\cos\theta_1)+m_2gp_2[1-\cos(\theta_1+\theta_2)]$$

$$E_p=\sum_{i=1}^{2}E_{pi}=(m_1p_1+m_2l_1)g(1-\cos\theta_1)+m_2gp_2[1-\cos(\theta_1+\theta_2)]$$

（四）拉格朗日函数

$$\begin{aligned}L&=E_k-E_p\\&=\frac{1}{2}(m_1p_1^2+m_2l_1^2)\dot{\theta}_1^2+\frac{1}{2}m_2p_2^2(\dot{\theta}_1+\dot{\theta}_2)^2+m_2l_1p_2(\dot{\theta}_1^2+\dot{\theta}_1\dot{\theta}_2)\cos\theta_2\\&\quad-(m_1p_1+m_2l_1)g(1-\cos\theta_1)-m_2gp_2[1-\cos(\theta_1+\theta_2)]\end{aligned}$$

（五）系统动力学方程

根据拉格朗日方程

$$F_i=\frac{\mathrm{d}}{\mathrm{d}t}\frac{\partial L}{\partial\dot{q}_i}-\frac{\partial L}{\partial q_i}\qquad i=1,2,\cdots,n$$

可计算各关节上的力矩，得到系统动力学方程。

计算关节 1 上的力矩 τ_1，即

$$\frac{\partial L}{\partial\dot{\theta}_1}=(m_1p_1^2+m_2l_1^2)\dot{\theta}_1+m_2p_2^2(\dot{\theta}_1+\dot{\theta}_2)+m_2l_1p_2(2\dot{\theta}_1+\dot{\theta}_2)\cos\theta_2$$

$$\frac{\partial L}{\partial\theta_1}=-(m_1p_1+m_2l_1)g\sin\theta_1-m_2gp_2\sin(\theta_1+\theta_2)$$

所以

$$\begin{aligned}\tau_1&=\frac{\mathrm{d}}{\mathrm{d}t}\frac{\partial L}{\partial\dot{\theta}_1}-\frac{\partial L}{\partial\theta_1}\\&=(m_1p_1^2+m_2p_2^2+m_2l_1^2+2m_2l_1p_2\cos\theta_2)\ddot{\theta}_1+(m_2p_2^2+m_2l_1p_2\cos\theta_2)\ddot{\theta}_2+\\&\quad(-2m_2l_1p_2\sin\theta_2)\dot{\theta}_1\dot{\theta}_2+(-m_2l_1p_2\sin\theta_2)\dot{\theta}_2^2+(m_1p_1+m_2l_1)g\sin\theta_1+\\&\quad m_2gp_2\sin(\theta_1+\theta_2)\end{aligned}$$

上式可简写为

$$\tau_1=D_{11}\ddot{\theta}_1+D_{12}\ddot{\theta}_2+D_{112}\dot{\theta}_1\dot{\theta}_2+D_{122}\dot{\theta}_2^2+D_1\tag{4-40}$$

由此可得

$$\begin{cases} D_{11}=m_1p_1^2+m_2p_2^2+m_2l_1^2+2m_2l_1p_2\cos\theta_2 \\ D_{12}=m_2p_2^2+m_2l_1p_2\sin\theta_2 \\ D_{112}=-2m_2l_1p_2\sin\theta_2 \\ D_{122}=-m_2l_1p_2\sin\theta_2 \\ D_1=(m_1p_1+m_2l_1)g\sin\theta_1+m_2gp_2\sin(\theta_1+\theta_2) \end{cases} \tag{4-41}$$

关节 2 上的力矩 τ_2：

$$\frac{\partial L}{\partial\dot\theta_2}=m_2p_2^2(\dot\theta_1+\dot\theta_2)+m_2l_1p_2\dot\theta_1\cos\theta_2$$

$$\frac{\partial L}{\partial\theta_2}=-m_2l_1p_2(\dot\theta_1^2+\dot\theta_1\dot\theta_2)\sin\theta_2-m_2gp_2\sin(\theta_1+\theta_2)$$

所以

$$\begin{aligned}\tau_2&=\frac{\mathrm d}{\mathrm dt}\frac{\partial L}{\partial\dot\theta_2}-\frac{\partial L}{\partial\theta_2}\\&=(m_2p_2^2+m_2l_1p_2\cos\theta_2)\ddot\theta_1+m_2p_2^2\ddot\theta_2+[(-m_2l_1p_2+m_2l_1p_2)\sin\theta_2]\dot\theta_1\dot\theta_2\\&\quad+(m_2l_1p_2\sin\theta_2)\dot\theta_1^2+m_2gp_2\sin(\theta_1+\theta_2)\end{aligned}$$

上式可简写为

$$\tau_2=D_{21}\ddot\theta_1+D_{22}\ddot\theta_2+D_{212}\dot\theta_1\dot\theta_2+D_{211}\dot\theta_1^2+D_2 \tag{4-42}$$

由此可得

$$\begin{cases} D_{21}=m_2p_2^2+m_2l_1p_2\cos\theta_2 \\ D_{22}=m_2p_2^2 \\ D_{212}=(-m_2l_1p_2+m_2l_1p_2)\sin\theta_2=0 \\ D_{211}=m_2l_1p_2\sin\theta_2 \\ D_2=m_2gp_2\sin(\theta_1+\theta_2) \end{cases} \tag{4-43}$$

式(4-40)~式(4-42)分别表示了关节驱动力矩与关节位移、速度、加速度之间的关系，即力和运动之间的关系，称为图 4-4 所示二自由度工业机器人的动力学方程。对其进行分析可知：

1）含有 $\ddot\theta$ 或 $\ddot\theta_2$ 的项表示由于加速度引起的关节力矩项，其中：

含有 D_{11} 和 D_{22} 的项分别表示由于关节 1 加速度和关节 2 加速度引起的惯性力矩项；

含有 D_{12} 的项表示关节 2 的加速度对关节 1 的耦合惯性力矩项；

含有 D_{21} 的项表示关节 1 的加速度对关节 2 的耦合惯性力矩项。

2）含有 $\dot\theta_1^2$ 和 $\dot\theta_2^2$ 的项表示由于向心力引起的关节力矩项，其中：

含有 D_{122} 的项表示关节 2 的速度引起的向心力对关节 1 的耦合力矩项；

含有 D_{211} 的项表示关节 1 的速度引起的向心力对关节 2 的耦合力矩项。

3）含有 $\dot{\theta}_1\dot{\theta}_2$ 的项表示由于哥氏力引起的关节力矩项，其中：

含有 D_{112} 的项表示哥氏力对关节 1 的耦合力矩项；

含有 D_{212} 的项表示哥氏力对关节 2 的耦合力矩项。

4）只含关节变量 θ_1、θ_2 的项表示重力引起的关节力矩项。其中：

含有 D_1 的项表示连杆 1、连杆 2 的质量对关节 1 引起的重力矩项；

含有 D_2 的项表示连杆 2 的质量对关节 2 引起的重力矩项。

很复杂，包含很多因素，这些因素都在影响工业机器人的动力学特性。对于复杂一些的多自由度工业机器人，动力学方程更庞杂，推导过程也更为复杂。不仅如此，对工业机器人实时控制也带来不小的麻烦。通常，有一些简化问题的方法：

1）当杆件质量不很大，重量很轻时，动力学方程中的重力矩项可以省略。

2）当关节速度不很大，工业机器人不是高速工业机器人时，含有 $\dot{\theta}_1^2$、$\dot{\theta}^2$、$\dot{\theta}_1^2\dot{\theta}_2^2$ 等项可以省略。

3）当关节加速度不很大，也就是关节电动机的升降速不是很突然时，那么含 $\ddot{\theta}$、$\ddot{\theta}_2$ 的项有可能给予省略。当然，关节加速度的减少，会引起速度升降的时间增加，延长了工业机器人作业循环的时间。

第三节　工业机器人轨迹规划

一、路径和轨迹

机器人的轨迹指操作臂在运动过程中的位移、速度和加速度。路径是机器人位姿的一定序列，而不考虑机器人位姿参数随时间变化的因素。如图 4-5 所示，如果有关机器人从 A 点运动到 B 点，再到 C 点，那么这中间位姿序列就构成了一条路径。而轨迹则与何时到达路径中的每个部分有关，强调的是时间。因此，图 4-5 中不论机器人何时到达 B 点和 C 点，其路径是一样的，而轨迹则依赖于速度和加速度，如果机器人抵达 B 点和 C 点的时间不同，则相应的轨迹也不同。研究不仅要涉及机器人的运动路径，而且还要关注其速度和加速度。

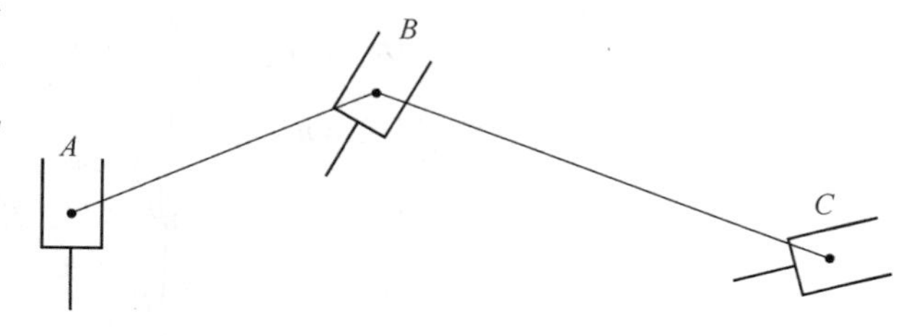

图 4-5　机器人轨迹图

二、轨迹规划

轨迹规划是指根据作业任务要求确定轨迹参数并实时计算和生成运动轨迹。轨迹规划的一般问题有三个：

1）对机器人的任务进行描述，即运动轨迹的描述。

2）根据已经确定的轨迹参数，在计算机上模拟所要求的轨迹。

3）对轨迹进行实际计算，即在运行时间内按一定的速率计算出位置、速度和加速度，从而生成运动轨迹。

在规划中，不仅要规定机器人的起始点和终止点，而且要给出中间点（路径点）的位姿及路径点之间的时间分配，即给出两个路径点之间的运动时间。

轨迹规划既可在关节空间中进行，即将所有的关节变量表示为时间的函数，用其一阶、二阶导数描述机器人的预期动作，也可在直角坐标空间中进行，即将手部位姿参数表示为时间的函数，而相应的关节位置、速度和加速度由手部信息导出。

以二自由度平面关节机器人为例解释轨迹规划的基本原理。如图 4-6 所示，要求机器人从 A 点运动到 B 点。机器人在 A 点时形位角为 $\alpha=20°$，$\beta=30°$；到达 B 点时的形位角是 $\alpha=40°$，$\beta=80°$。两关节运动的最大速率均为 10°/s。当机器人的所有关节均以最大速度运动时，下方的连杆将用 2s 到达，而上方的连杆还需再运动 3s，可见路径是不规则的，手部掠过的距离点也是不均匀的。

设机器人手臂两个关节的运动用有关公共因子做归一化处理，使手臂运动范围较小的关节运动成比例地减慢，这样，两个关节就能够同步开始和结束运动，即两个关节以不同速度一起连续运动，速率分别为 4°/s 和 10°/s。如图 4-6 所示为该机器人两关节运动轨迹，与前面不同，其运动更加均衡，且实现了关节速率归一化。

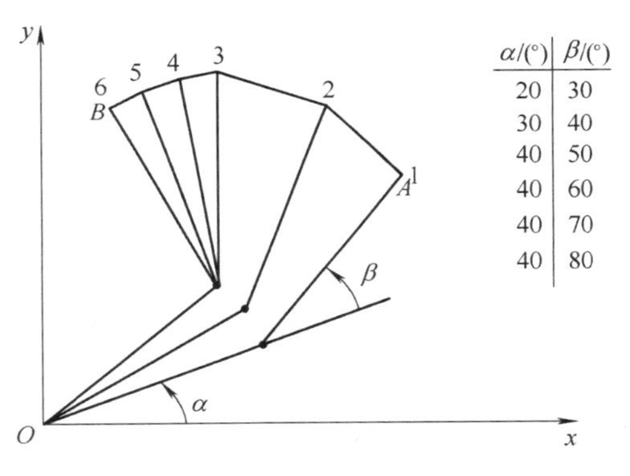

图 4-6　机器人关节角度

如果希望机器人的手部可以沿 AB 这条直线运动，最简单的方法是将该直线等分为几部分（图 4-6 中分成 5 份），然后计算出各个点所需的形位角 α 和 β 的值，这一过程称为两点间的插值。可以看出，这时路径是一条直线，而形位角变化并不均匀。很显然，如果路径点过少，将不能保证机器人在每一小段内的严格直线轨迹，因此，为获得良好的轨迹精度，应对路径进行更加细致的分割。由于对机器人轨迹的所有运动段的计算均基于直角坐标系，因此该法属直角坐标空间的轨迹规划。

三、关节空间的轨迹规划

（一）三次多项式轨迹规划

假设机器人的初始位姿是已知的，通过求解逆运动学方程可以求得机器人期望的手部位姿对应的形位角。若考虑其中某一关节的运动开始时刻 t_i 的角度为 θ_i，希望该关节在时刻 t_f 运动到新的角度 θ_f。轨迹规划的一种方法是使用多项式函数，以使得初始和末端的边界条件与已知条件相匹配，这些已知条件为 θ_i 和 θ_f 及机器人在运动开始和结束时的速度，这些速度通常为 0 或其他已知值。这四个已知信息可用来求解下列三次多项式方程中的四个未知量，即

$$\theta(t)=c_0+c_1t+c_2t^2+c_3t^3 \tag{4-44}$$

这里初始和末端条件是

$$\begin{cases}\theta(t_i)=\theta_i\\\theta(t_f)=\theta_f\\\dot{\theta}(t_i)=0\\\dot{\theta}(t_f)=0\end{cases}\tag{4-45}$$

对式(4-44)进行求导得

$$\dot{\theta}(t)=c_1+2c_2t+3c_3t^2\tag{4-46}$$

将初始和末端条件代入上面两式得到

$$\begin{cases}\theta(t_i)=c_0=\theta_i\\\theta(t_f)=c_0+c_1t_f+c_2t_f^2+c_3t_f^3=\theta_f\\\dot{\theta}(t_i)=c_1=0\\\dot{\theta}(t_f)=c_1+2c_2t_f+3c_3t_f^2=0\end{cases}\tag{4-47}$$

通过联立求解这四个方程，得到方程中的四个未知的数值，便可算出任意时刻的关节位置，控制器则据此驱动关节所需的位置。尽管每一关节是用同样步骤分别进行轨迹规划的，但是所有关节从始至终都是同步驱动。如果机器人初始和末端的速率不为零，则同样可以通过给定数据得到未知的数值。

（二）抛物线过渡的线性运动轨迹

在关节空间进行轨迹规划的另一种方法是让机器人关节以恒定速度在起点和终点位置之间运动，轨迹方程相当于一次多项式，其速度是常数，加速度为零。这表示在运动段的起点和终点的加速度必须为无穷大，只有这样才能在边界点瞬间产生所需的速度。为避免这一现象出现，线性运动段在起点和终点处可以用抛物线来进行过渡，从而产生连续位置和速度。

假设 $t_i=0$ 和 t_f 时刻对应的起点和终点位置为 θ_i 和 θ_f，抛物线与直线部分的过渡段在时间 t_b 和 t_f-t_b 处是对称的，得到

$$\begin{cases}\theta(t)=c_0+c_1t+\frac{1}{2}c_2t^2\\\dot{\theta}(t)=c_1+c_2t\\\ddot{\theta}(t)=c_2\end{cases}\tag{4-48}$$

显然，这时抛物线运动段的加速度是一个常数，并在公共点 A 和 B(称这些点为节点)上产生连续的速度。

将边界条件代入抛物线段的方程，得到

$$\begin{cases}\theta(0)=\theta_i=c_0\\\dot{\theta}(0)=0=c_1\\\ddot{\theta}(t)=c_2\end{cases}$$

整理得

$$\begin{cases} c_0 = \theta_i \\ c_1 = 0 \\ c_2 = \ddot{\theta} \end{cases} \tag{4-49}$$

从而简化抛物线段的方程为

$$\begin{cases} \theta(t) = \theta_i + \dfrac{1}{2}c_2 t^2 \\ \dot{\theta}(t) = c_2 t \\ \ddot{\theta}(t) = c_2 \end{cases} \tag{4-50}$$

显然，对于直线段，速度将保持为常数，可以根据驱动器的物理性能来加以选择。将零初速度、线性段常量速度 ω 以及零末端速度代入式(4-51)中，可得 A 点和 B 点以及终点的关节位置和速度如下：

$$\begin{cases} \theta_A = \theta_i + \dfrac{1}{2}c_2 t_b^2 \\ \dot{\theta}_A = c_2 t_b = \omega \\ \theta_B = \theta_A + \omega[(t_f - t_b) - t_b] = \theta_A + \omega(t_f - 2t_b) \\ \dot{\theta}_B = \dot{\theta}_A = \omega \\ \theta_f = \theta_B + (\theta_A - \theta_i) \\ \dot{\theta}_f = 0 \end{cases} \tag{4-51}$$

由上式可以求得

$$\begin{cases} c_2 = \dfrac{\omega}{t_b} \\ \theta_f = \theta_i + c_2 t_b^2 + \omega(t_f - 2t_b) \end{cases} \tag{4-52}$$

把 c_2 代入得

$$\theta_f = \theta_i + \left(\frac{\omega}{t_b}\right)t_b^2 + \omega(t_f - 2t_b) \tag{4-53}$$

进而求出过渡时间 t_b：

$$t_b = \frac{\theta_i - \theta_f + \omega t_f}{\omega} \tag{4-54}$$

t_b 不能总大于总时间 t_f 的一半，否则，在整个过程中将没有直线运动段，而只有抛物线加速段和抛物线减速段。由 t_b 表达式可以计算出对应的最大速度：

$$\omega_{max}=\frac{2(\theta_f-\theta_i)}{t_f} \tag{4-55}$$

如果初始时间不是零，则可采用平移时间轴的方法使初始时间为零。终点的抛物线段和起点的抛物线段是对称的，只不过加速度为负，因此可以表示为

$$\theta(t)=\theta_f-\frac{1}{2}c_2(t_f-t)^2 \tag{4-56}$$

其中，$c_2=\omega/t_b$，从而得到

$$\begin{cases}\theta(t)=\theta_f-\dfrac{\omega}{2t_b}(t_f-t)^2\\ \dot{\theta}(t)=\dfrac{\omega}{t_b}(t_f-t)\\ \ddot{\theta}(t)=-\dfrac{\omega}{t_b}\end{cases} \tag{4-57}$$

工业机器人的控制

工业机器人的结构是一个空间开链机构，其各个关节的运动是独立的，为了实现末端点的运动轨迹，需要多关节的协调运动。因此，其控制系统与普通的控制系统相比要复杂得多，表现在：

1）机器人的控制与机构运动学和动力学密切相关。机器人手足的状态可以在各种坐标下进行描述，应根据需要选择不同的参考坐标系，并做适当的坐标变换。经常要求解正向运动学和反向运动学的解，此外还要考虑惯性力、外力（包括重力）、哥氏力及向心力的影响。

2）一个简单的机器人至少要有3~5个自由度，比较复杂的机器人有十几个甚至几十个自由度。每个自由度一般包含一个伺服机构，它们必须协调运动，组成一个多变量控制系统。所以，工业机器人的控制，一般是一个计算机控制系统，计算机软件担负着艰巨的任务。

3）描述机器人的状态和运动的数学模型是一个非线性模型，随着状态的不同和外力的变化，其参数也在变化，各变量之间还存在耦合。因此，仅仅利用位置闭环是不够的，还要利用速度甚至加速度闭环。系统中经常使用重力补偿、前馈、解耦或自适应控制等方法。

4）机器人的动作往往可以通过不同的方式和路径来完成，因此存在一个“最优”的问题。较高级的机器人可以用人工智能的方法，用计算机建立起庞大的信息库，借助信息库进行控制、决策、管理和操作。根据传感器和模式识别的方法获取对象和环境的工况，按照指定的指标要求，自动选择最佳的控制规律。

总之，机器人控制系统是一个与运动学和动力学原理密切相关的、有耦合的、非线性的多变量控制系统。由于它的特殊性，经典的控制理论和现代控制理论都不能照搬使用。相信随着机器人技术的发展，机器人控制理论也将有新的发展。

第一节　工业机器人控制方式的分类

工业机器人控制方式的选择，是由工业机器人所执行的任务决定的，对不同类型的机器人应选择不同的控制方法。工业机器人控制的分类没有统一标准，如按运动坐标控制方式分，有关节空间运动控制、直角坐标空间运动控制；按控制系统对工作环境变化的适应程度来分，有程度控制系统、适应控制系统、人工智能控制系统；按同时控制的机器人数量来分，可分为单控系统、群控系统。除此之外，通常还按运动控制方式的不同，将机器人分为位置控制、速度控制、力（力矩）控制和智能控制四类。下面按运动控制方式做具体分析。

一、位置控制

工业机器人位置控制方式又分为点位控制和连续控制两类，如图 5-1 所示。

（一）点位控制（PTP）

这种控制方式的特点是只控制工业机器人末端执行器在作业空间中某些规定的离散点上的位姿。控制时只要求工业机器人快速、准确地实现相邻各点之间的运动，而对达到目标点的运动轨迹则不做任何规定。这种控制方式的主要技术指标是定位精度和运动所需的时间。由于其控制方式易于实现、定位精度要求不高的特点，因而常被应用在上下料、搬运、点焊和在电路板上安插元件等只要求目标点处保持末端执行器位姿准确的作业中。

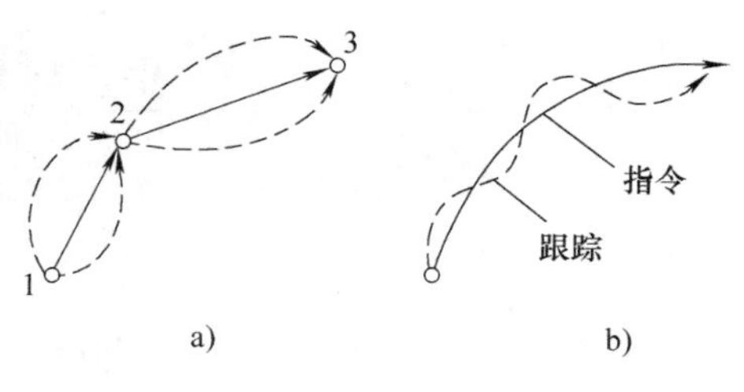

图 5-1 位置控制方式
a）点位控制 b）连续轨迹控制

（二）连续轨迹控制（CP）

这种控制方式的特点是连续地控制工业机器人末端执行器在作业空间中的位姿，要求其严格按照预定的轨迹和速度在一定的精度范围内运动，而且速度可控，轨迹光滑，运动平稳，以完成作业任务。工业机器人各关节连续、同步地进行相应的运动，其末端执行器即可形成连续的轨迹。这种控制方式的主要技术指标是工业机器人末端执行器位姿的轨迹跟踪精度及平稳性。通常弧焊、喷漆、去毛边和检测作业机器人都采用这种控制方式。

二、速度控制

工业机器人按预定的指令，控制运动部件的速度和实行加、减速，以满足运动平稳、定位准确的要求。为了实现这一要求，机器人的行程要遵循一定的速度变化曲线。由于机器人是一种工作情况（行程负载）多变、惯性负载的运动机械，要处理好快速与平稳的矛盾，必须控制起动加速和停止前的减速这两个过渡运动区段。

三、力（力矩）控制

在进行装配或抓取物体等作业时，工业机器人末端操作器与环境或作业对象的表面接触，除了要求准确定位之外，还要求使用适度的力或力矩进行工作，这时就要采取力（力矩）控制方式。这种方式的控制原理与位置伺服控制原理基本相同，只不过输入量和反馈量不是位置信号，而是力（力矩）信号，因此系统中必须有力（力矩）传感器。有时也利用接近、滑动等传感功能进行自适应式控制。

四、智能控制方式

机器人的智能控制是通过传感器获得周围环境的知识，并根据自身内部的知识库做出相应的决策。采用智能控制技术，使机器人具有了较强的环境适应性及自学习能力。智能控制技术的发展有赖于近年来人工神经网络、基因算法、遗传算法、专家系统等人工智能的迅速发展。

第二节　工业机器人的位置控制

工业机器人位置控制的目的，就是要使机器人各关节实现预先所规划的运动，最终保证工业机器人终端（手爪）沿预定的轨迹运行。工业机器人大多为串接的连杆结构，是个多输入-多输出控制系统，其动态特性具有高度的非线性。现把每个关节作为一个独立的系统，因而，对于一个具有 m 个关节的工业机器人来说，可以把它分解成 m 个独立的单输入-单输出控制系统。这种独立关节控制方法是近似的，因为它忽略了工业机器人的运动结构特点，即各个关节之间相互耦合和随形位变化的事实。如果对于更高性能要求的机器人控制，则必须考虑更有效的动态模型、更高级的控制方法和更完善的计算机体系结构。

一、工业机器人单关节的建模和控制

下面以直流伺服电动机为例进行分析。

在电枢绕组等效电路图 5-2 和机械传动原理图 5-3 中，u_a 为电枢电压；u_f 为励磁电压；L_a 为电枢电感；L_f 为励磁绕组电感；R_a 为电枢电阻；R_f 为励磁绕组电阻；i_a 为电枢电流；i_f 为励磁电流；e_b 为反电动势；$\boldsymbol{T}_m$ 为电动机输出力矩；θ_m 为电动机轴角位移；θ_L 为负载轴角位移；J_m 为折合到电动机轴的惯性矩；J_L 为折合到负载轴的负载惯性矩；f_m 为折合到电动机轴的黏性摩擦因数；f_L 为折合到负载轴的黏性摩擦因数；z_m 为电动机齿轮齿数；z_L 为负载齿轮齿数；$n=z_m/z_L$，n 为电动机轴到负载轴的传动比。

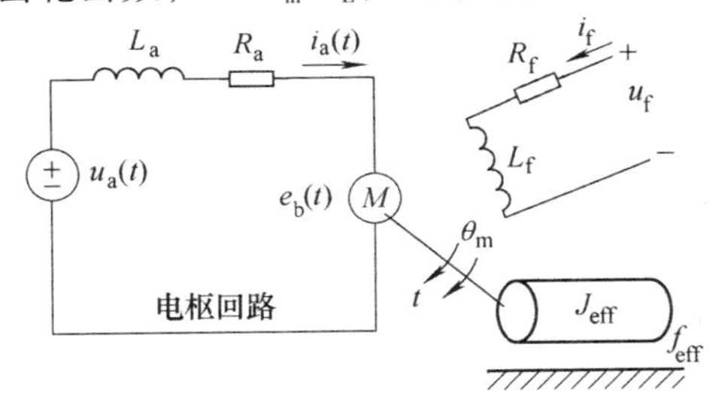

图 5-2　电枢绕组等效电路图

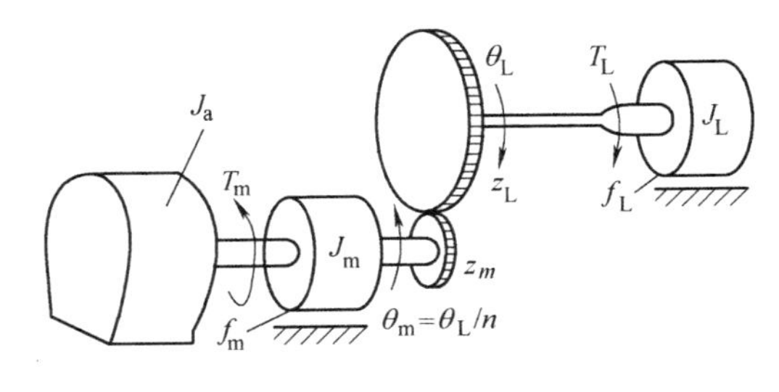

图 5-3　机械传动原理图

从电动机轴到负载轴的传动比为 n，则折算到电动机轴上的总惯性矩 J_{eff} 及等效黏性摩擦因数 f_{eff} 为

$$J_{eff}=J_m+n^2J_L \tag{5-1}$$

$$f_{eff}=f_m+n^2f_L \tag{5-2}$$

电枢绕组的电压平衡方程式为

$$U_a(t)=R_ai_a(t)+L_a\frac{\mathrm{d}i_a(t)}{\mathrm{d}t}+e_b(t) \tag{5-3}$$

电动机轴力矩平衡方程式为

$$T_m(t)=J_{eff}\ddot{\theta}+f_{eff}\dot{\theta}_m \tag{5-4}$$

机械部分与电气部分的耦合包括两个方面：电动机轴上产生的力矩与电枢电流成正比，电动机的反电动势与电动机的角速度成正比，即

$$T_m(t)=k_a i_a(t) \tag{5-5}$$

$$e_b(t)=k_b\dot{\theta}_m(t) \tag{5-6}$$

式中，k_a 为电动机的电流-力矩比例常数（N·m/A）；k_b 为电动机的反电动势比例常数[V/(rad/s)]。

对式(5-3)~式(5-6)进行拉普拉斯变换并化简，得到从电枢电压到电动机轴角位移的开环传递函数为

$$\frac{\theta_m(s)}{U_a(s)}=\frac{k_a}{s[s^2J_{eff}L_a+(L_af_{eff}+R_aJ_{eff})s+R_af_{eff}+k_ak_b]} \tag{5-7}$$

由于电动机的电气时间常数大大小于其机械时间常数，因此可以忽略电枢的电感 L_a 的作用，可将上面的方程式(5-7)简化为

$$\frac{\theta_m(s)}{U_a(s)}=\frac{k_a}{s(sR_aJ_{eff}+R_af_{eff}+k_ak_b)}=\frac{k}{s(T_ms+1)} \tag{5-8}$$

式中，电动机增益常数为 $k=\dfrac{k_a}{R_af_{eff}+k_ak_b}$

电动机时间常数为 $T_m=\dfrac{R_aJ_{eff}}{R_af_{eff}+k_ak_b}$

电枢电压 $U_a(s)$ 与关节角位移 $\theta_L(s)$ 之间的传递函数为

$$\frac{\theta_L(s)}{U_a(s)}=\frac{nk_a}{s(sR_aJ_{eff}+R_af_{eff}+k_ak_b)} \tag{5-9}$$

系统方框图如图 5-4 所示。

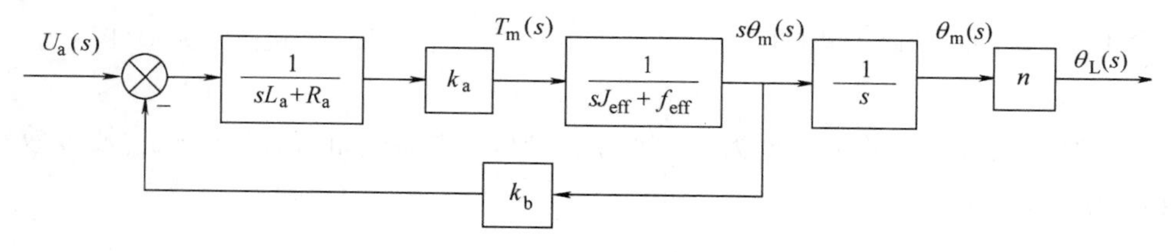

图 5-4 单关节开环传递函数

二、单关节位置控制器

位置控制器的作用是利用电动机组成的伺服系统使关节的实际角位移 θ_L 跟踪期望的角位移 θ_L^d。把伺服误差作为电动机的输入信号，产生适当的电压，构成闭环系统，即

$$U_a(t)=\frac{k_p e(t)}{n}=\frac{k_p[\theta_L^d(t)-\theta_L(t)]}{n} \tag{5-10}$$

式中，k_p为位置反馈增益(V/rad)；$e(t)=\theta_L^d(t)-\theta_L(t)$为系统误差；$n$为传动比。

这样就可以利用负载轴的角位移负反馈把单关节机器人的控制从开环系统转变为闭环系统，如图5-5所示。关节角度可用位置传感器如光电码盘等测出。

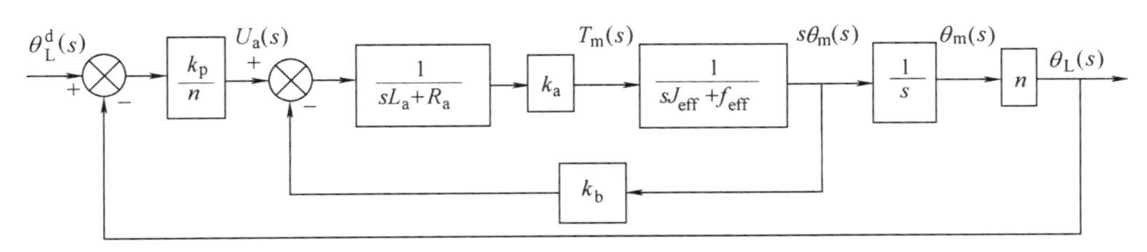

图5-5　带位置反馈的闭环控制方框图

对式(5-10)进行拉普拉斯变换，再根据图5-5可得出误差驱动信号$E(s)$与实际角位移$\theta_L(s)$之间的开环传递函数，即

$$G=\frac{\theta_L(s)}{E(s)}=\frac{k_p k_a}{s(sR_aJ_{eff}+R_aJ_{eff}+k_ak_b)} \tag{5-11}$$

由此可得位移反馈时的闭环传递函数，它表示实际角位移与期望角位移之间的关系。

$$\begin{aligned}\frac{\theta_L(s)}{\theta_L^d(s)}&=\frac{G(s)}{1+G(s)}=\frac{k_ak_p}{s^2R_aJ_{eff}+s(R_af_{eff}+k_ak_b)+k_ak_p}\\&=\frac{k_ak_p/(R_aJ_{eff})}{s^2+s(R_af_{eff}+k_ak_b)/(R_aJ_{eff})+k_ak_p/(R_aJ_{eff})}\end{aligned} \tag{5-12}$$

式(5-12)表明单关节机器人的位置控制器是一个二阶系统，当系统参数均为正时，总是稳定的。为了改善系统的动态性能，减小静态误差，可引入角速度作为反馈信号。关节角速度可以用测速发电机测定，也可以用两次采样周期内的位移数据来近似表示。加上位置和速度负反馈之后，关节电动机上所加的电压与位置误差及其导数成正比，即

$$U_a(t)=\frac{k_pe(t)+k_v\dot{e}(t)}{n}=\frac{k_p[\theta_L^d(t)-\theta_L(t)]+k_v[\dot{\theta}_L^d(t)-\dot{\theta}_L(t)]}{n} \tag{5-13}$$

式中，k_v为速度反馈增益；n为传动比。

这种闭环控制系统的框图如图5-6所示。对式(5-13)进行拉普拉斯变换，再把变换后的结果代入式(5-8)中，得到

$$\frac{\theta_L(s)}{E(s)}=\frac{sk_ak_v+k_ak_p}{s^2R_aJ_{eff}+s(R_af_{eff}+k_ak_b)} \tag{5-14}$$

由此可以得出表示实际角位移与期望角位移之间的闭环传递函数，即

$$\frac{\theta_L(s)}{\theta_L^d(s)}=\frac{k_ak_vs+k_ak_p}{s^2R_aJ_{eff}+s(R_af_{eff}+k_ak_b+k_ak_v)+k_ak_p} \tag{5-15}$$

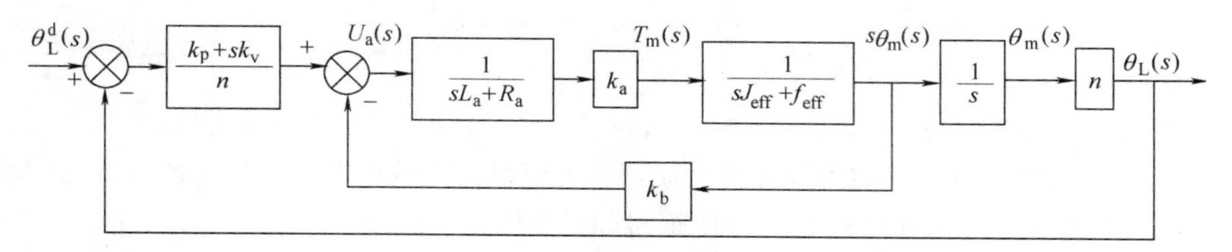

图 5-6 带位置反馈及速度反馈的闭环控制框图

三、速度和位置反馈增益的确定

二阶系统的特征方程具有下面的标准形式：

$$s^2+2\xi\omega_n s+\omega_n^2=0$$

式中，ξ 为系统阻尼比；ω_n 为系统的无阻尼自然频率。

在式(5-15)中，系统的闭环传递函数特征方程为

$$s^2R_aJ_{eff}+s(R_af_{eff}+k_ak_b+k_ak_v)+k_ak_p=0 \tag{5-16}$$

与标准形式比较可得

$$\omega_n^2=\frac{k_ak_p}{J_{eff}R_a}$$

$$2\xi\omega_n=\frac{R_af_{eff}+k_ak_b+k_ak_v}{J_{eff}R_a}$$

由上两式可得

$$\xi=\frac{R_af_{eff}+k_ak_b+k_ak_v}{2\sqrt{k_ak_pJ_{eff}R_a}}$$

在工业机器人控制系统中，为了安全起见，希望系统具有临界阻尼或过阻尼，即要求系统阻尼比 $\xi\geqslant1$，因此，当

$$\xi=\frac{R_af_{eff}+k_ak_b+k_ak_v}{2\sqrt{k_ak_pJ_{eff}R_a}}\geqslant1$$

$$k_v\geqslant\frac{2\sqrt{k_ak_pJ_{eff}R_a}-R_af_{eff}-k_ak_b}{k_a} \tag{5-17}$$

k_v 与 k_p 相关，在确定 k_p 时要考虑操作臂的结构共振频率。当机器人空载时，惯性转矩为 J_0，结构共振频率为 ω_0，负载时惯性转矩为 J_{eff}，结构共振频率为

$$\omega_s=\omega_0\sqrt{J_0/J_{eff}}$$

为了不激起结构共振和系统共振，一般选择闭环系统的无阻尼自然频率 ω_n 不超过关节结构共振频率 ω_s 的一半，即

$$\omega_n\leqslant0.5\omega_s$$

据此，调整位置反馈增益 k_p，而且应是 $k_p>0$(位置反馈是负反馈)，则得出

$$0 < k_p \leqslant \frac{\omega_0^2 J_0 R_a}{4k_a} \tag{5-18}$$

将式(5-18)代入式(5-17)，则

$$k_v \geqslant \frac{R_a\omega_0\sqrt{J_0J_{eff}} - R_af_{eff} - k_ak_b}{k_a} \tag{5-19}$$

四、交流伺服电动机的单关节控制器

以三相 Y 联结 AC 无刷电动机为例，需要对三相绕组进行控制，因此可以得到图 5-7 所示电流控制框图。

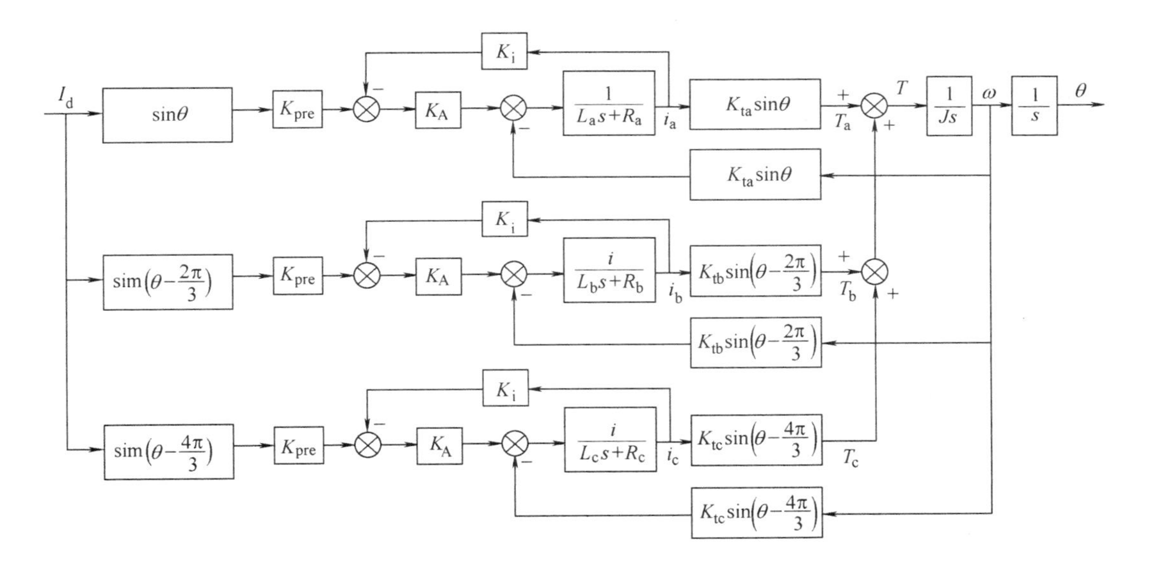

图 5-7　三相 Y 连接 AC 无刷电动机电流控制框图

K_{pre}—电流信号前置放大系数　T_a、T_b、T_c—三相绕组产生的转矩　K_i—电流环反馈系数

i_a、i_b、i_c—三相绕组电流　K_A—电流调节器放大系数　J—电动机轴上的总转动惯量

I_d、L_a、L_b、L_c、R_a、R_b、R_c—三相绕组要求的电流、电感和电阻

$K_{ta}\sin\theta$、$K_{tb}\sin\left(\theta-\frac{2\pi}{3}\right)$、$K_{tc}\sin\left(\theta-\frac{4\pi}{3}\right)$—三相绕组的转矩常数

每相电流为正弦波，但彼此相差 120°，即 $I_d\sin\theta$、$I_d\sin(\theta-2\pi/3)$、$I_d\sin(\theta-4\pi/3)$。

如同直流伺服电动机一样，交流伺服电动机的绕组由电感和电阻构成，加到绕组上的电流与电压关系仍为一阶惯性环节，即

$$U \rightarrow \left(\frac{1}{L_s + R}\right) \rightarrow I$$

每相电流乘以相应的转矩常数就是该相产生的转矩。也如同直流电动机，反电动势正比于转速，即 $K_{ta}\sin\theta\omega$、$K_{tb}\sin(\theta-2\pi/3)\ \omega$ 和 $K_{tc}\sin(\theta-4\pi/3)\ \omega$ 为三相的反电动势。最后三相转矩之和为电动机总转矩 T。这样一个三相Y联结 AC 无刷电动机模型就如图 5-8 所描述的。

从图 5-8 结构中，可得出下面方程

$$
\begin{aligned}
T = T_a + T_b + T_c = &\{[I_d\sin\theta K_{pre} - K_i i_a]K_A - \omega K_{ta}\sin\theta\}\left[\frac{K_{ta}\sin\theta}{L_a s + R_a}\right] + \\
&\{[I_d\sin(\theta - 2\pi/3)K_{pre} - K_i i_b]K_A - \\
&\omega K_{tb}\sin(\theta - 2\pi/3)\}\left[\frac{K_{tb}\sin(\theta - 2\pi/3)}{L_b s + R_b}\right] + \\
&\{[I_d\sin(\theta - 4\pi/3)K_{pre} - K_i i_c]K_A - \\
&\omega K_{tc}\sin(\theta - 4\pi/3)\}\left[\frac{K_{tc}\sin(\theta - 4\pi/3)}{L_c s + R_c}\right]
\end{aligned}
\tag{5-20}
$$

在电动机制造时，总是保证各相参数相等，即

$$
\left.\begin{aligned}
K_{ta} = K_{tb} = K_{tc} = K_{tp} \\
L_a = L_b = L_c = L_p \\
R_a = R_b = R_c = R_p
\end{aligned}\right\}
\tag{5-21}
$$

这样，可以把图 5-7 转换为等效的直流伺服电动机电流控制系统结构框图，如图 5-8 所示。可以根据图 5-8 来分析无刷电动机的电流控制系统。但关节控制系统是位置控制系统，所以，要在电流控制基础上增加位置负反馈环或速度、位置负反馈环，如图 5-9 所示。

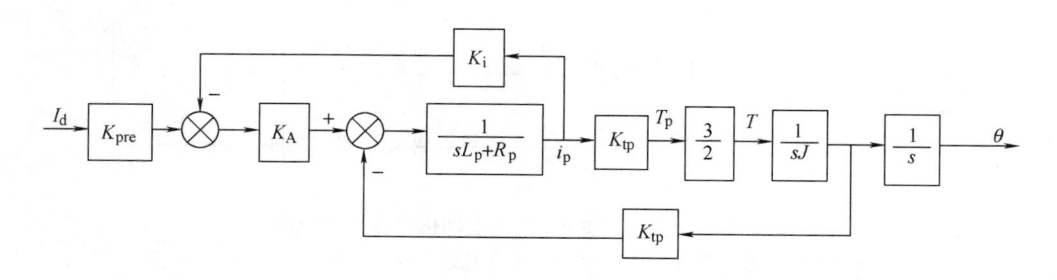

图 5-8　AC 无刷电动机电流控制系统结构框图

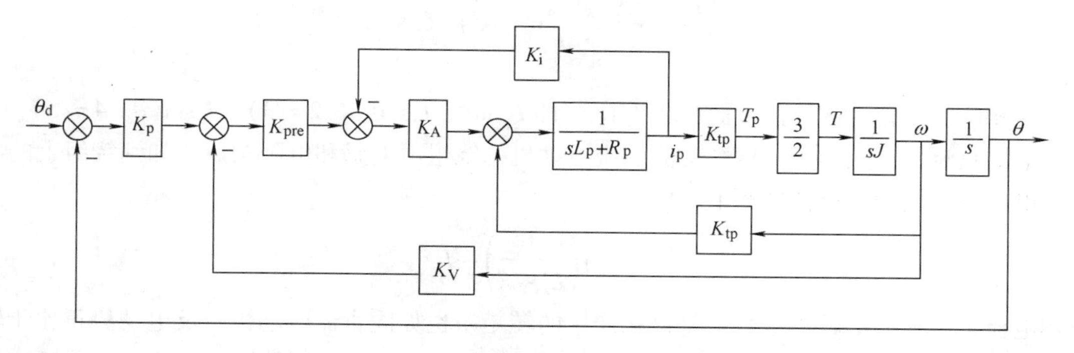

图 5-9　AC 无刷电动机电流、速度、位置控制框图

第三节　工业机器人的力(力矩)控制

一、问题的提出

在喷漆、点焊等机器人作业时，机器人把持工具沿规定的轨迹运动，机器人末端执行器始终不与外界物体相接触，这时，只对机器人做位置控制就可以了。

然而，在装配、加工、抛光等作业中，工作过程中要求机器人手爪与作业对象接触，并保持一定的压力。此时，如果只对其实施位置控制，有可能由于机器人的位姿误差及作业对象放置不准，或者使手爪与作业对象脱离接触，或者使两者相碰撞而引起过大的接触力，其结果，不是机器人手爪无效移动，就是造成机器人或作业对象的损伤。对于这类作业，一种比较好的控制方案是：控制手爪与作用对象之间的接触力。这样，即使是作业对象位置不准确，也能保持手爪与作业对象的正确接触。相应地，对机器人的控制，除了在一些自由度方向进行位置控制外，还需要在另外一些自由度方向进行力的控制。

力只有在两个物体接触后才能产生，因此力控制是首先将环境考虑在内的控制问题。

为了对机器人进行力控制，需要分析机器人手爪与环境的约束状态，并根据约束条件制定控制策略；环境对机器人的位置或力施加了约束后，对被施加了约束的机器人进行控制，比对一般机器人实施控制要复杂得多。

二、约束条件

机器人所受的约束可分为自然约束和人为约束两种。

自然约束是指工具与外界环境接触时自然生成的约束条件。它与环境有关，由环境的几何特性及作业特性等引起的对机器人的约束。如当机器人手爪与静止的工作平台表面接触时，手爪不能自由地通过平台表面，这就在平台法向存在一种自然的位置约束，可在这个方向施加力控制。人为约束是一种人为施加的约束，用来确定作业中期望的运动轨迹或施加的力。如在平台平面上的运动轨迹。

人为约束条件必须与自然约束条件相适应，因为，在一个给定的自由度上不能同时对力和位置实施控制。因此，机器人手爪在工作平台上完成操作作业时，人为约束条件只能是平台表面的路径轨迹和与平台垂直方向上的接触力。

由于刚性物体之间的接触力是作用于系统的主要力，在建立力约束模型时，仅考虑由于接触引起的作用力，忽略像重力、某些摩擦力分量这样的静态力。

根据机器人末端执行器与工作环境的接触情况，可以把机器人的任务与一组约束相关联。例如，当机器人末端执行器与静止的刚性表面接触时，不允许通过表面，因此，一个固有的位置约束存在；如果表面是光滑的，就不可能对手施加与表面相切的力。

在环境的接触模型中，用沿表面法向的位置约束和沿表面切向的力约束定义一个广义表面(Generalized Surface)。广义表面是一种特殊的多维曲面，它的维数可以分为位移和力两大类。

为了便于描述约束情况，可用一个坐标系$\{C\}$来取代这一广义表面，称坐标系$\{C\}$为约束坐标系。它总是处于与某项具体任务相关的位置，根据任务的不同，它可能固定在环境中，或与末端执行器一起运动。

例如拧螺钉（图 5-10），约束坐标系附着在螺钉旋具刀尖上，并且随任务的进展与它一起运动，定义约束坐标系$\{C\}$的 y 轴与螺钉的槽一致，螺钉头面为广义表面。

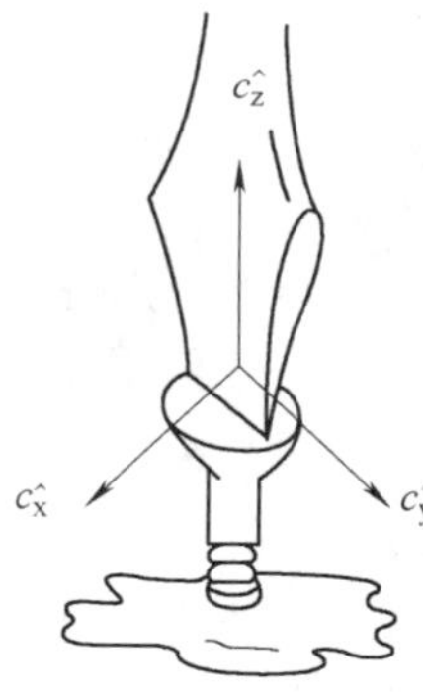

自然约束条件：$x=0 \quad z=0$ 沿 x、z 轴位移

$\omega_x=0 \quad \omega_y=0$ 绕 x、y 轴角速度

$f_y \approx 0$ 沿 y 轴力的分量

$m_z \approx 0$ 绕 z 轴的力矩分量

人为约束条件：$y=0$ 沿 y 轴位移

$f_y=0 \quad f_z=f$ 沿 y、z 轴力的分量

$m_x=0 \quad m_y=0 \quad m_z=m$ 绕 x、y、z 轴的力矩分量

$w_z=\omega$ 绕 z 轴的角速度

图 5-10　拧螺钉操作及约束坐标系

在自然约束中，某方向如果力约束为零，就能沿该方向进行运动控制；反之，如果运动约束为零，必然受力的约束，能够实施力的控制，即力的约束与运动是对偶的。人工约束指出了能够实施运动和力控制的方向。

自然约束和人为约束把机器人的运动分成两组正交的特征：力和运动；对每一组可以按不同的准则进行控制。

三、力的控制

机器人手爪与环境相接触的力控制问题，简化为一个质量－弹簧的力控制问题，如图 5-11 所示。

假设系统是刚性的，质量为 m，用弹簧模型表示被控模型与环境之间的作用，设环境的刚度为 k_e。用 f_{dis} 表示未知的干扰力，而 f_e 表示力控制变量，即作用在弹簧上的力，有

$$f_e=k_e x$$

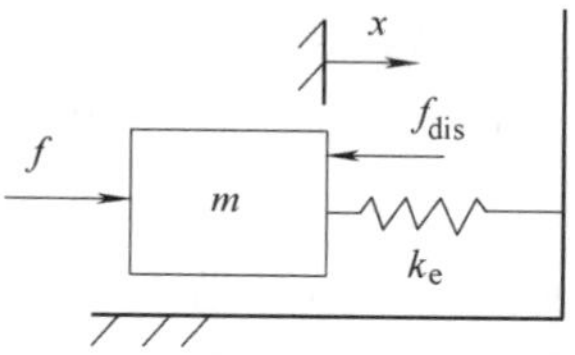

图 5-11　质量-弹簧系统

描述这个物理系统的方程为

$$m\ddot{x}+k_e x+f_{dis}=f$$

由

$$x=k_e^{-1}f_e,\ \ddot{x}=k_e^{-1}\ddot{f}_e$$

系统方程可变为

$$mk_e^{-1}\ddot{f}_e+f_e+f_{dis}=f$$

后面就可以利用前面介绍的位置控制方法设计力控制器和进行稳态分析。

（一）阻抗控制

阻抗控制的概念是 N. Hogan 在 1985 年提出的。它在系统模型中引入了阻尼项。机械阻抗根据所选取的运动量可分为位移阻抗（又叫动刚度）、速度阻抗和加速度阻抗（又叫有效质量）三种。把末端执行器与环境的接触看成由惯量-弹簧-阻尼三项组成的阻抗系统。期望力为

$$F_d = K\Delta X + B\Delta\dot{X} + M\Delta\ddot{X} \tag{5-22}$$

式中，$\Delta X = X_d - X$，X_d 为名义位置，X 为实际位置，它们的差 ΔX 为位置误差；K、B、M 为弹性、阻尼和惯量系数矩阵，一旦 K、B 和 M 被确定，则可得到笛卡儿坐标的期望动态响应。利用式(5-22)计算关节力矩，无需求运动学逆解，而只需计算正运动学方程和雅可比矩阵的逆 J^{-1}。

阻抗控制不是直接控制期望的力和位置，而是通过控制力和位置之间的动态关系来实现柔顺功能。这样的动态关系类似于电路中阻抗的概念，因而称为阻抗控制。

图 5-12 中，当阻尼反馈矩阵 $K_{f2}=0$ 时，称为刚度控制。

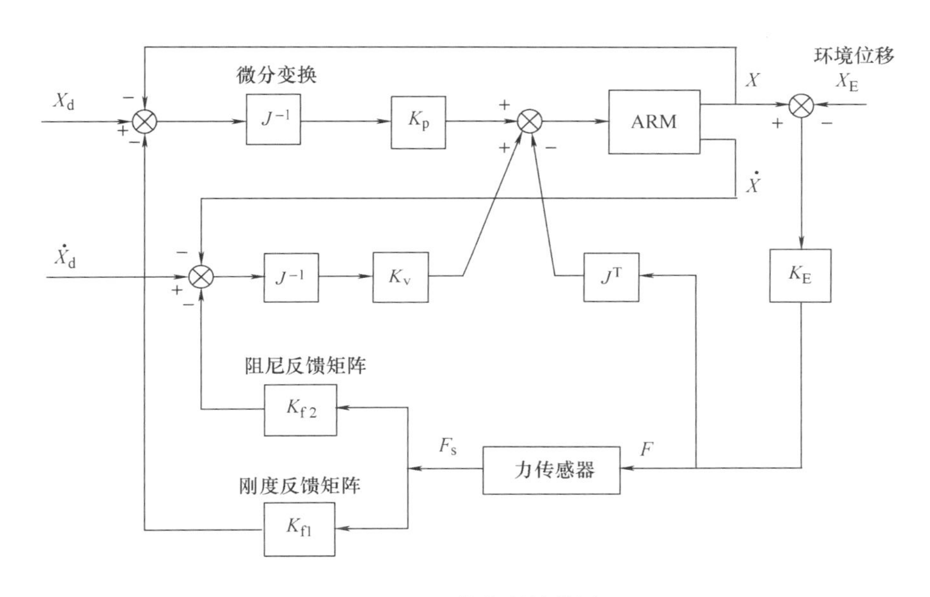

图 5-12　阻抗控制结构图

刚度控制是对机器人操作手静态力和位置的双重控制。控制的目的是调整机器人操作手与外部环境接触时的伺服刚度，以满足机器人顺应外部环境的能力。

用刚度矩阵 K_p 来描述机器人末端作用力与位置误差的关系，即

$$F(t) = K_p\Delta X$$

式中，K_p 通常为对角阵，即 $K_p = \mathrm{diag}(K_{p1}, K_{p2}, \cdots, K_{p6})$。刚度控制的输入为末端执行器在直角坐标中的名义位置，力约束则隐含在刚度矩阵 K_p 中，调整 K_p 中对角线元素值，就可改变机器人的顺应特性。

对角刚度矩阵所依附的直角坐标原点称为刚度中心，显然刚度中心具有这样的性质，即如果在这一点施加力，只会引起沿力方向上的平移运动，如果对通过该点的坐标轴施加力矩，只会产生绕该轴的旋转运动。但由于刚度矩阵所依附的坐标可以任意设置，故刚度中心位置也可任意改变。

阻尼控制则是用阻尼矩阵 K_v 来描述机器人末端作用力与运动速度的关系，即

$$F(t) = K_v\Delta\dot{X}$$

式中，K_v 是六维阻尼系数矩阵，通过调整 K_v 中元素值，可改变机器人对运动速度的阻尼作用。

阻抗控制本质上还是位置控制，因为其输入量为末端执行器的位置期望值 X_d（对刚度控制而言）和速度的期望值 $\dot{X}_d$（对阻抗控制而言）。但由于增加了力反馈控制环，使其位置偏差 ΔX 和速度偏差 $\Delta\dot{X}$ 与末端执行器与外部环境的接触力的大小有关，从而实现力的闭环控制。这里力-位置和力-速度变换是通过刚度反馈矩阵 K_{f1} 和阻尼反馈矩阵 K_{f2} 来实现的。

（二）位置/力混合控制

位置/力混合控制即机器人末端执行器的某个方向因环境关系受到约束时，同时进行不受方向约束的位置控制和受方向约束的力控制。

位置/力混合控制的基本思想：沿着力自然约束方向，实现机器人位置控制，沿着位置自然约束方向，实现机器人的力控制。即在坐标空间将任务分解为某些自由度的位置控制和另一些自由度的力控制，并在任务空间分别进行位置和力控制的计算，然后将计算结果转换到关节空间合并为统一的关节控制力矩，即在任意约束坐标系｛C｝的正交自由度上，实施位置/力的混合控制。

在环境约束情况下，对机器人进行位置和力的混合控制，通常要先建立一个控制曲面，即所谓 C 曲面，在 C 曲面的切线方向进行位置控制，而沿 C 曲面的法线方向进行力控制，如图 5-13 所示。

在静态情况下，C 曲面可看作一个几何问题。如果只有接触力，且机器人定位精度已知，在结构化环境下，就能确定机器人以什么样的组合形态会导致它与环境相接触。定义 N（q_0）为 C 曲面 q_0 点的法线方向，则在接触点 q_0 处沿 N 轴方向的运动会导致作用力增大，反之作用力减小。因此沿法线 N 的运动可控制作用力的大小。以混合控制的观点，找到了 C 曲面的法线 N，即给出了力控制的方向。而位置控制则不能越过 C 曲面，它只能沿 C 曲面接触面的切线方向运动。因此沿 C 曲面的法线方向进行力控制，沿切线方向进行位置控制，便形成了位置/力混合控制的控制策略。这样就把位置/力混合控制问题变成了如何确定 C 曲面的问题。

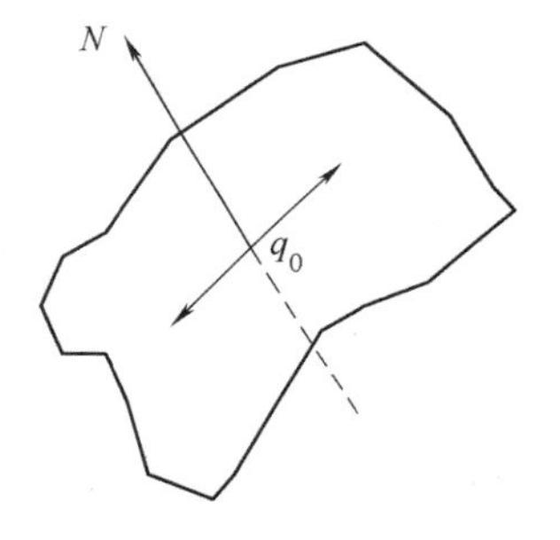

图 5-13　C 曲面

确定 C 曲面，必须依据具体的作业任务，把末端执行器受到的外部环境的自然约束条件与完成作业要求的人为约束条件结合起来考虑。确定沿法线方向的力控制和沿切线方向的位置控制两个正交子集，这些正交子集便构成了 C 曲面。由此可确定机器人的控制策略和构造控制器。

图 5-14 是由 Raibert 和 Craig 提出的一种位置/力控制方案，即著名的 R-C 控制器。该控制器不同于刚度控制和阻抗控制，阻抗控制和刚度控制的输入是位置和速度，其力控隐含在刚度反馈矩阵中，但本质还是属于位置控制。而 R-C 控制器的输入变量既有位置、速度，也有力。

图 5-14 中，机器人各关节驱动电动机的力矩分别由位置环（上部）和力控制环（下部）这两个相对独立的控制环共同提供。位置环由 PI 调节器整定，而力控制环由带限幅器的 PI 调节器整定，给定力通过雅可比矩阵转换直接加到关节驱动器。关节位置 q 和速度由光电码盘或测速发电机提供。用雅可比矩阵转换为直角坐标变量 ${}^{C}x$ 和 ${}^{C}\dot{x}$，力反馈信号由腕力传感器测取 ${}^{H}f$，通过坐标变换为 C 坐标系力向量 ${}^{C}\boldsymbol{f}$。图 5-14 中的 $\boldsymbol{s}$ 为 6×6 的对

角阵，即 $\boldsymbol{s}=\mathrm{diag}\ (s_1,\ s_2,\ \cdots,\ s_6)$，称为顺应选择矩阵，其对角线元素为1或0，由它来确定（选择）哪些自由度施加力控，哪些自由度施加位置控制。$\boldsymbol{I}$ 是 6×6 的单位矩阵。所以 $\boldsymbol{I}-\boldsymbol{s}$ 是选择矩阵 $\boldsymbol{s}$ 的逆。

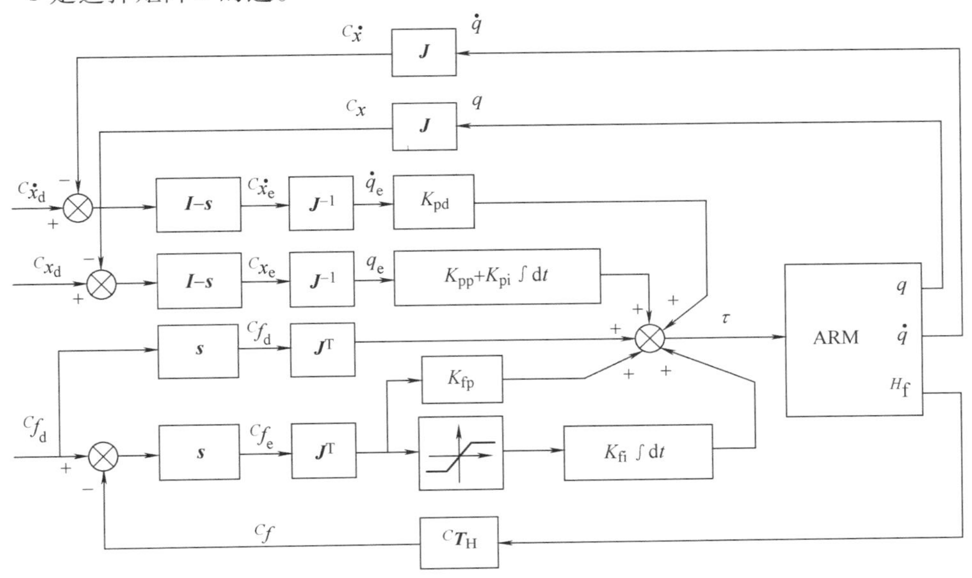

图 5-14　R-C 位置/力混合控制框图

第四节　机器人控制系统的硬件结构

由于机器人的控制过程中涉及大量的坐标变换和插补运算以及较低层的实时控制，所以，目前的机器人控制系统在结构上大多数采用分层结构的微型计算机控制系统，通常采用的是两级计算机伺服控制系统。机器人控制系统硬件结构如图 5-15 所示。

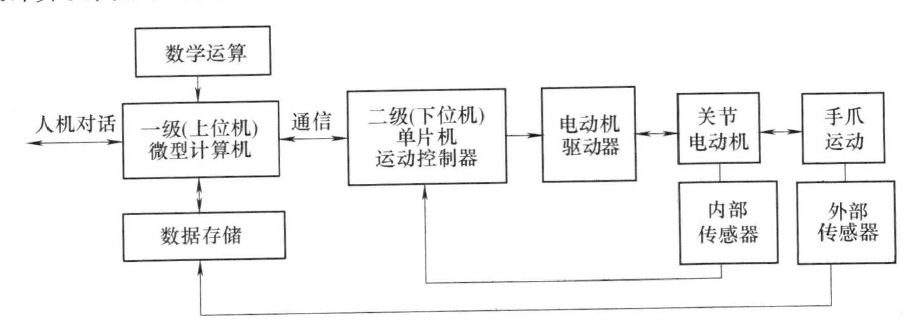

图 5-15　机器人控制系统硬件结构

机器人控制系统具体的工作过程是：主控计算机接到工作人员输入的作业指令后，首先分析解释指令，确定手的运动参数，然后进行运动学、动力学和插补运算，最后得出机器人各个关节的协调运动参数。这些参数经过通信电路输出到伺服控制级作为各个关节伺服控制系统的给定信号。关节驱动器将此信号 D-A 转换后驱动各个关节产生协调运动，并通过传感器将各个关节的运动输出信号反馈回伺服控制级计算机形成局部闭环控制，从而更加精确地控制机器人手部在空间的运动。在控制过程中，工作人员可直接监视机器人的运动状态，也可从显示器等输出装置上得到有关机器人运动的信息。

一、上位机（个人微机或小型计算机）

人机对话：人将作业任务给机器人，同时机器人将结果反馈回来，即人与机器人之间的交流。

数学运算：机器人运动学、动力学和数学插补运算。

通信功能：与下位机进行数据传送和相互交换。

数据存储：存储编制好的作业任务程序和中间数据。

二、下位机（单片机或运动控制器）

伺服驱动控制：接收上位机的关节运动参数信号和传感器的反馈信号，并对其进行比较，然后经过误差放大和各种补偿，最终输出关节运动所需的控制信号。图 5-16 为 GM-400 运动控制器的原理框图。图中所示的增量式编码器的 A、B 相信号作为位置反馈输入信号。运动控制器通过四倍频及加、减计数器得到实际位置。实际位置的信息保存在位置寄存器中，上级计算机可通过控制寄存器读取。运动控制器的目标位置由上级计算机设定，通过内部计算得到位置误差值，经过数字伺服滤波器后，送到数-模转换（D-A）器或脉宽调制器（PWM）硬件处理电路，经过转换，最后输出伺服电动机的控制信号，即 ±10V 模拟信号或 PWM 信号。

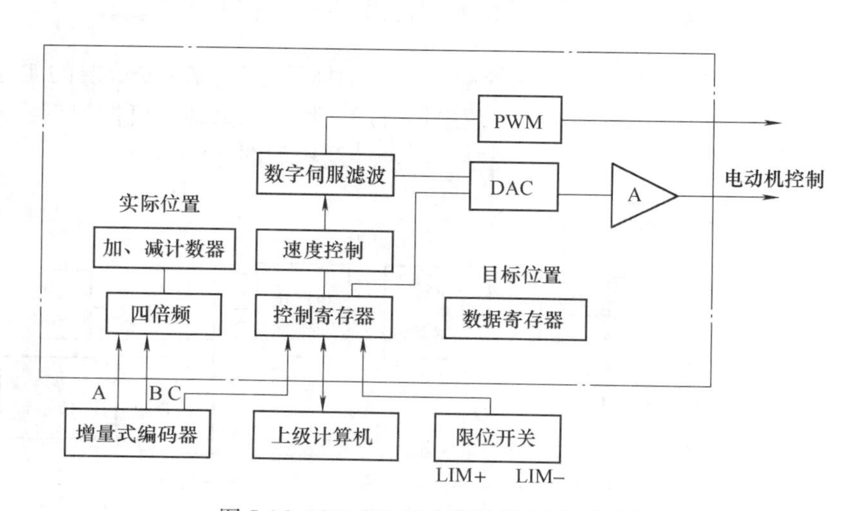

图 5-16　GM-400 运动控制器的原理框图

三、电机驱动器

功率驱动控制：提供伺服电动机电源，控制电动机的运转方向及速度。图 5-17 所示为伺服电动机驱动系统，其中虚线框部分为伺服电动机驱动器。

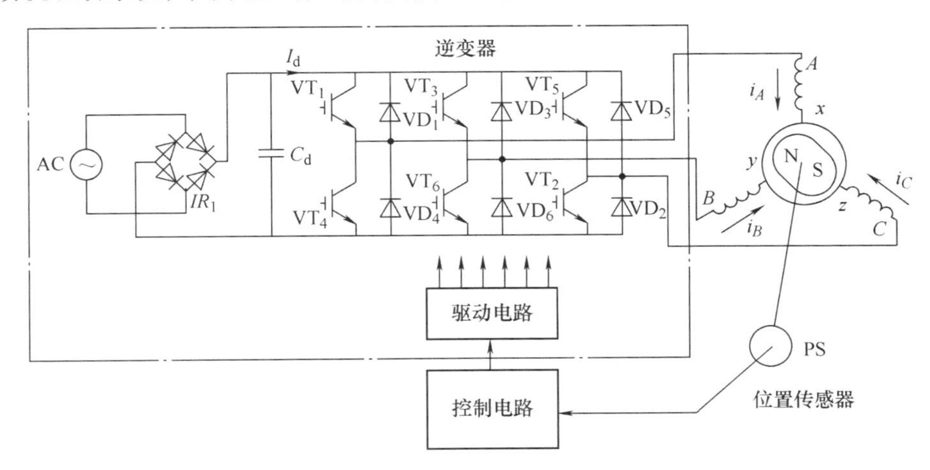

图 5-17　伺服电动机驱动系统

这部分由整流逆变开关电路和驱动电路组成。驱动电路的作用是将控制电路输出的脉冲信号进行功率放大，以控制功率晶体管的通断。整流逆变开关电路是将交流电源整流后，通过逆变器输出三相正弦电压，电压的频率、相位和幅值由电动机转子位置决定。

四、关节电动机、手爪及传感器

关节电动机、手爪及传感器各部分功能请参照第二章有关内容。

第五节　机器人的其他控制单元

一、机器人的外部轴控制

工业机器人控制系统的主控单元除了可以负担一台机器人本体的运动控制之外，还能负担多个伺服单元的有关控制。扩展的伺服单元含有伺服驱动器和伺服电动机，通常称为外部轴。

在机器人焊接系统中变位机的位置变换就是由机器人的外部轴驱动的。增加的外部轴只能使用工业机器人厂家提供的产品。外部轴增加的数量因主控单元的能力而限定。如 MOTOMAN 工业机器人的控制系统，其主控单元可控制 21 个轴。这就是说，除了本体的 6 个基本轴外，还可接 15 个外部轴。

外部轴与变位机配合，可使工件变位或移位，使工件的多个侧面处于最佳的焊接位置。机器人可以安装在外部轴驱动的机座上，以扩大动作范围，适应大型工件。若增加 6 个外部轴驱动另一台工业机器人本体，就能实现双机协调控制。

与其他驱动方式相比，增补外部轴的突出特点是通过示教来任意定位，并保持较高的定位精度。另外，外部轴经设定后能与机器人一起再现出合成轨迹。

机器人外部轴的控制并非一个独立的控制系统，实际上与本体轴的控制是一样的，只是增加了轴的数量而已，计算机二级分散控制框图如图 5-18 所示。

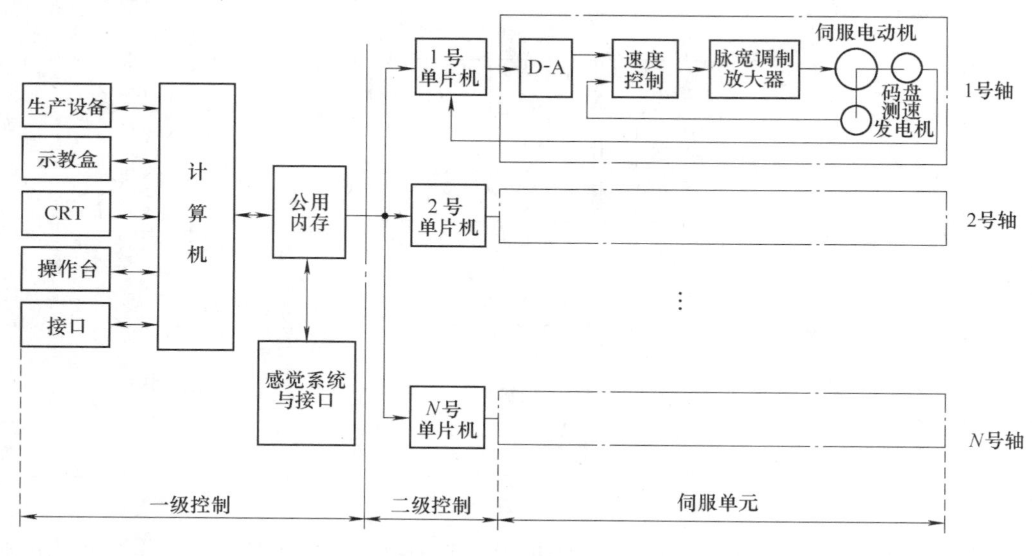

图 5-18　机器人二级分散控制框图

二、机器人视觉焊缝跟踪系统

机器人焊接焊缝的运动路径规划的方法有多种，如使用计算机离线编程后下载到控制器中实现运动的方式，或是示教系统事先规划好焊接轨迹来控制机器人进行焊接，这些都是开环控制。但在实际焊接中，由于加工和装配误差造成的焊缝位置和尺寸的变化，使焊接机器人无法按照事先编程或示教好的轨迹进行焊接或者焊接质量下降。因此在复杂空间曲线焊接中，必须实现焊缝的准确定位。

机器人视觉焊缝跟踪原理是通过安装在机器人手臂末端的激光视觉传感器投射激光到焊缝上，通过视觉图像处理获取焊缝特征点（即焊缝的中心线上点）的坐标，反馈给机器人控制器，控制器连续采集并对特征点进行曲线拟合，随时通过坐标转换确定焊缝在机器人基础坐标系的位置，使其在焊接过程中与示教轨迹比较、叠加并修正跟随实际焊缝。

（一）机器人视觉焊缝跟踪系统组成

机器人视觉焊缝跟踪系统包括 n 关节弧焊机器人及控制器；安装在机器人手臂末端的传感器系统，包括激光视觉传感器和视觉图像处理器两大部分。激光视觉传感器又由激光发生器和 CCD 摄像机构成，如图 5-19 所示。

（二）机器人视觉焊缝跟踪系统工作原理

激光发生器将激光条纹投影于带有焊缝的工件表面，寻找焊缝起点，激光倾斜于工件表面投射，反射光线被接收到 CCD 摄像机中。若焊缝出现在投射光带扫描宽度范围内，则可以形成图像，如图 5-20 所示，图像是焊缝的轮廓侧向截面形状。如果超出一个光带扫描宽度范围还未找到焊缝，传感器系统就会报错，说明焊缝起点偏差太远，需要重新示教。由于激光投射角度和 CCD 摄像机接收角度不同，根据三角测量原理，可以获得光带的二维变形图像，扫描光带，如图 5-20b 所示。视觉图像处理器中软件对所采集的图像与预先给定的多种焊缝类型图像比较，确定其类型，并提取焊缝的特征点，获得其焊缝中点的平面坐标，如图 5-20b 中十字线所示，并将特征点坐标传送到机器人控制器中。通过坐标转换获得焊缝的特征点在机器人坐标系中的坐标。

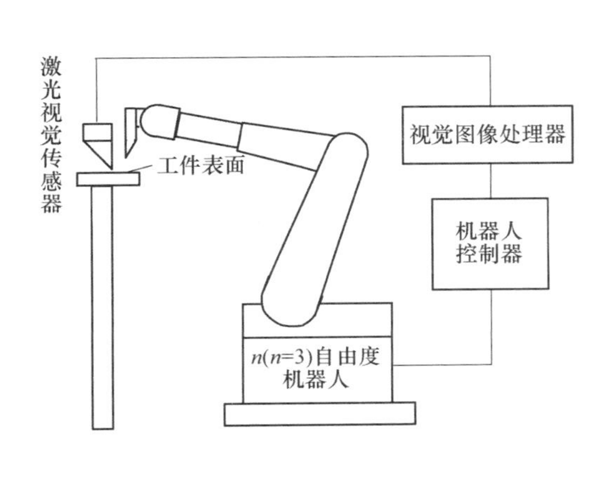

图 5-19　机器人焊缝跟踪系统原理图

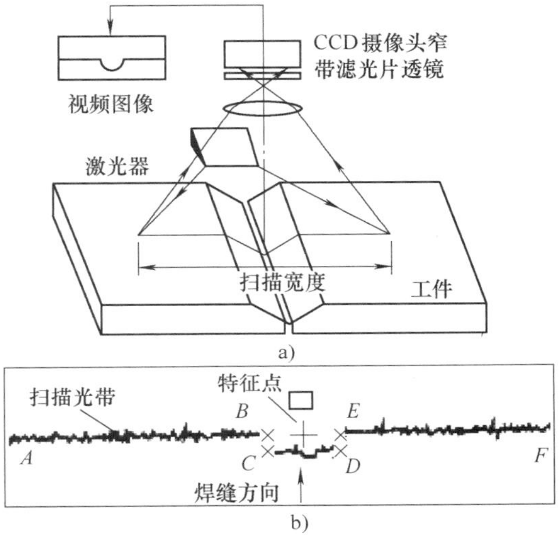

图 5-20　激光扫描原理和图像中截面形状及特征点

对不断循环扫描连续得到的多个特征点进行拟合和插补即可确定空间焊缝在机器人坐标系中的位置，从而获得机器人运动的轨迹。机器人控制器驱动机器人各关节运行示教程序，同时按传感器系统发出的焊缝特征点坐标与示教位置坐标比较，用得到的偏差修正示教的运行轨迹。

三、机器人的智能控制

机器人的智能控制是通过传感器获得周围环境的知识，并根据自身内部的知识库做出相应的决策。采用智能控制技术，使机器人具有较强的环境适应性及自学习能力。随着机器人应用领域的不断扩大，一些场合对机器人提出了更高的控制要求。

大多数专家认为智能机器人至少要具备以下三个要素：一是感觉要素，用来认识周围环境状态；二是运动要素，对外界做出反应性动作；三是思考要素，根据感觉要素所得到的信息，思考采用什么样的动作。感觉要素包括能感知视觉、接近、距离的非接触型传感器和能感知力、压觉、触觉的接触型传感器。这些要素实质上就相当于人的眼、鼻、耳等五官，它们的功能可以利用诸如摄像机、图像传感器、超声波传感器、激光器、导电橡胶、压电元件、气动元件、行程开关等机电元器件来实现。对运动要素来说，智能机器人需要有一个无轨道型移动机构，以适应诸如平地、台阶、墙壁、楼梯、坡道等不同的地理环境。它们的功能可以借助轮子、履带、支脚、吸盘、气垫等移动机构来完成。在运动过程中要对移动机构进行实时控制，这种控制不仅要包括位置控制，而且还要有力控制、位置与力混合控制及伸缩率控制等。智能机器人的思考要素是三个要素中的关键，也是应赋予机器人的必备要素。思考要素包括判断、逻辑分析、理解等方面的智力活动。这些智力活动实质上是一个信息处理过程，而计算机则是完成这个处理过程的主要手段。

智能机器人根据智能程度的不同又可分为三种。

1. 传感型机器人

具有利用传感信息（包括视觉、听觉、触觉、接近觉、力觉和红外、超声及激光等）进行传感信息处理及实现控制与操作的能力。

2. 交互型机器人

机器人通过计算机系统与操作员或程序员进行人-机对话，实现对机器人的控制与操作。

3. 自主型机器人

在设计制作之后，机器人无须人的干预，能够在各种环境下自动完成各项拟人任务。

智能机器人的研究从20世纪60年代初开始。经过几十年的发展，目前，基于感觉控制的智能机器人（又称第二代机器人）已达到实际应用阶段；基于知识控制的智能机器人（又称自主机器人或下一代机器人）也取得较大进展，已研制出多种样机。

因为机器人动力学特性的高度复杂性，使一般控制技术性能降低或失效，所以需研究具有自适应和学习智能的高级机器人控制技术。近年来用于机器人的高级技术主要有：

（1）滑膜和自适应控制技术　其特点是不确定对象控制，高度鲁棒性，参数的实时校正，优秀的动态控制性能，稳定性分析复杂。

（2）学习控制技术　其特点是基于感知信息，黑箱控制，具有学习构成和优化动态控制器的能力。

（3）模糊控制技术　其特点是黑箱控制，较好的鲁棒性，优于PID的动态性能，可与专家系统和神经网络技术结合实现一定的学习功能。

（4）神经网络控制技术　其特点是黑箱控制，较好的鲁棒性，具有学习能力。

此外，还有一些新的控制技术，因为篇幅所限，下面重点介绍模糊控制技术和神经网络控制技术。

（一）模糊控制技术

传统上，如果要对机器人实施高质量控制，首先要建立机器人系统的动力学模型。机器人的动力学模型是一个强耦合、高度非线性的关于关节变量的二阶常微分方程组。在机器人以慢速运行时，可将其关节间的耦合作用视为干扰而采用独立关节控制原则，便可以对各关节采用PID控制。另外，还可以采用频域分析等现代控制理论的各种控制思想，实施如逆动力学方法前馈控制、解耦控制及反馈线性化控制等。

这些控制方法有一个共同的特点，即它们都强烈地依赖所建立的数学模型，在精确知道系统模型时能得到很好的控制效果。然而由于实际应用时机器人的参数不可能足够精确（建模过程中进行了各种假设、近似处理），或由于存在一些未建模特性，再加上不可避免地存在一些干扰，使得这些方法不能单独得到实际应用，因此必须针对这些不确定因素相应地改造传统控制框架，而这正是智能控制要解决的问题。

1965年，L. A. Zade提出了模糊集合的概念，从而创立了模糊理论。模糊理论是介于推理与计算之间的一种工具和方法。形式上它利用规则进行逻辑推理，但其逻辑取值可以在0~1之间连续变化。其处理方法也是基于数值的方法而非符号的方法。符号处理方法允许直接用规则表示结构性知识，但是它却不能直接使用数值计算的工具，因而也不能用大规模集成电路来实现一个人工智能系统。而模糊系统可以兼具两者的优点，它可用数值的方法来表示结构性知识，从而用数值的方法来处理。因而随着计算机技术的发展，模糊理论在控制领域取得了巨大的成功。

模糊理论的应用集中在被控过程没有数学模型或很难建立数学模型的工业过程，这些过程的参数具有时变性及非线性等特征。模糊控制技术不需要建立精确的数学模型，是解决不确定性系统控制问题的一种有效途径。

1. 模糊控制器的工作原理

如图 5-21 所示，在模糊控制回路中，模糊控制器的一个输入是被控系统敏感环节输出的测量量，另外一个输入量是设定值输入；模糊控制器的输出则是被控系统的调节环节输入。

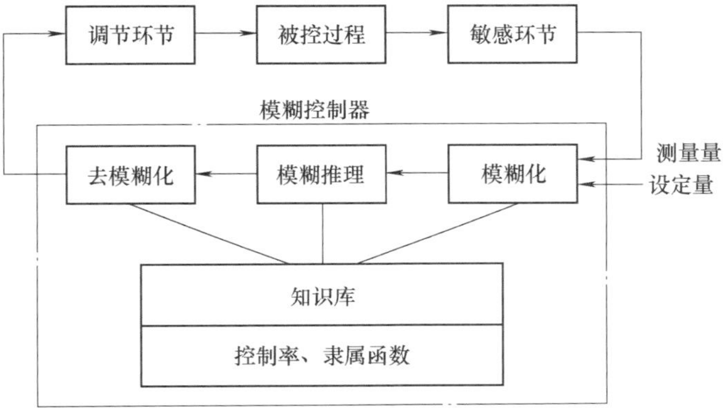

图 5-21 模糊控制系统原理图

在常规控制中可以使用传递函数和数学方程精确地描述控制器的输入、输出特性。例如假设有一个自动调温系统，其常规控制语句如下：

如果室温 ≥27 ℃，则启动制冷；

如果室温 >18 ℃且 <27 ℃，则不启动调温系统；

如果室温≤18 ℃，则启动加热。

但在模糊控制器中，则是使用语言型模糊控制率来描述模糊控制器的控制特性。模糊控制率是将人类对某一过程的推理和判断知识加以提炼后形成的。对同一个调温系统则有如下描述：

如果室温很低，室温还在微量降低，则全力加热；

如果室温适中，室温不再变化，则不加热；

如果室温偏高，室温微量上升，则中等降温；

如果室温偏高，室温不再变化，则微量降温；

如果室温较高，室温微量上升，则中等降温。

在上述语言描述中，都是根据条件满足的情况得出定性结论。如果用 T 代表室温，$\mathrm{d}T$ 代表温度的变化，$\mathrm{d}u$ 代表加热的大小，再为每个输入量定义出相应的语言值即模糊集：

室温 $T=$ {NB——很低，ZR——适中，PS——偏高，PM——较高}；

室温变化 $\mathrm{d}T=$ {NS——微量降低，ZR——适中，PS——微量上升}；

温控量 $\mathrm{d}u=$ {PB——全力加热，ZR——不加热，NS——微量降温，NM——中等降温}。则可将上述语言描述改写为

IF $T=$ NB AND $\mathrm{d}T=$ NS THEN $\mathrm{d}u=$ PB；

IF $T=$ ZR AND $\mathrm{d}T=$ ZR THEN $\mathrm{d}u=$ ZR；

OR IF $T=$ PS AND $\mathrm{d}T=$ PS THEN $\mathrm{d}u=$ NM；

OR IF $T=$ PS AND $\mathrm{d}T=$ ZR THEN $\mathrm{d}u=$ NS；

OR IF $T=$ PM AND $\mathrm{d}T=$ PS THEN $\mathrm{d}u=$ NM。

以上描述称为温控模糊控制率。它是将模糊算子 OR 及单一的 IF-THEN 规则连接在一起

的模糊控制规则。模糊控制率和隶属函数及推理方法一起决定着模糊控制器的传递特性。

2. 模糊控制器的组成

模糊控制器的输入和输出都是非模糊量，而其内部却建立在语言型的模糊控制率上，由条件满足的程度推出模糊输出的大小。该推理过程采用模糊理论，称为模糊推理。为了进行模糊推理，必须先将非模糊量转化为模糊量，该过程称为模糊化。由于模糊推理的输出是模糊值，还必须将模糊输出转化为非模糊集，该过程称为去模糊化。模糊控制器由模糊化、模糊推理和去模糊化三部分组成，三部分共同建立在知识库上，如图 5-22 所示。

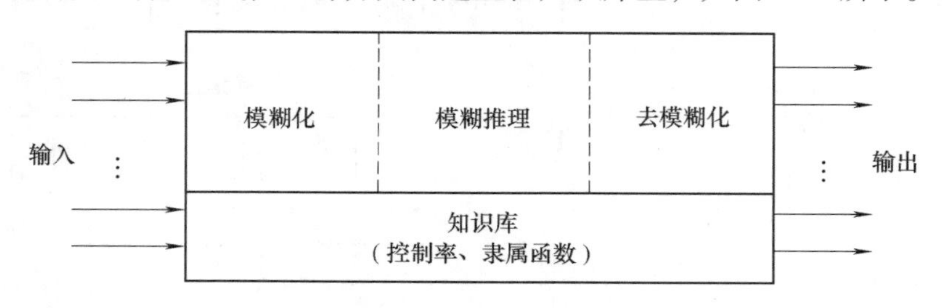

图 5-22　模糊控制器的组成

（二）神经网络控制技术

神经网络控制是 20 世纪 80 年代以来，在人工神经网络研究取得重大突破性进展的基础上，发展起来的自动控制领域的前沿学科之一。它是智能领域的一个重要分支，为解决复杂的非线性、不确定、不确知系统的控制问题开辟了一条新的途径。

人工神经网络是由人工神经元互连组成的网络，它是从微观结构的功能上对人脑的抽象、简化，是模拟人类智能的一条重要途径，反映了人脑功能的若干基本特征，如并行信息处理、学习、联想、模式分类、记忆等。

1. 人工神经元

人工神经元是对生物神经元的简化和模拟，它是神经网络的基本单元，其基本结构如图 5-23 所示。

人工神经元是个多输入、单输出的非线性元件，其输入、输出关系为

$$\left.\begin{aligned} I_i &= \sum_{j=1}^{n} \omega_{ji} x_i - \theta_i \\ y_i &= f(I_i) \end{aligned}\right\}$$

式中，x_i（$i=1, 2, 3, \cdots, n$）是从其他细胞传来的输入信号；θ_i 为阈值；ω_{ji}是从细胞 j 到细胞 i 的连接权值；f 为激发函数。

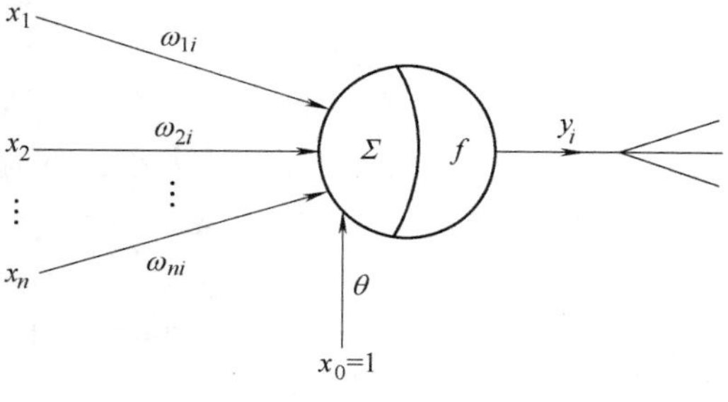

图 5-23　人工神经元模型

2. 人工神经网络模型

人工神经网络模型是通过对人脑的基本单元——神经元的建模和连接，探索模拟人脑神经系统功能的模型，并研制一种具有学习、联想、记忆和模式识别等智能信息处理功能的人工系统。人工神经网络模型具有许多形式，这里介绍两种，一种是最典型的多层前馈网络——BP 网络，另一种是 CMAC 模型。

（1）BP 网络　BP 网络如图 5-24 所示，这是一种全局逼近网络。BP 网络是单向传播的多层前向网络。网络除输入、输出节点外，有一层或多层的隐蔽节点，同层节点间没有任何耦合。输入信号从输入层节点依次穿过各层节点，然后传到输出节点。每一层节点的输出只影响下一层节点的输出。每个节点都有完整的神经元结构。

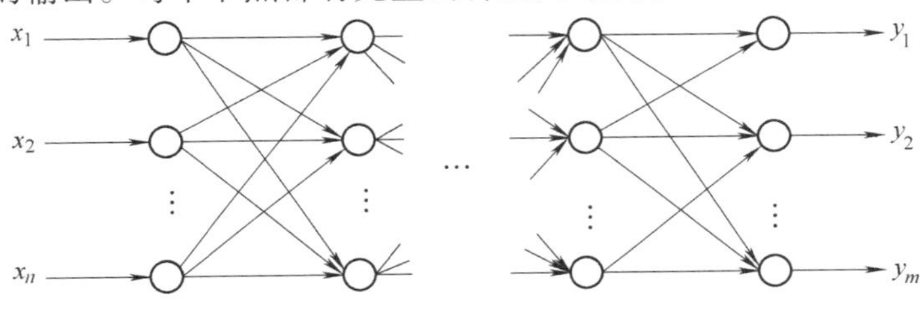

图 5-24　BP 网络模型

BP 网络是 1986 年由鲁姆哈特（Rumelhart. D. E）和麦克利兰（Mcclelland. L）等人提出的多层前馈网的反向传播算法。该网络并不依赖模型，只需要有足够多的隐层和隐结点。利用 BP 网络可以实现机器人手眼协调控制；将 BP 网络与异步自学习控制算法结合，组成神经网络异步自学习控制系统，对机器人进行轨迹跟踪控制，可以取得很好的跟踪效果。

（2）CMAC 神经网络　CMAC 神经网络是仿照小脑控制肢体运动的原理而建立的神经网络模型，称为小脑关节控制模型（图 5-25）。CMAC 每个神经元的输入输出是一种线性关系，但其总体上可看做一种表达非线性映射的表格系统。由于 CMAC 网络的学习只在线性映射部分，因此可采用简单的 δ 算法，其收敛速度比 BP 算法快得多，且不存在局部极小问题。CMAC 最初主要用来求解机械手的关节运动，现在已广泛应用于机器人的控制中，例如 Miller. W. T 等人已将其成功地用于机器人实时动态轨迹跟踪的控制中，使 PUMA 机械手的跟踪精度达到百分之一的数量级。

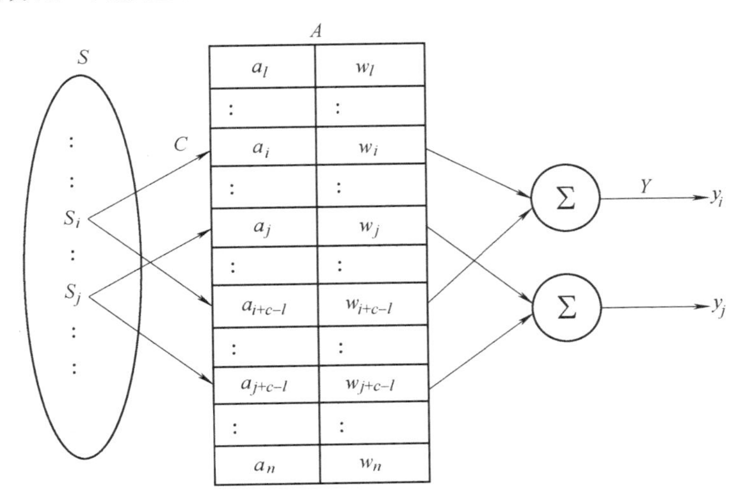

图 5-25　CMAC 网络模型

人工神经网络通过许多简单的关系来实现复杂的函数关系，这些简单的关系有些是非 0 即 1 的简单逻辑关系，通过这些简单关系的组合可实现复杂的分类和决策功能。由于神经网络在许多方面试图模拟人脑的功能，因此神经网络控制并不依赖精确的数学模型，并且神经网络对信息的并行处理能力和快速性，适于机器人的实时控制，神经网络本质上的非线性特性为机器人的非线性控制带来了希望，神经网络可通过训练获得学习能力，能够解决那些用数学模型或规则描述难以处理或无法处理的控制过程。机器人神经网络控制还主要应用在机器人路径规划和运动控制方面。

3. 神经网络控制方法

神经网络控制方法随着控制器结构的不同而不同，这里介绍几种典型控制器结构及神经网络控制方法。

（1）神经网络监督控制　如果被控对象的解析模型未知或部分未知时，用传统的控制理论设计控制器将会非常困难。此时可通过对人工或传统控制器进行学习，然后用神经网络控制器取代或逐步取代原控制器，这种方法称为神经网络监督控制（图 5-26）。

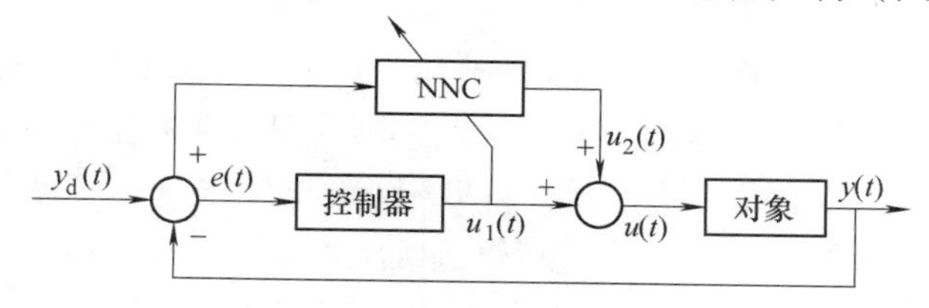

图 5-26　神经网络监督控制

这种控制方法就是在传统控制器的基础上再增加一个神经网络控制器，如图 5-26 所示。此时，神经网络控制器通过学习传统控制器的输出在线调整自己，目标反馈误差 $e(t)$ 或 $u_1(t)$趋近于零，神经网络控制器逐渐在控制作用中占据主导地位，从而最终取消反馈控制器的作用。但是，一旦系统出现干扰，反馈控制器仍然可以重新作用。因此，采用这种前馈加反馈的监督控制方法不仅可确保控制系统的稳定性和鲁棒性，而且可有效地提高系统的精度和自适应能力。

（2）神经网络直接逆控制　神经网络直接逆控制就是将被控对象的神经逆模型直接与被控对象串联起来，使期望输出（即网络输入）与对象实际输出之间的传递函数等于 1，从而在将此网络作为前馈控制器后使被控对象的输出为期望输出。

神经网络直接逆控制的可用性很大程度上取决于逆模型的准确程度。由于缺少反馈，简单连接的直接逆控制鲁棒性不强。因此，在实际使用中，该模型的连接权值必须能够在线修正。

第六章 工业机器人的示教编程

工业机器人能够按照自动化生产线工位的工艺要求沿着指定路径运动，是由于工业机器人的程序控制。当前实用的工业机器人编程方法主要为离线编程和示教编程。采用示教编程可以在调试阶段通过示教控制器对机器人系统的运行轨迹进行编程，对编译好的程序一步一步地执行，调试成功后可投入正式运行。掌握示教编程器编程方式是使用、维修机器人系统所必需的。

目前，相当数量的机器人仍采用示教编程方式。机器人示教后可以立即应用，在再现时，机器人重复示教时存入存储器的轨迹和各种操作，如果需要，过程可以重复多次。

优点：简单方便；不需要环境模型；对实际的机器人进行示教时，可以修正机械结构带来的误差。

缺点：功能编辑比较困难，难以使用传感器，难以表现条件分支，对实际的机器人进行示教时，要占用机器人。

第一节 MOTOMAN 弧焊机器人编程

弧焊机器人工作站系统采用日本安川（YASNAC）公司 MOTOMAN-UP20 型机器人，控制柜采用 YASNAC XRC UP20 型，焊接电源采用 MOTOWELD-S350 型一体化弧焊电源。辅助系统包括送丝机构、保护气瓶等。该机器人可实现汽车排气管道消声器的弧焊焊接工艺。

一、MOTOMAN 机器人系统

（一）MOTOMAN 机器人控制系统

机器人控制系统是机器人的主要组成部分，相当于机器人的大脑，用来处理机器人接收的信息，同时发送处理结果信息给机器人及其外围设备。图 6-1 所示为 MOTOMAN 机器人的控制系统。机器人本体、传感系统、示教编程器等系统都与控制系统接入。

主电源开关用来开启或关闭机器人系统。再现操作盒用来调试机器人程序自动运行的操作面板。按钮详细信息如图 6-2 所示。

（二）MOTOMAN 机器人示教编程器

利用示教编程器可以实现机器人的上电和下电；通过示教编程器上的控制键可以实现机器人的各个关节沿着不同的坐标运动。例如，可以用示教编程器来控制机器人的六个轴关节分别转动一个任意角度。除此之外示教编程器还可以实现用户的其他一些高级操作，如程序的编写、文件的存储、运行速度的调节、机器人运行状态的观察以及其他一些高级选项的设置等。可以说示教编程器就是一台小型的 PC 机，用它可以实现简单的机器人操作和控制。

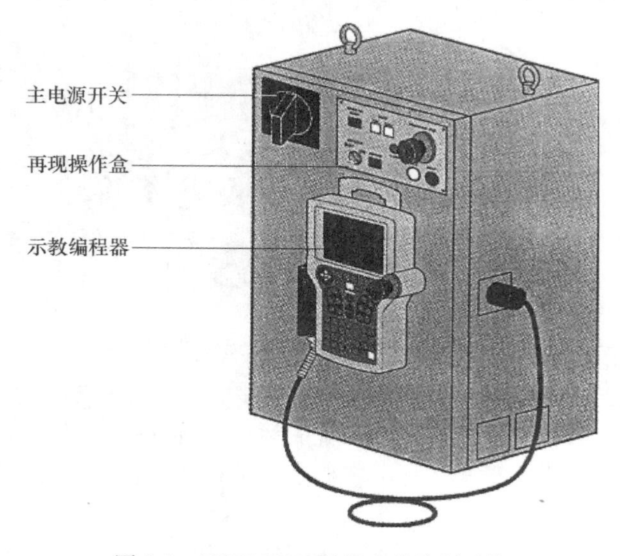

图 6-1　MOTOMAN 机器人的控制系统

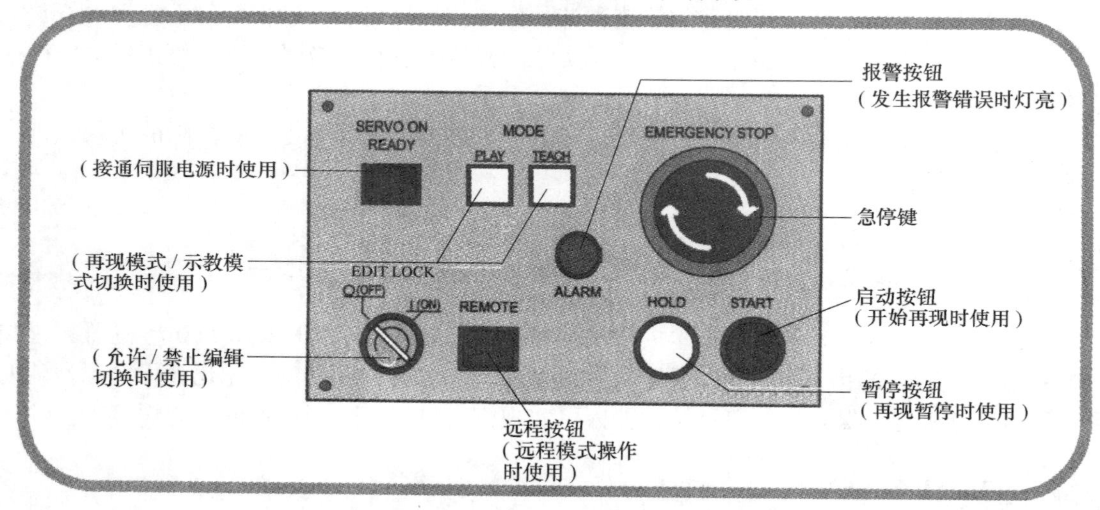

图 6-2　再现操作面板

机器人示教编程主要采用示教编程器编写程序，每个厂家的机器人配置不同的示教编程器。图 6-3 所示为 MOTOMAN 机器人示教编程器。使用示教编程器的轴操作键可以使机器人的各个关节运动，也可以在相应的坐标系下进行直线运动或绕轴旋转改变姿态。

二、MOTOMAN 机器人系统运行

机器人系统正常启动后，使用示教编程器按照工艺要求进行示教编程。

（一）机器人系统的启动操作

1. 启动系统

打开机器人控制柜的电源开关，把控制柜系统正面主电源开关旋至“ON”位，接通主电源，控制柜系统内部进行初始化诊断后，等待机器人数秒钟的自检时间，在示教编程器上

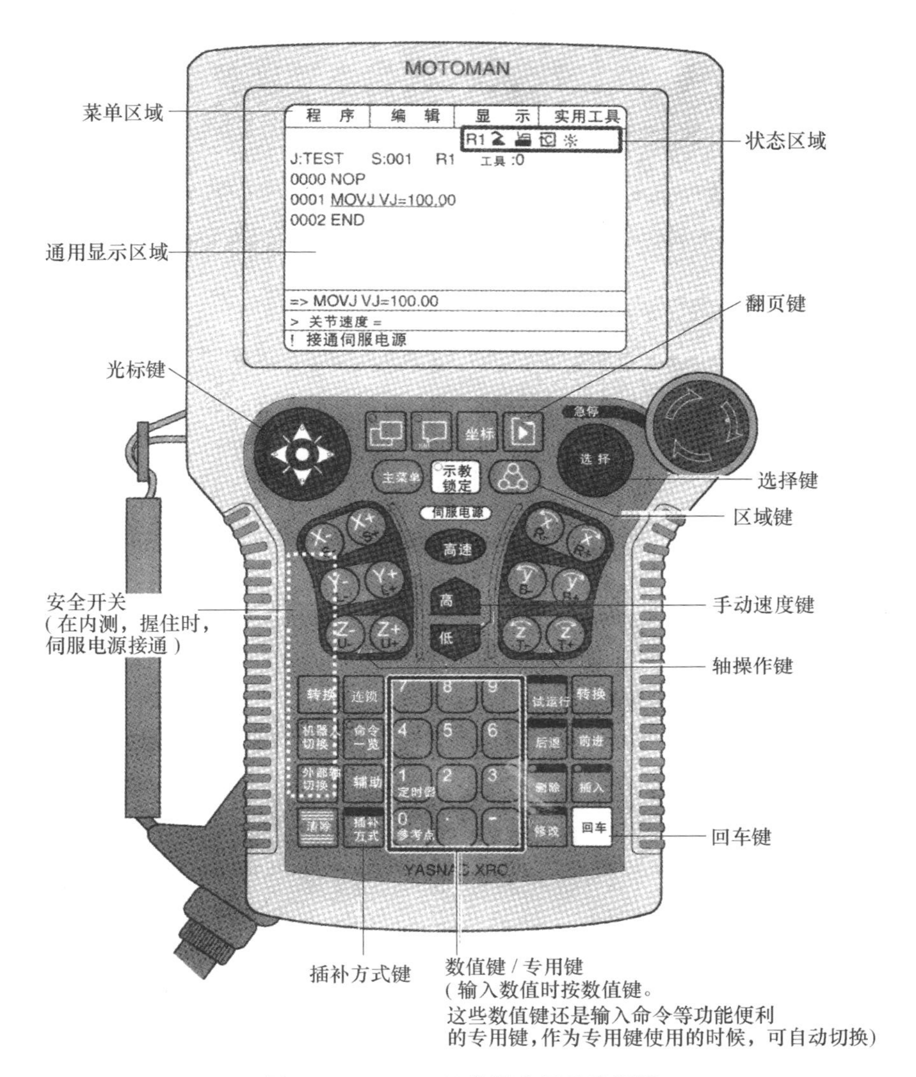

图 6-3　MOTOMAN 机器人示教编程器

显示初始画面。

2. 选择示教模式

在控制柜面板选择示教模式：按下“TEACH”键，“TEACH”键灯点亮。

3. 伺服上电

选择好示教模式后，应按控制柜面板“SERVO ON READY”键，这个键灯闪。

4. 示教锁定

拿起示教编程器，按下示教编程器上的“示教锁定”按钮。

5. 接通伺服电源

如图 6-4 所示，左手握住示教编程器左后方的安全开关，接通伺服电源，示教编程器伺服电源灯亮。示教编程器上电的手握位置有三个：第一个位置为静止状态；第二个位置为上电位置；第三个位置上电后再用力握，示教编程器由上电状态转为断电状态。

图 6-4　示教编程器上电

（二）示教机器人动起来

1. 设定运动速度

按示教编程器中部的“手动速度”键，使机器人的动作速度减低，如图 6-5a 中圆圈所示，在显示屏上右上角有一个像台阶似的标志表示速度，底层表示速度低。手动速度的选择使用如图 6-5b 所示。

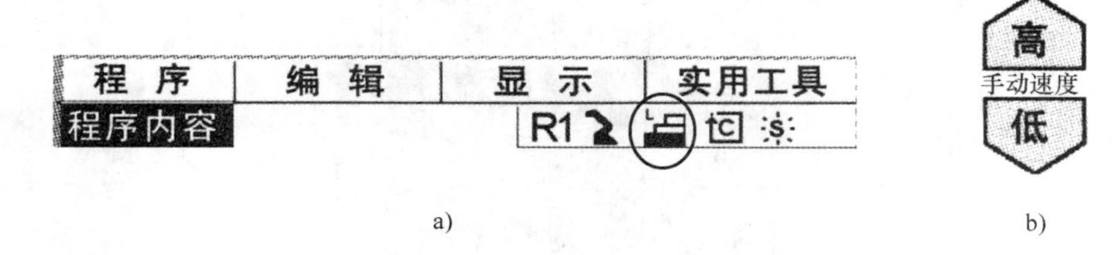

图 6-5　速度选择及显示

a）速度屏幕显示　b）手动速度键

2. 选择关节坐标系

机器人主要以关节坐标系和直角坐标系工作，按下示教编程器的轴操作键，机器人各轴即可运动。按示教编程器上部的“坐标”键，每按下一次“坐标”键，坐标在关节坐标系和直角坐标系、工具坐标系、用户坐标系之间变换一次。按“坐标”键，选择关节坐标系，机器人以单个关节运动的方式运动。

如图 6-5a 中所示，在显示屏速度标志的左边出现 标志时，表示为关节坐标系。

3. 操作“轴操作”键

如图 6-6 所示，在示教编程器的上半部分有 12 个“轴操作”键，分为六组，每组控制一个轴的动作，用这 12 个键，就可以让机器人动起来。

在关节坐标系下，看“轴操作”键上的下档文字，参照表 6-1 中的关节坐标系的“轴操作”键和机器人轴动作的对应关系，按住“轴操作”键，机器人对应的轴就开始动作，使机器人运动到想要的位置，松开，机器人停止运动。

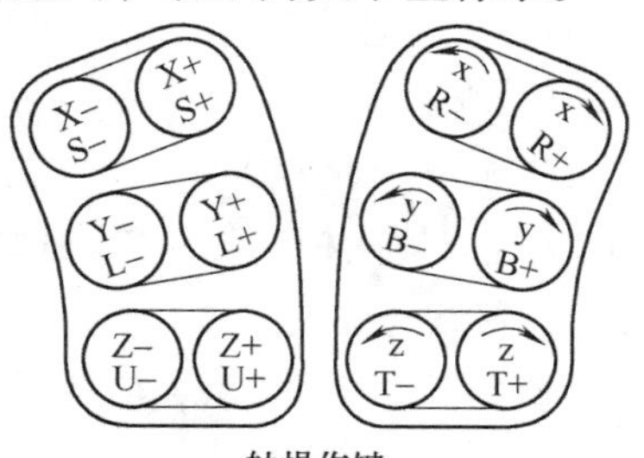

图 6-6　示教器“轴操作”键

4. 选择直角坐标系

按示教编程器上部的“坐标”键，切换到直角坐标系。在显示屏上出现图 6-7 圆圈所示的标志，表示为直角坐标系，图 6-8 所示为直角坐标系的机器人运动方向。

表 6-1　机器人关节坐标系的轴操作

轴名称		操作键	动作
基本轴	*S* 轴	X− S− 　X+ S+	本体左右转动
	L 轴	Y− L− 　Y+ L+	下臂前后摆动
	U 轴	Z− U− 　Z+ U+	上臂上下摆动
腕部轴	*R* 轴	X R− 　X R+	手腕转动
	B 轴	Y B− 　Y B+	手腕上下运动
	T 轴	Z T− 　Z T+	手指转动

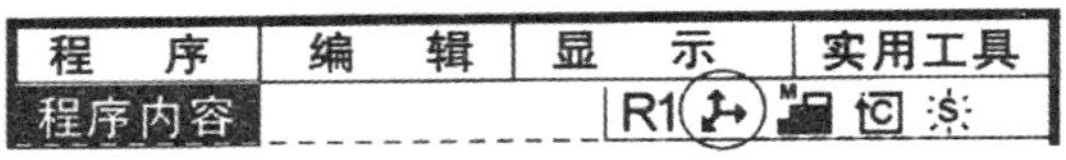

图 6-7　直角坐标系屏幕显示

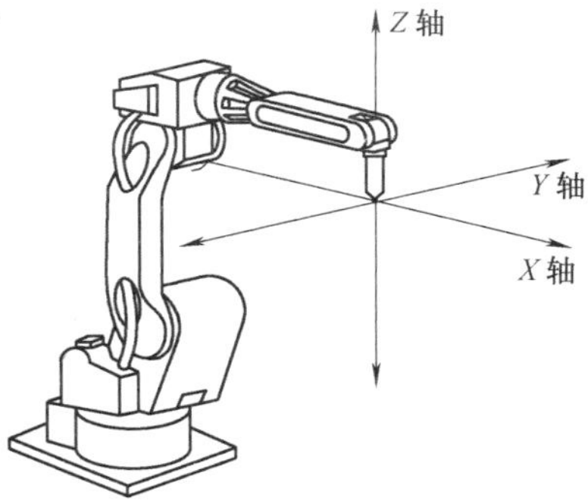

图 6-8　直角坐标系的机器人运动方向

机器人在直角坐标系下的运动（沿各坐标轴的平动和绕各个轴的旋转运动）如图 6-9 所示。图的上半部分为机器人平行沿轴移动，图的下半部分为机器人沿轴转动。

在直角坐标系下，机器人运动时不止一个关节动作，这样才能使机器人做直线运动，这时“轴操作”键为上档键的意义。

三、MOTOMAN 机器人示教编程

机器人系统的具体工作是通过示教编程器编程来实现的。在示教机器人时，需要教它做一些动作。如果让它记住这些动作，就要把这些动作按照先后顺序记录下来，记录的过程就是编辑程序的过程。程序编好之后，可以让机器人再现这些动作，它就会按照程序从头到尾再做一遍示教给它的动作。编程操作顺序如下：

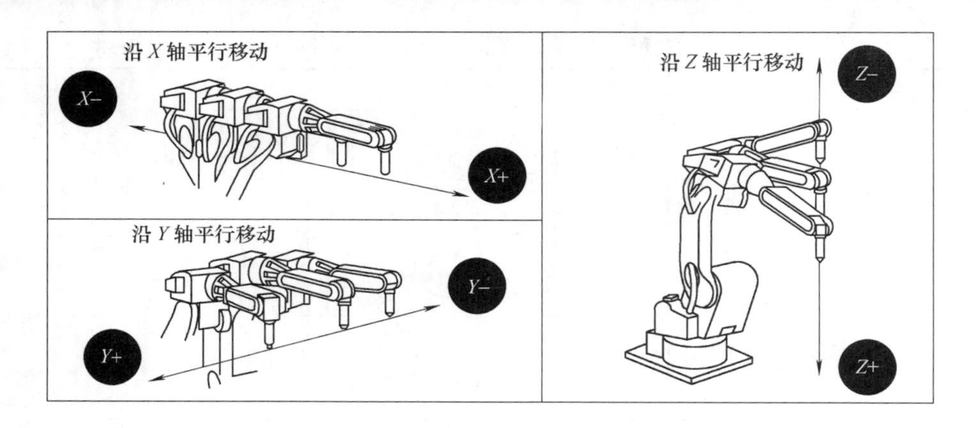

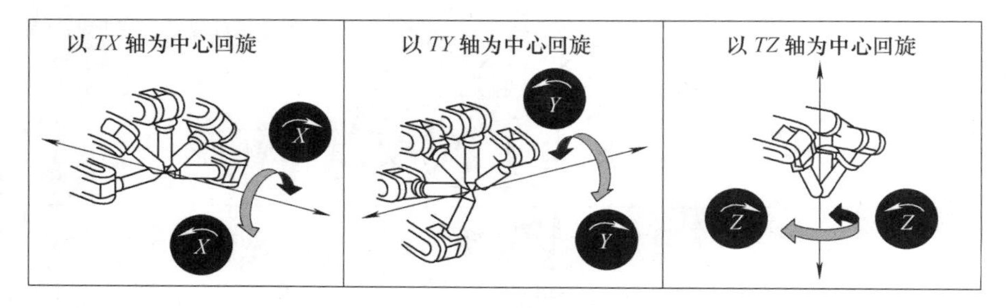

图 6-9 机器人在直角坐标系下的运动示意图

（一）建立新程序

1）如图 6-10a 所示的示教器的主菜单界面中，用光标键移动光标至 <程序> 选项，按“选择”键确定，进入到图 6-10b 所示程序的子菜单界面，在子菜单中用光标键移动光标到

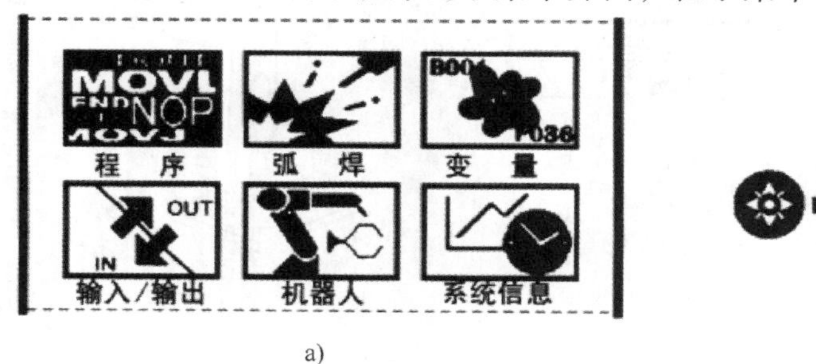

a)

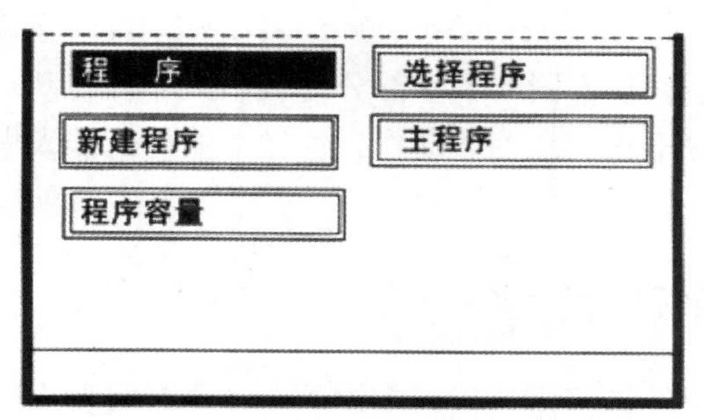

b)

图 6-10 示教器的菜单界面

a）主菜单界面 b）子菜单界面

<新建程序>选项，按“选择”键确定。

2）建立新程序的界面如图 6-11a 所示，单击“程序名”后的光标指示区域，进入图 6-11b 字母表界面，进行程序名称输入。按“选择”键，再按图 6-11c 所示的“翻页”键，进行字母的选择。

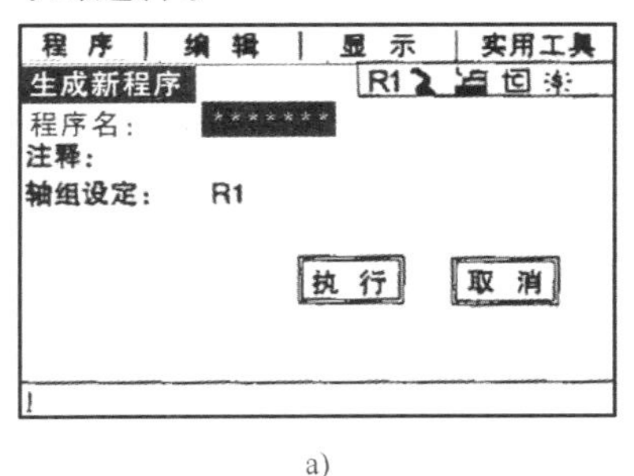

a)

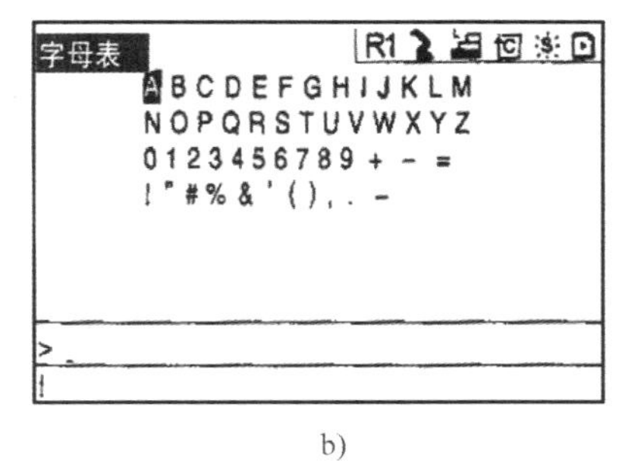

b)

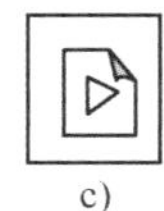

c)

图 6-11　新程序建立界面

a）建立新程序界面　b）字母表界面　c）翻页按键

3）输入文件名。显示字母表后，移动光标到所选的文件名字母处，按“选择”键，即可输入文件名中的首字母，再移动光标到文件名字母其他字母处，按“选择”键，到文件名字母全部输入完成（文件名不超过 8 个字符，字符可以为英文、数字、个别符号）。例如，图 6-12 所示文件名为“TEST”，按“回车”键，程序名被输入。输入错误时，按“清除”键清除。程序名称可使用数字、英文字母及其他符号，最大长度为 8 个字符。

4）进入编程界面。移动光标到图 6-12 显示的“执行”选项，按“选择”键，显示编程界面。至此，建立新程序的工作完成，进入编程状态，如图 6-13 所示。

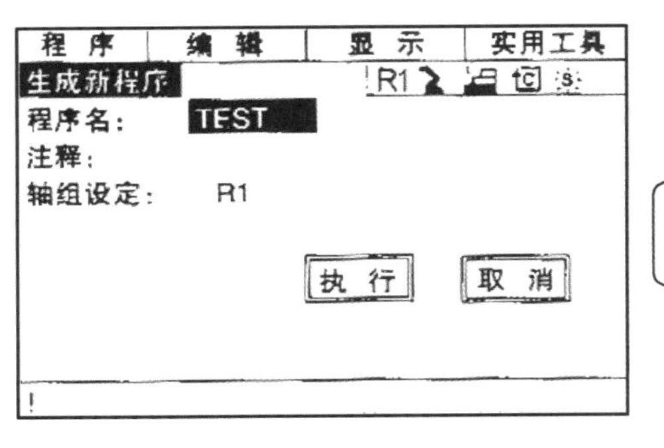

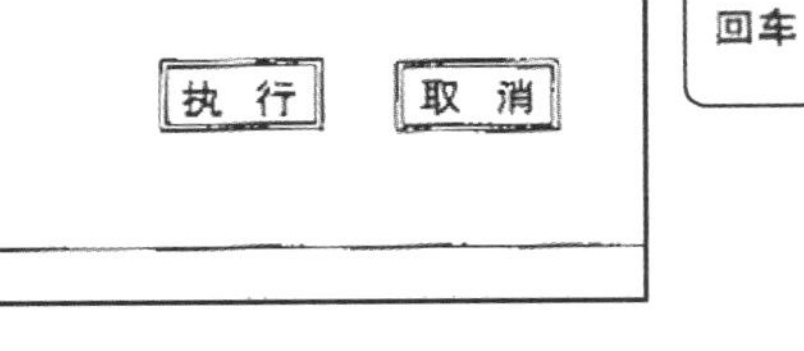

图 6-12　编辑文件名界面

图 6-13　程序编辑界面

（二）输入程序

1）让机器人在关节坐标系下，移动到左边的第一个位置点 1。光标在行号 0000 处时，按“选择”键。

2）设定再现速度。向右移动光标到 MOVJ 指令上，按“选择”键，再向右移动光标到速度“VJ =”上，按“选择”键，在屏幕最后一行显示“关节速度 =”，用“数字”键输入 12，显示的数值为最大速度的 12%，如图 6-14 所示。

图 6-14　关节速度输入界面

按“回车”键确认。至此，机

器人的位置 1 就被记录了。程序的第一行也输入完毕，如图 6-15 所示。

3）操作“轴操作”键，使机器人运动到位置点 2，按“回车”键确认，如图 6-16 所示。

```
0000 NOP
0001 MOVJ VJ = 12.00
0002 END
```

图 6-15 第一行程序行信息

```
0000 NOP
0001 MOVJ VJ = 12.00
0002 MOVJ VJ = 12.00
0003 END
```

图 6-16 第二行程序行信息

4）同样按步骤 3）的方法使机器人运动到位置点 3、位置点 4，生成程序如图 6-17 所示，机器人的运动轨迹如图 6-18 所示。至此程序编辑完成。

```
0000 NOP
0001 MOVJ VJ = 12.00
0002 MOVJ VJ = 12.00
0003 MOVJ VJ = 12.00
0004 MOVJ VJ = 12.00
0005 END
```

图 6-17 程序信息

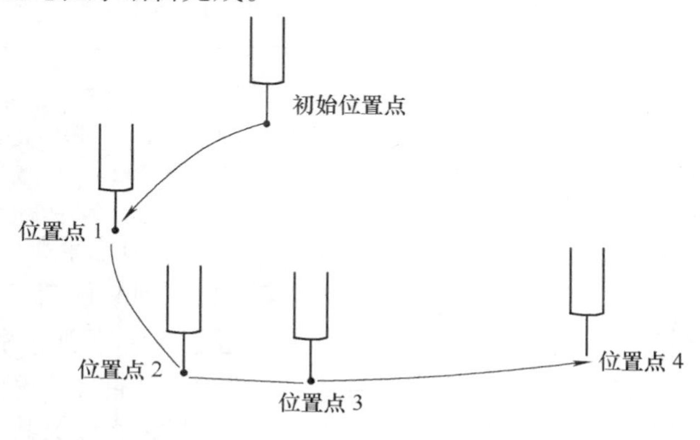

图 6-18 机器人运动轨迹

（三）轨迹确认

在完成了程序输入之后，应检查各个位置点是否合适。即让机器人按照设定的位置分步走一遍，看看各个位置点是否合适。

调试机器人程序运行过程的具体操作步骤如下：

1）把光标移到位置点 1 所在行 0001。

2）如图 6-19 所示，按“手动速度”键，设定速度为“低”。

3）按下“前进”键，机器人会走到位置点 1，再按“前进”键，机器人走到位置点 2，每按一次“前进”键，机器人会走一步。

4）程序点确认完成后，光标回到程序起始处。

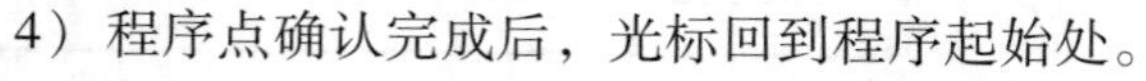

图 6-19 轨迹确认操作键

（四）试运行

程序编辑完成后，要试着让机器人自己做一遍摇头动作，这就是试运行。

1）光标回到程序起始行 0000 处。

2）如图 6-20 所示，按下“连锁”键的同时，按下“试运行”键，机器人连续运行所有程序点，一个循环后停止。

（五）再现操作

机器人编辑的程序试运行没问题后，就可以进行再现操作了。再现操作之前首先要做的是：

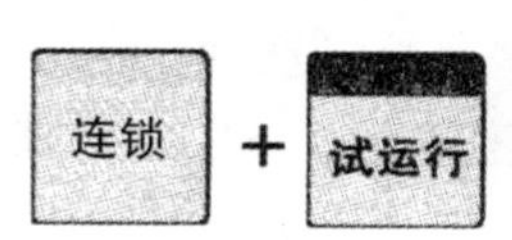

图 6-20 “连锁”+“试运行”操作键

1. 解除示教锁定

按编程器上的“示教锁定”键，该键灯灭。

2. 安全确认

机器人周围没人，提醒人们注意安全。

然后进行再现操作，机器人开始自动运行程序。操作按钮如图 6-21 所示，操作步骤如下：

1）切换到再现模式。按控制面板上的“PLAY”键，“PLAY”灯亮。“SERVO ON READY”电源灯灭。

2）伺服上电。按“SERVO ON READY”键，这个键灯亮。

图 6-21　再现操作按键

3）开始再现运行。按控制面板上的“START”按钮，“START”灯亮，机器人按照示教的动作运行一遍后停止。

四、MOTOMAN 机器人的常用示教编程指令

为了使机器人能够进行再现运动，就必须把机器人运动命令编成程序。控制机器人运动的命令就是移动命令。在移动命令中记录有移动到的位置、插补方式、再现速度等。因为 MOTOMAN 机器人系统使用 INFORM Ⅱ语言进行编程，其主要的移动命令都以“MOV”来开始，所以也把移动命令称为“MOV”命令。

机器人再现运动时，决定程序点间采取何种轨迹移动的方式称为插补方式。常用的插补方式有：关节插补方式、直线插补方式、圆弧插补方式、自由曲线插补方式。

（一）关节插补方式

关节插补方式只有起点和终点的位姿要求，中间路径以任意轨迹移动，没有路径约束，关节具有最大的速度和加速度，速度连续，各轴协调。移动指令为 MOVJ。

（二）直线插补方式

直线插补方式以直线轨迹移动。机器人在移动过程中，自动改变手腕的位置。移动指令为 MOVL。

示教编程器的操作为：按示教编程器上部的“坐标”键，切换到直角坐标系；按“插补方式”键，把插补方式定为直线插补方式，在输入显示行中，以 MOVL 表示直线插补方式。

设定直线插补方式的再现速度：光标在显示速度“V =”上，按“转换”键的同时按光标键，向上为加速，向下为减速，速度单位为 cm/min，可以修改直线插补方式的运动速度的大小。

（三）圆弧差补方式

圆弧差补方式使机器人沿着用圆弧差补示教的三个程序点，执行圆弧轨迹移动。移动命令为 MOVC。如图 6-22a 所示，②、③、④三个点，用 MOVC 插补方式编程。

示教编程器的操作为：按示教编程器上部的“坐标”键，切换到直角坐标系；按“插补方式”键，把插补方式定为圆弧插补方式，在输入显示行中，以 MOVC 表示圆弧插补方式。

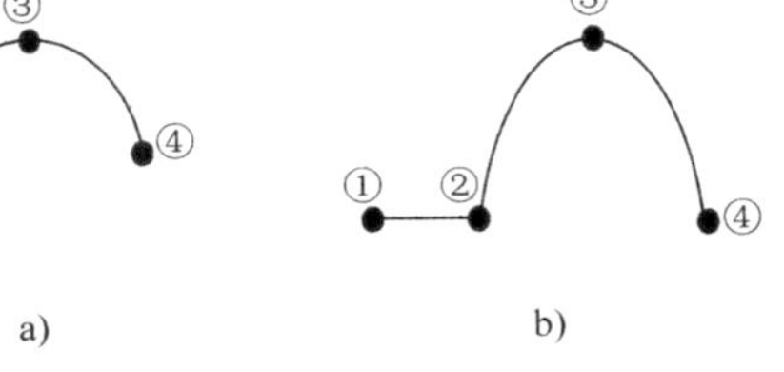

图 6-22　曲线轨迹

a）圆弧　b）自由曲线

图 6-22a 曲线程序为：

MOVJ　VJ =50.00；　　关节插补指令（①点）
MOVL　V =66；　　　直线插补指令（②点）
MOVC　V =66；　　　圆弧插补指令（③点）
MOVC　V =66；　　　圆弧插补指令（④点）

（四）自由曲线差补方式

自由曲线差补方式是机器人沿着不规则曲线移动时的一种示教命令，由三个点形成一个抛物线曲线。自由曲线插补指令为 MOVS。如图 6-22b 所示②、③、④三个点，用 MOVS 插补方式编程。

（五）延时等待指令

机器人在高速运动过程中，在达到工作位置和离开工作位置时，机械结构并没有完全稳定，需要停顿一段时间，等机械结构完全稳定后再进行下一个动作。因此常在该位置使用延时等待指令，使机器人在此位置上静止几秒钟。延时等待同时也可保证机器人与外界通信信息正常接收与发送，消除机器人系统的惯性力带来的冲击，保证机器人系统工作过程的工艺性要求。

MOTOMAN 机器人的延时等待指令为 TIMER。TIMER 命令就是使机器人在设定的时间内停止动作的定时命令。例如“TIMER　T =4”命令规定动作停止的时间为 4s。

（六）子程序调用指令、跳转指令

在一般情况下，需要多次执行的程序，可以单独编辑，在需要执行时，调用该程序。调用指令在机器人编程中应用较为广泛。如 CALL AB（调用名称为 AB 的子程序）。

机器人实际编程过程通常要求机器人重复进行某些操作时，可用跳转指令来控制程序循环执行。跳转指令用 JUMP LABEL 表示，其中 JUMP 表示跳转，LABEL 是跳转标志符。

机器人执行 JUMP、CALL 指令，要求机器人在运行中，某些程序指令重复执行时，使用 JUMP、CALL 指令，可以使得程序简单，提高编程效率。

JUMP：跳转到指定标号或程序；

CALL：调出所指定的程序；

五、机器人弧焊消声器

首钢莫托曼机器人有限公司依托日本安川电机 MOTOMAN 弧焊专用机器人的技术优势，与全球两大排气系统供应商 FAURECIA 和 TENNECO 紧密协作，不断以最新技术推出优质的排气零部件机器人弧焊线和焊接装备，使其具有技术领先、系统安全可靠和快换性能强的特点。MOTOMAN-UP6 机器人经常用在弧焊焊接系统中，下面以机器人焊接吉普车消声器为例，介绍 MOTOMAN 机器人弧焊焊接的编程指令。

机器人执行弧焊焊接工作，除了需要按照工艺完成路径轨迹的运动之外，还需要在焊接过程中使用指令与外界进行通信，即开启焊接系统，使焊接系统执行起弧操作，以后的机器人在运行过程中沿轨迹进行焊接，焊接完成后需要在指定位置结束焊接，准时进行熄弧操作。因此，弧焊机器人除需要配备相应的焊接设备外，还需要对其焊接文件进行设定，焊接参数设定可以通过示教编程器进行设定，也可以在指令后面直接写入。

MOTOMAN 机器人焊接指令有 ARCON（起弧）、ARCOFF（熄弧）。要求机器人在运行时，达到指定位置时，起弧焊接；完成相应的焊接任务后，准时熄弧。参考程序如下：

```
NOP;                    空程序行，程序起始行
MOVJ   VJ=25.0;         移动到系统待机位置
MOVJ   VJ=25.0;         移动到焊接开始位置附近
MOVL   V=33.0;          以直线插补方式移动到焊接开始位置
TIMER   T=12.50;        在12.5s时间内暂停运行
ARCON;                  起弧，焊接开始
……;                     焊接过程的路径运动，移动到焊接结束位置
ARCOFF;                 熄弧，焊接结束
TIMER   T=12.50;        在12.5s时间内暂停运行
MOVL   V=33.0;          以直线插补方式移动到不碰触工件和夹具的位置
MOVJ   VJ=25.0;         移动到待机位置
END;                    程序结束
```

机器人焊接开始时需要注意以下几点：

1）调试好程序轨迹后，再进行焊接硬件连接。

2）打开焊接电源开关，打开气源开关，并调节流量，开始焊接。

3）注意防止烫伤。

4）机器人运行时，要随时注意起弧、熄弧时的异常情况发生，随时注意使用“紧急停止”键。

第二节　KUKA点焊机器人编程

一、KUKA机器人系统

（一）KUKA机器人控制系统

图6-23所示为KUKA机器人的控制柜。KR C2控制系统适用的机器人类型如图6-24所示。KR C2控制柜采用熟悉的个人电脑Windows操作界面，中英文多种语言菜单；标准的工业计算机、硬盘、光驱、软驱、打印机接口、I/O信号、多种总线接口，远程诊断；控制系统具有绝对位置记忆、软PLC（选项）功能；事故间隔时间长达7万h。

图6-23　KUKA机器人的控制柜

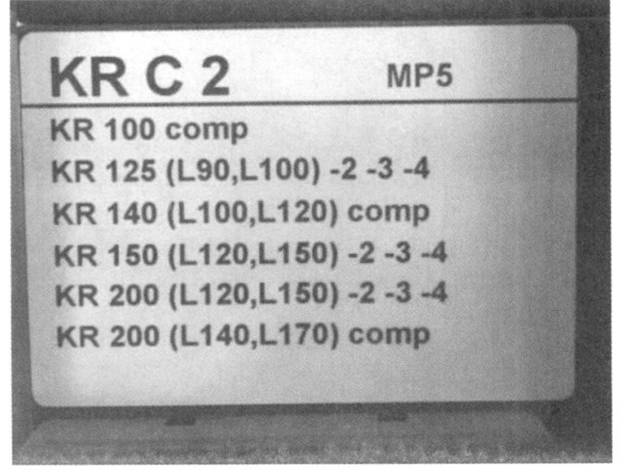

图6-24　KR C2控制系统适用的机器人类型

（二）KUKA 示教编程器

如图 6-25 所示，KUKA 机器人的示教编程器采用按键方式，实现人机交互信息的传递。

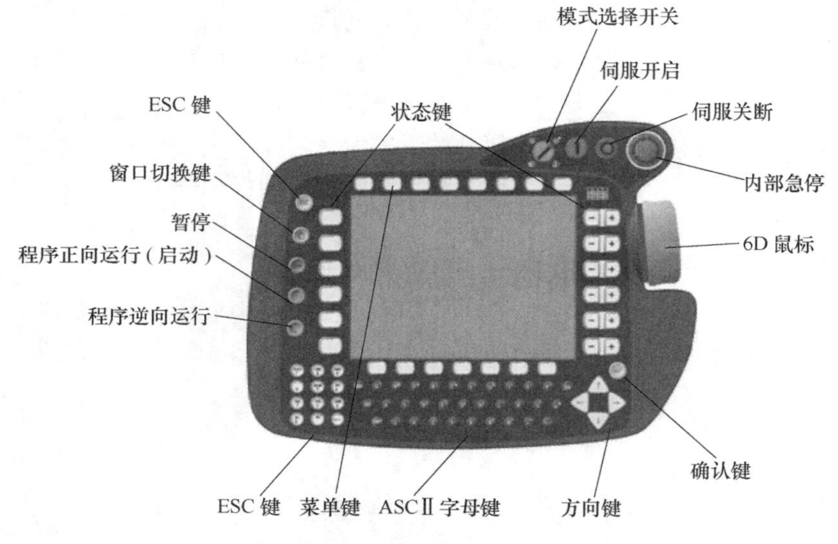

图 6-25　KUKA 机器人示教编程器

二、KUKA 机器人系统运行

（一）机器人系统的启动操作

1）打开机器人控制柜上的电源开关，等待系统启动到图 6-26 所示界面时，系统正常启动完成。示教器的状态栏信息显示如图 6-27 所示。

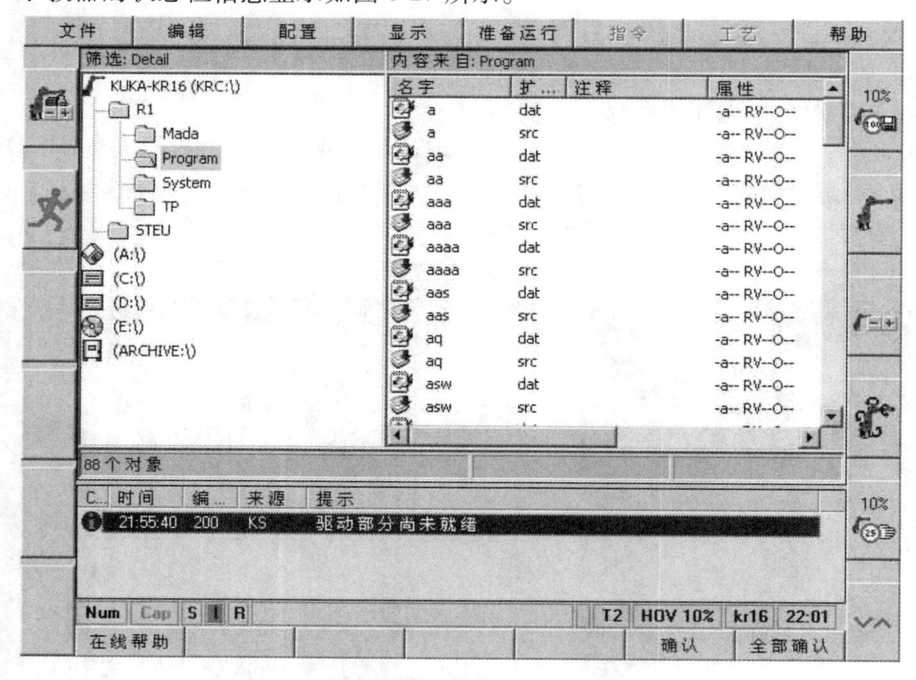

图 6-26　机器人正常启动后示教器显示信息

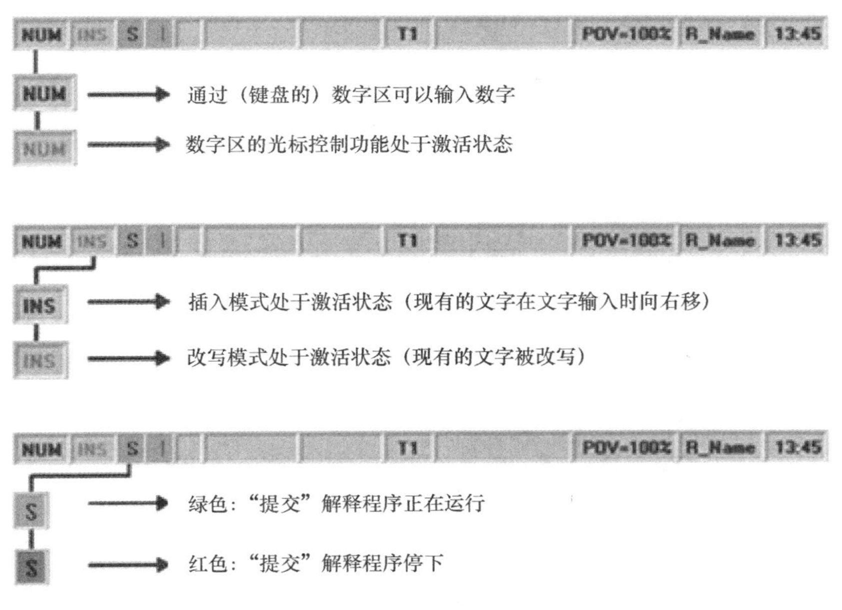

图 6-27　示教器状态栏信息

2）选择动作模式。KUKA 机器人常用动作模式有四种：手动慢速 T1、手动快速 T2、内部自动、外部自动。

如图 6-28 所示，使用钥匙可对其动作模式进行选择，使用示教器上的钥匙选择 T1 模式（手动慢速 T1 模式），在手动慢速 T1 模式下机器人运动速度为 250mm/s，可以使用示教编程器手动操作机器人动作。在此模式下，所有程序都可以在测试模式下减速，手动执行程序。程序只有在"开始"键按下并保持的情况下才开始启动。当释放"开始"键时，机器人会停止。当再次按下"启动"键后程序继续运行。

3）伺服上电。图 6-29 所示为机器人使能键位置。在 KUKA 控制面板（KCP）上有三个三位使能键。在 T1 或 T2 模式下任一使能键都可用来使机器人驱动上电。当需移动机器人时，应将使能键置于中间位置并保持。释放或完全压下"使能"键将触发制动。

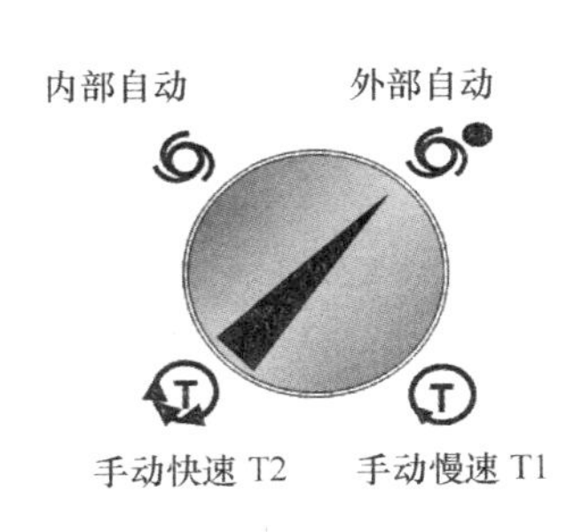

图 6-28　机器人动作模式的选择

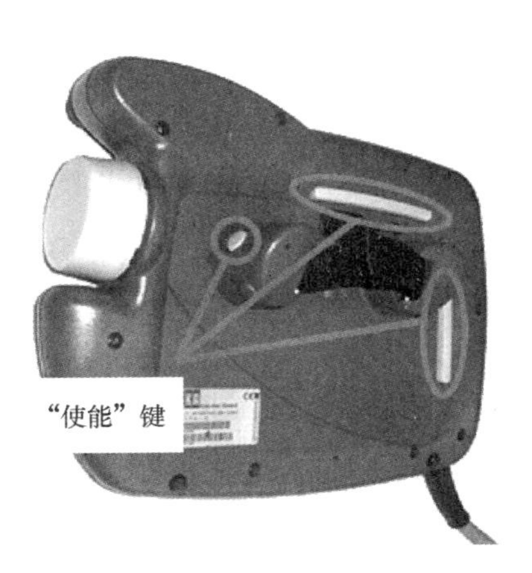

图 6-29　示教器"使能"键位置

（二）机器人动起来

1. 设定运动速度

使用示教编程器的状态键改变机器人的速度，降低机器人动作的速度，如图 6-30 所示。

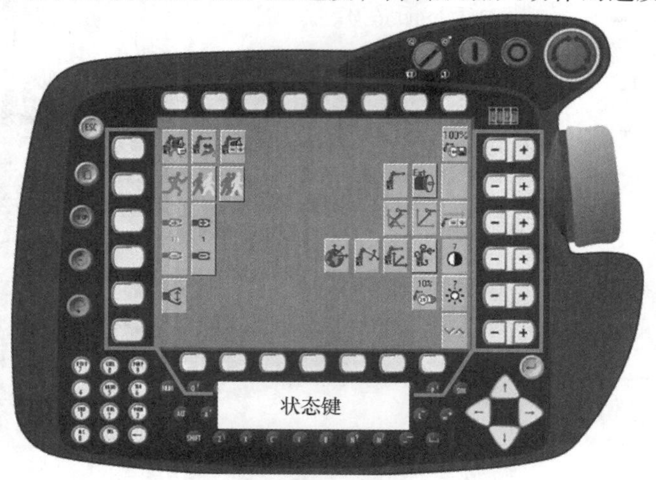

图 6-30　设定机器人的示教速度

2. 机器人坐标系

机器人的工作条件变化多端，所要完成的工序也比较复杂，因此需要正确定义机器人的运行轨迹；正确操控机器人必须要明确机器人的坐标系统。每个厂家的机器人坐标系使用不同的标注方式，KUKA 机器人常用的坐标系有：与轴相关的坐标系统、工具坐标系、基坐标系、全局坐标系。表 6-2 所示为各个坐标系的含义。

表 6-2　KUKA 机器人常用坐标系

图示	坐标系	含　义
	轴坐标	每个机器人转轴均可单独正向或反向运转
	工具坐标	直角坐标系，其原点在工具上
	基（座）坐标	直角坐标系，其原点在机器人的底座中心点
	全局坐标（世界坐标）	地点固定的直角坐标系统，其原点在机器人的底座中心点

各个坐标系统的特点和用途均不一样：轴坐标一般用来操作机器人各个轴的运动（如果是六个自由度的机器人会有 A_1 ~ A_6 六个轴，每个轴都有自己的旋转方向和角度），机器人在运行过程中需要各个轴之间配合运动，有旋转也有直线等；全局坐标系统主要是在编程的时候用来标定机器人的初始位置以及零点位置，该坐标系统类似于空间三维坐标系统；工具坐标主要是机器人在进行实际工作时的一个参照坐标系，他的工具可以是夹具、焊钳或者喷枪等；基坐标主要是机器人相对于自身的坐标系统，其原点一般在机器人底座的中心点。

要想正确操控机器人或者正确定义机器人的行为，必须熟悉机器人的坐标系统，明确在什么情况下该采用何种坐标系统，这样才不会出现安全事故。

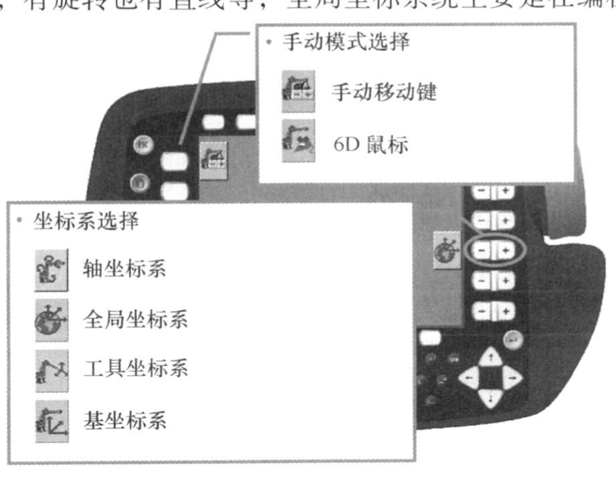

图 6-31　KUKA 机器人坐标系选择

在机器人手动操作过程中，坐标系的切换使用如图 6-31 所示的状态键来操作完成。首先使用手动模式状态键选择手动模式，再使用坐标系状态键选择所要使用的坐标系。

三、KUKA 机器人示教编程

KUKA 机器人系统具有自己的编程语言，它是在基于 C 语言的基础上实现的。建立新程序的具体操作步骤如下：

1）在主界面下，如图 6-32 所示，单击“文件”下拉菜单，选择“新建”。

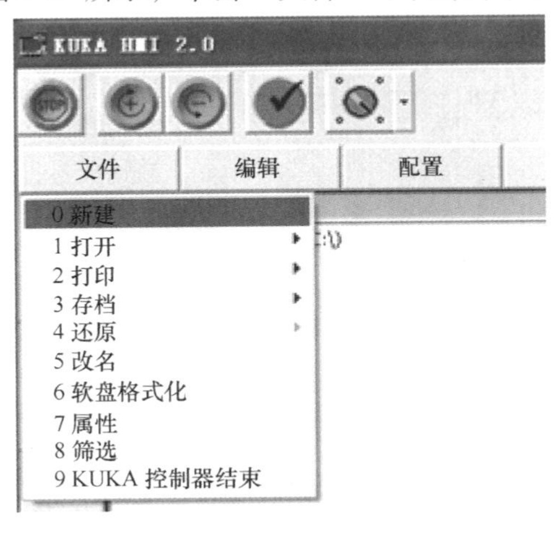

图 6-32　新建程序

2）进入到图 6-33 所示画面，通过示教编程器的键盘输入所建程序的文件名称，单击〈OK〉键即可。程序命名采用字母和数字，尽量不用其他特殊符号，避免在调试过程中出现问题。

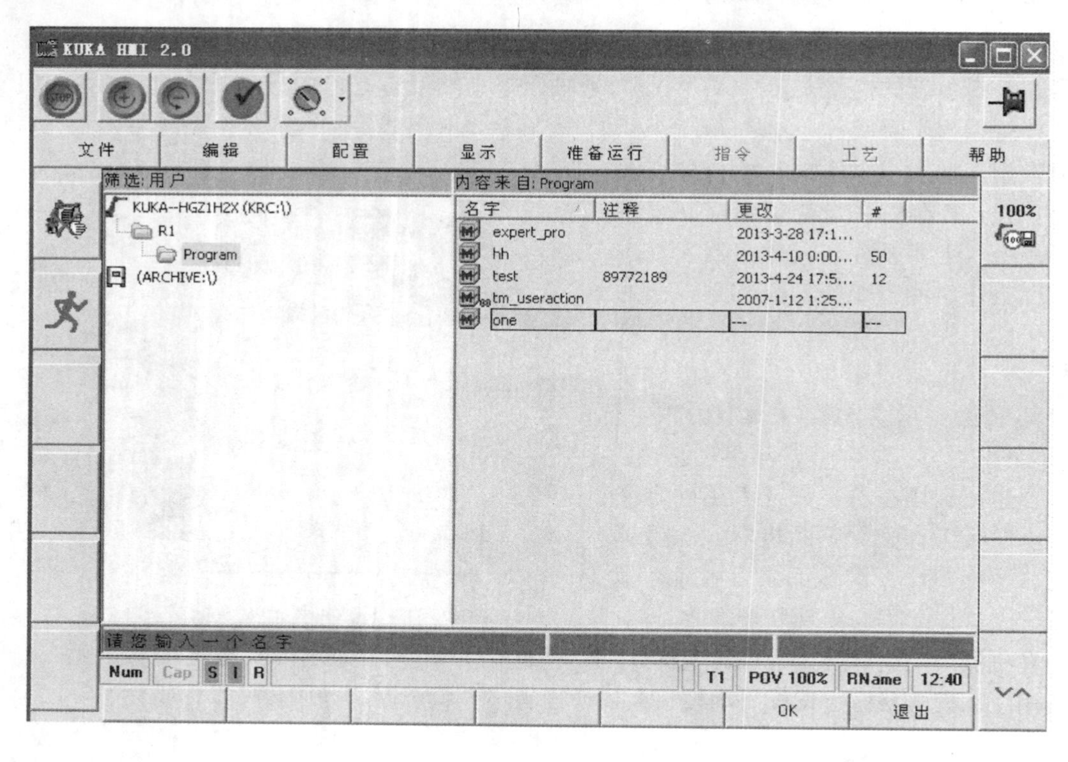

图 6-33 程序命名

3）然后通过示教编程器上的“方向”键选择需要编辑的程序，按左下角软键〈选定〉就可打开程序，如图 6-34 所示。

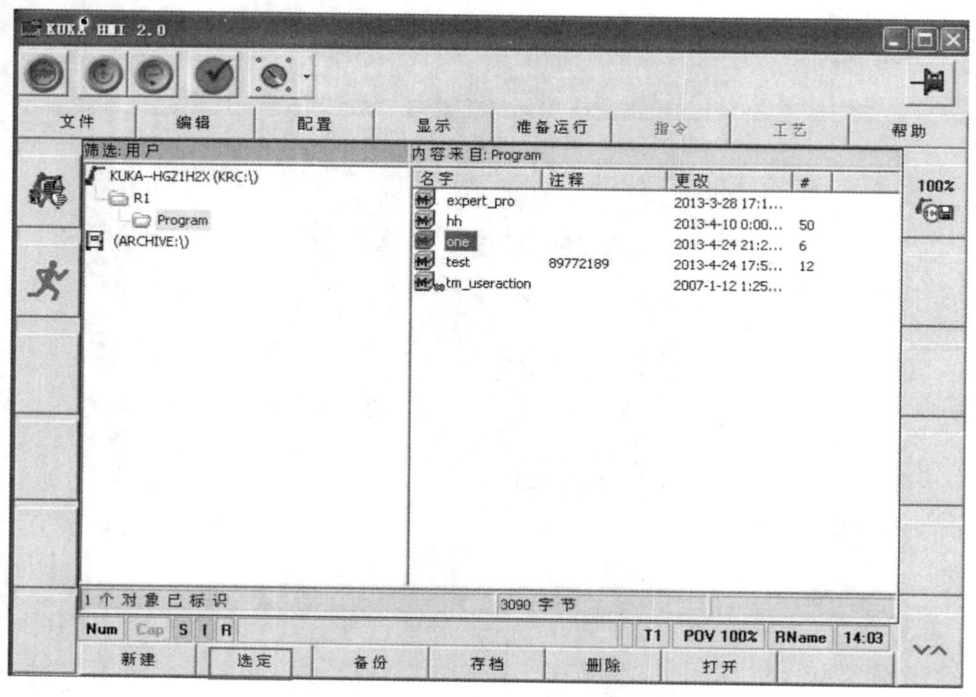

图 6-34 选定程序

4）进入程序后，显示的是程序的模板内容，如图 6-35 所示。

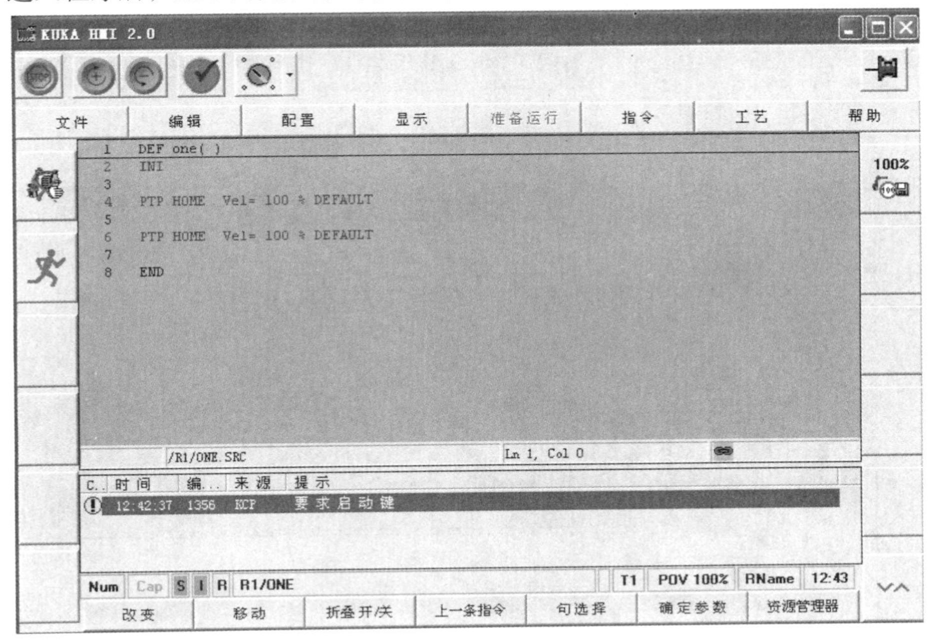

图 6-35　程序编程界面

5）应在两条 PTP HOME 指令中间增加新的程序内容，机器人在与外围设备联机运行时，经常需要等待一条启动指令，才开始运行自己的程序。例如，机器人系统运行之前需要得到机器人的数字输入端口 5 一个“真值”信号。首先添加一条等待条件指令，选择菜单序列“指令→逻辑→循环等候”，如图 6-36 所示。

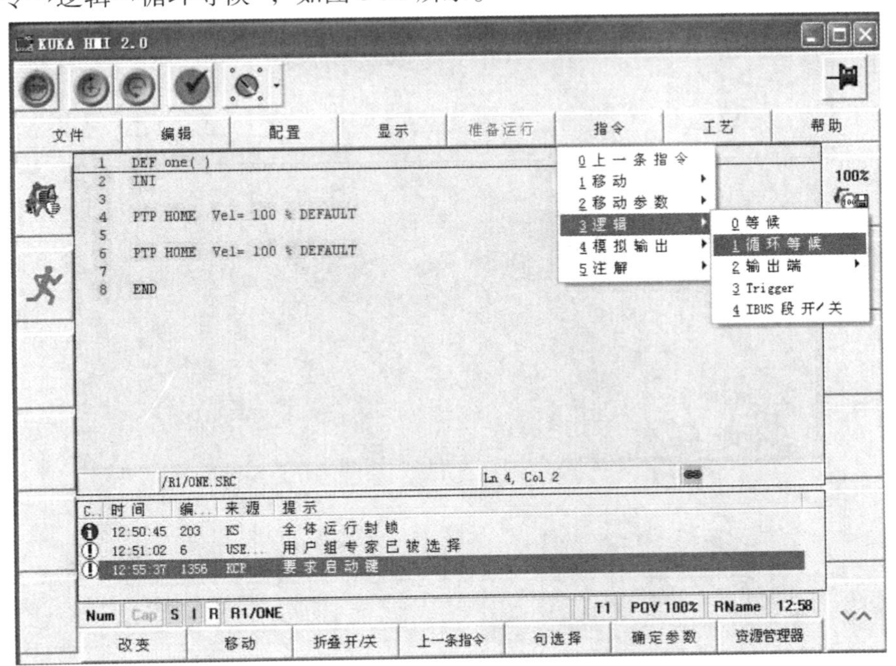

图 6-36　插入“循环等候”指令

6）程序出现等待语句，要将其确定为等待数字输入端口“5”的信息，具体是通过示教编程器上的数字键，输入数字“5”，再按右下角的软键〈指令正确〉，如图6-37所示。

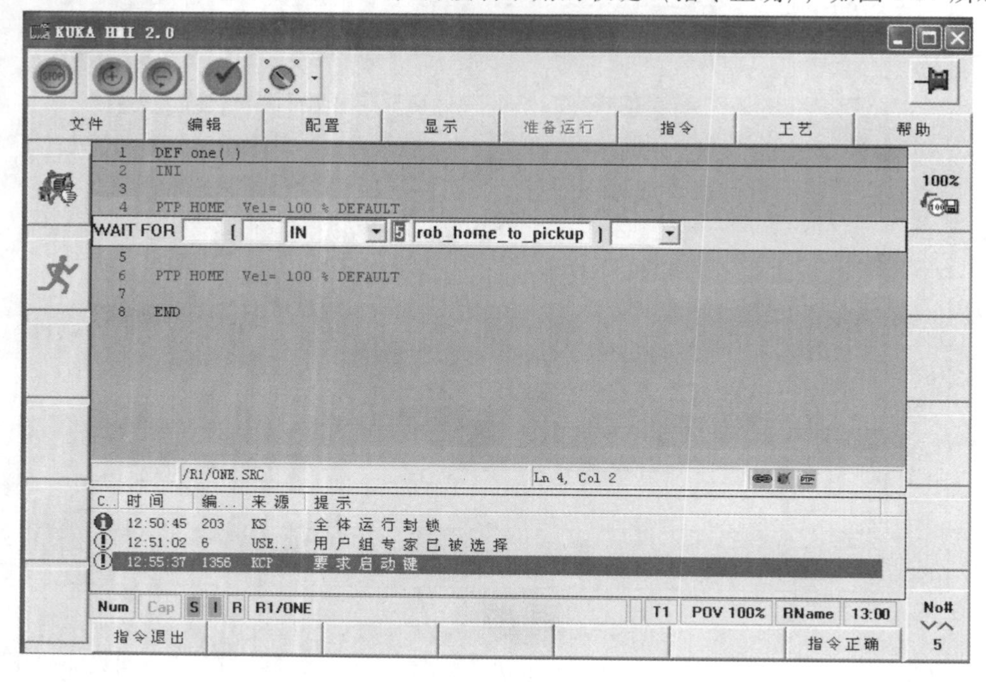

图6-37 修改等待时间

7）接下来输入一条PTP运动指令，选中坐标系，按住使能键，通过〈X〉、〈Y〉、〈Z〉、〈A〉、〈B〉、〈C〉键将机器人移动到目标位置，单击软键〈移动〉，如图6-38所示。

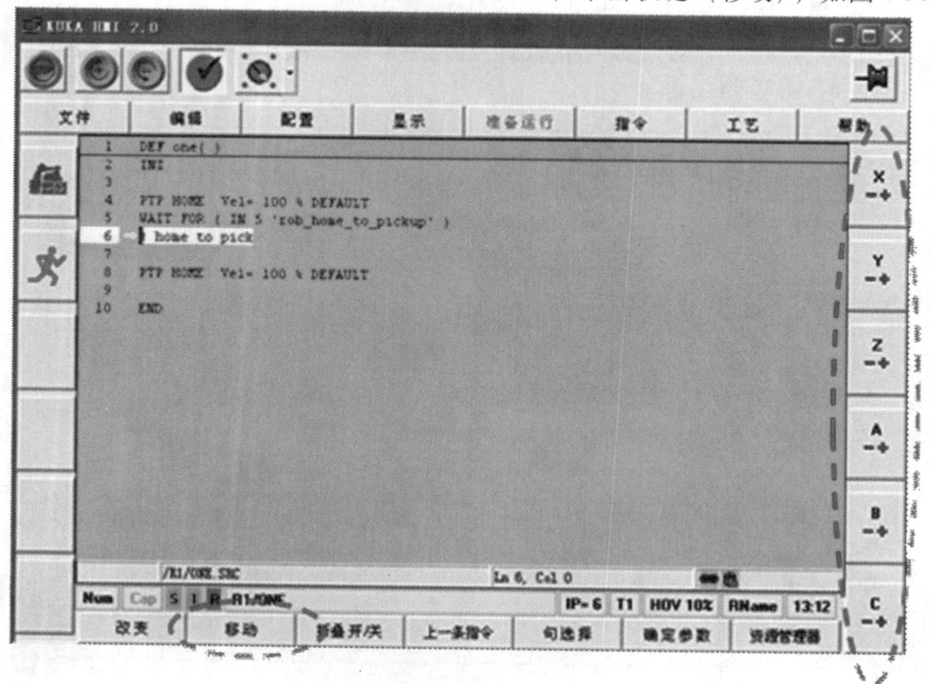

图6-38 输入指令界面

8）如图6-39所示，通过键盘的输入，调整该指令的运动参数，完成后再按右下角的软键〈指令正确〉，即完成这条PTP运动指令。

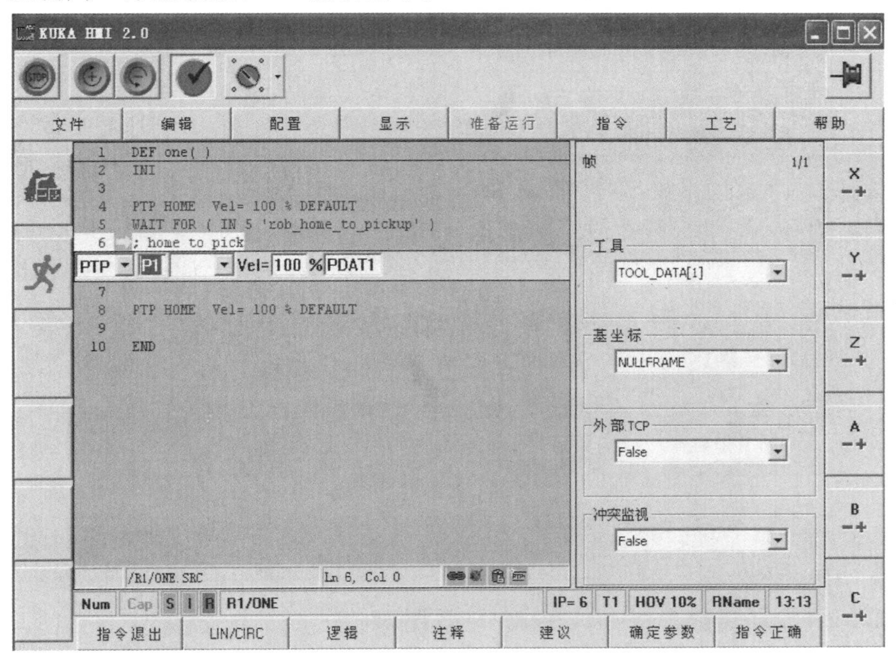

图6-39　调整PTP指令参数

9）输入一条直线LIN运动指令，按住使能键，通过〈X〉、〈Y〉、〈 Z〉、〈A〉、〈B〉、〈C〉键将机器人移动到目标位置，单击软键〈移动〉，操作界面如图6-38所示。

10）重复第7）、8）步操作即可。操作结果如图6-40、图6-41所示。

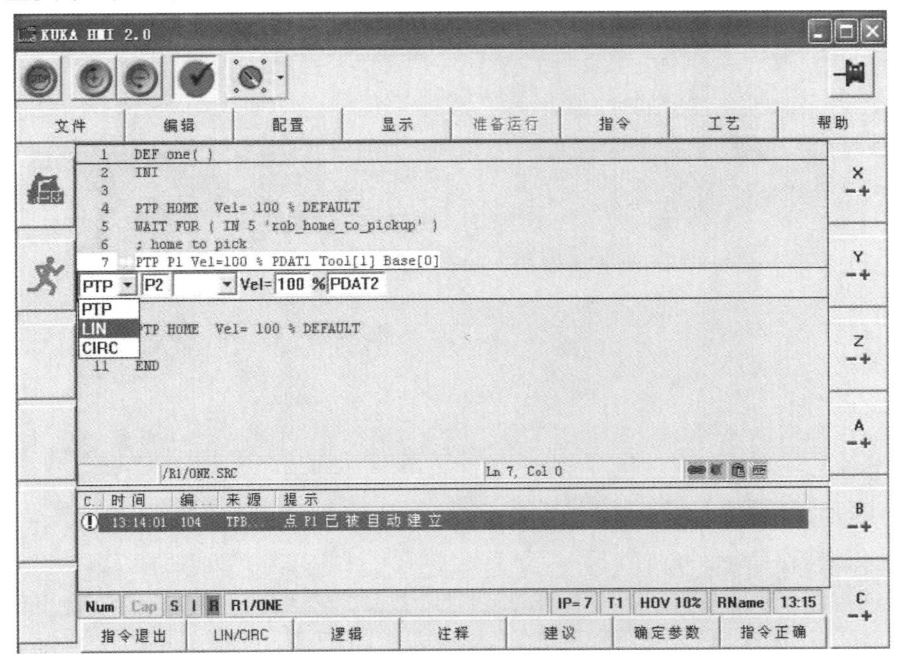

图6-40　调整LIN指令参数

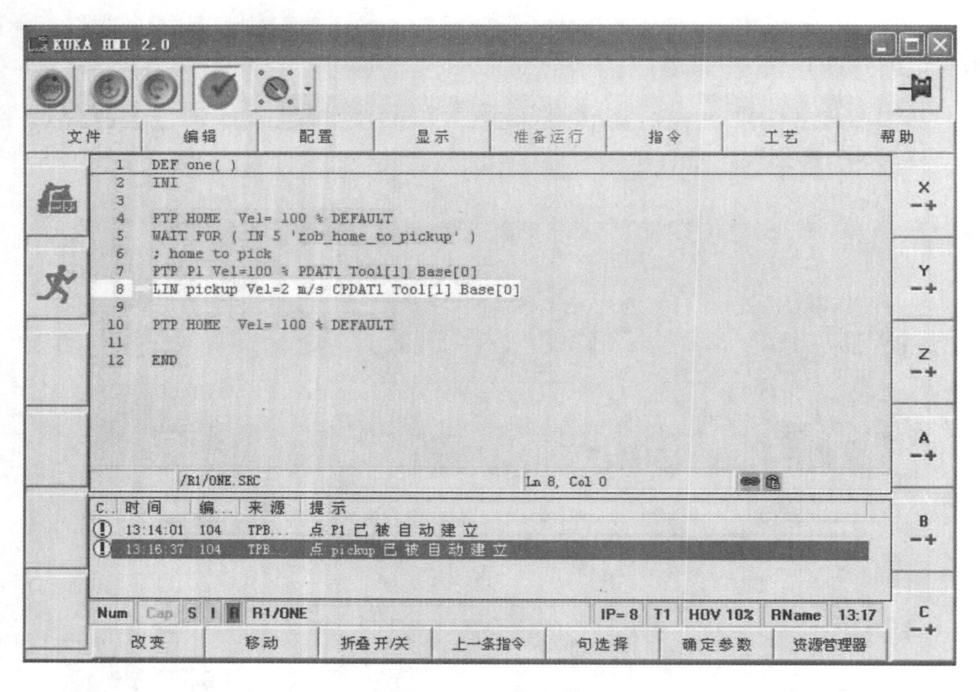

图 6-41　LIN 指令编程

11）最后添加一条数字输出指令，选择菜单序列“指令→逻辑→输出端→输出端”，如图 6-42 所示。

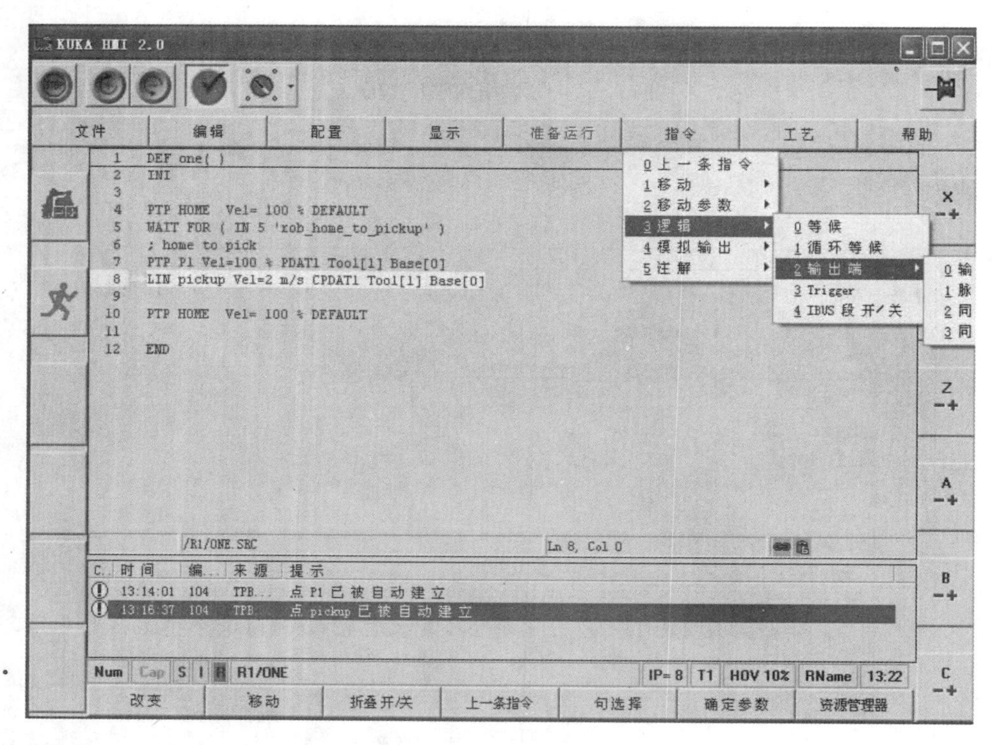

图 6-42　数字输出指令编程

12）如图6-43所示，程序出现等待语句，通过示教编程器上的键选择到数字输入，并将其更改为“TRUE”，再按右下角的软键〈指令正确〉，即输入这条等待条件指令。

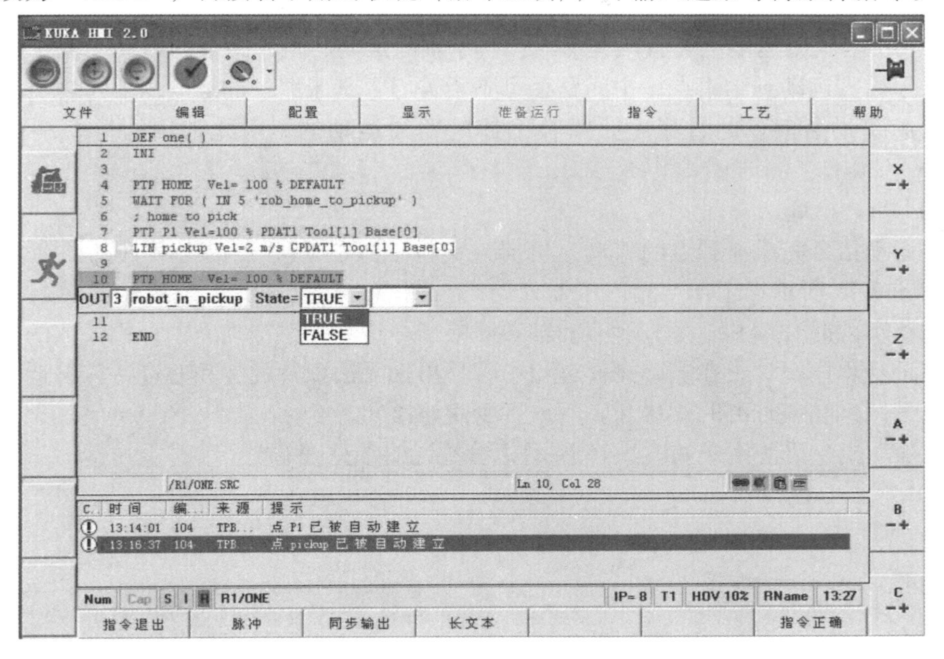

图6-43　修改输出指令参数

13）最后，如图6-44所示，选择菜单序列“编辑→程序复位”，在T1模式下进行程序测试。使用示教编程器的使能键使系统上电，按下程序正向运行启动键，机器人按照编程轨迹运动。

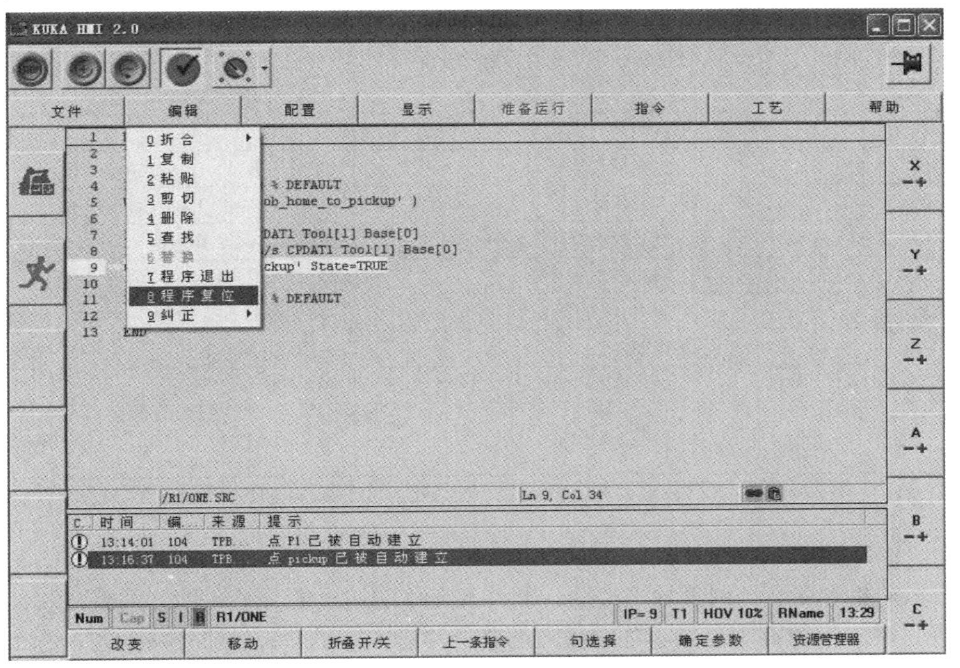

图6-44　调试程序

四、KUKA 机器人的常用示教编程指令

KUKA 机器人的运动主要有两种形式：基于轴的运动、基于路径的运动。基于轴的运动只考虑从起始点运动到结束点，中间路径可不予关心。基于路径的运动需要考虑机器人工具从起始点运动到结束点的过程中是沿什么样的路径运动的。因此常用的运动编程指令为 PTP、LIN、CIRC。

（一）PTP 指令

PTP 运动指令完成点到点的移动，机器人夹持工具的 TCP 点沿着最快的路径向结束点运动。如图 6-45 所示，工作空间内机器人始终在两点之间定位，以最快的路径进行，而且所有轴的移动同时开始和结束，所有的轴必须同步，这时无法精确地预计机器人的轨迹。采用该语句进行程序设计，在实际操作过程中容易出现无法预知的运动轨迹，容易造成一定的安全事故，因此在编程的时候尽量不用或者少用该语句。

PTP 运动指令语法格式如图 6-46 所示，参数说明参见表 6-3。

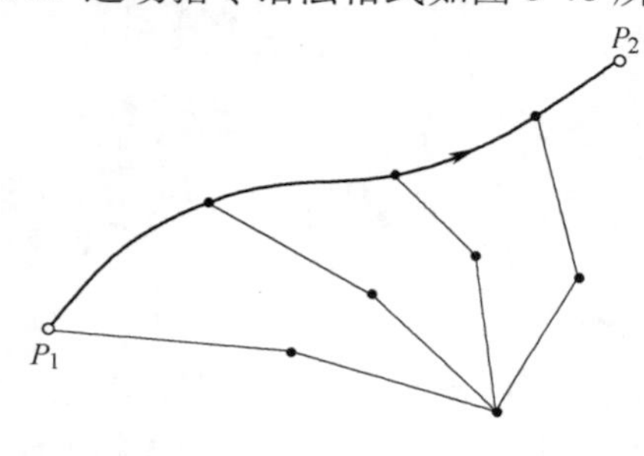

图 6-45　PTP 指令运动轨迹

PTP P1 CONT Vel= 100 % PDAT1

图 6-46　PTP 语法格式

表 6-3　PTP 指令参数说明

窗口名称	功　能	数值范围
PTP	移动方式	PTP、LIN、CIRC
P1	点的名称	
Tool(工具)	工具编号	零帧，Tool _ Data 1[1] ~ [16]
Base(基坐标)	工件编号	零帧，Base _ Data 1[1] ~ [16]
External TCP(外部)	机器人携带工具/工件	True、False(真、伪)
CONT	逼近开	“　”，Cont
Vel = 100%	速度	最大值的 1% ~100%（预设值 100%）
PDAT1	移动参数	
Acceleration	加速度	0 ~ 100
Approximation Distance“1”①	逼近区域	0 ~ 100

① “1” 仅在 “CONT” 接通时才可供选择。

（二）LIN 指令

LIN 运动指令完成点到点线性移动，机器人在移动过程中，各转轴之间将进行配合，使得工具及工件参照点沿着一条通往目标点的路径移动。一般地，当必须按给定的速度沿着某条精确的轨迹抵达一个点，或者如果因为存在碰撞可能性，不能以 PTP 移动的方式抵达某

些点的时候，将采用线性移动。该语句有两种移动方式，分别为精确定位的移动和轨迹逼近的移动，如图 6-47 所示。

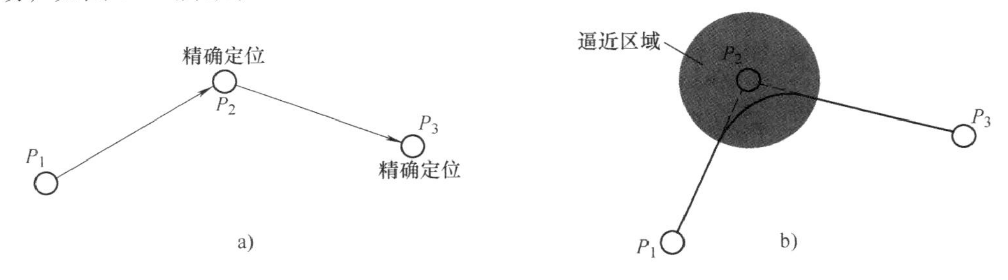

图 6-47　LIN 运动指令定位方式

a）P_2 点精确到达　b）P_2 点逼近区域

LIN 指令的语法格式如图 6-48 所示，参数说明参见表 6-4。

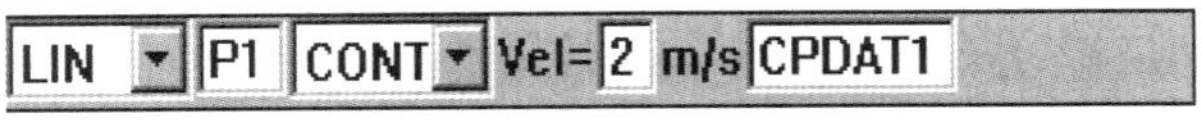

LIN　P1　CONT　Vel= 2 m/s CPDAT1

图 6-48　LIN 语法格式

表 6-4　LIN 指令参数说明

窗口名称	功　能	数值范围
LIN	移动方式	PTP、LIN、CIRC
P1	点的名称	
Tool(工具)	工具编号	零帧，Tool _ Data 1[1] ~ [16]
Base(基坐标)	工件编号	零帧，Base _ Data 1[1] ~ [16]
External TCP	机器人携带工具/工件	True、False(真、伪)
CONT	逼近开	“　”，Cont
Vel = 2m/s	速度	0.001 ~ 2m/s(预设值 2m/s)
CPDAT1	移动参数	
Acceleration	加速度	0 ~ 100
Approximation Distance“1”①	逼近区域	0 ~ 100

①　“1”仅在“CONT”接通时才可供选择。

（三）CIRC 指令

CIRC 运动指令完成圆弧移动，工具及工件的参照点沿着一条圆弧移动至目标点。这条轨迹将通过起始点、辅助点和终点来描述。上一条移动指令的、以精确定位方式抵达的目标点可以作为起始点，其取向将同时在整个路程上发生改变。如果加工过程应该以给定的速度沿着一条圆形轨迹进行时，将采用 CIRC 移动。该语句也有两种移动方式，分别为精确定位的移动和轨迹逼近的移动，如图 6-49 和图 6-50 所示。

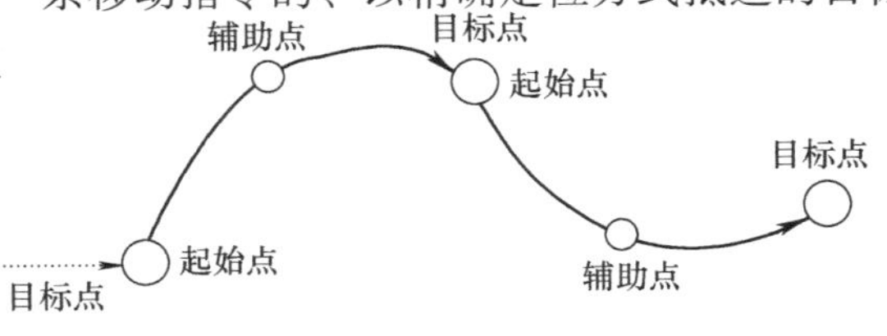

图 6-49　机器人圆弧运动

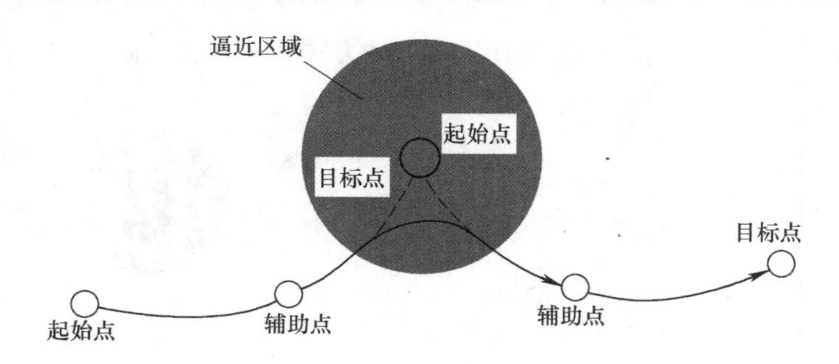

图 6-50　圆弧运动定位方式

CIRC 指令的语法格式如图 6-51 所示，参数说明见表 6-5。

CIRC ▾ P1 P2 CONT ▾ Vel= 2 m/s CPDAT1

图 6-51　CIRC 语法格式

表 6-5　CIRC 指令参数说明

窗口名称	功　能	数值范围
CIRC	移动方式	PTP、LIN、CIRC
P1	辅助点的名称	
P2	点的名称	
Tool（工具）	工具编号	零帧，Tool _ Data 1 [1] ~ [16]
Base（基坐标）	工件编号	零帧，Base _ Data 1 [1] ~ [16]
External　TCP	机器人携带工具/工件	True、False（真、伪）
CONT	逼近开	“　”，Cont
Vel = 2m/s	速度	0.001 ~ 2m/s（预设值 2m/s）
CPDAT1	移动参数	
Acceleration	加速度	0 ~ 100
Approximation Distance “1”①	逼近区域	0 ~ 100

① “1” 仅在 “CONT” 接通时才可供选择。

五、机器人点焊程序示例

点焊机器人系统利用金属与金属之间的接触电阻，通过强大的电流，使金属接触部分局部熔化，形成金属间的连接。可以焊接低碳钢板、不锈钢板、镀锌或多功能铝钢板、铝板、铜板等薄板类焊接，机器人控制器可以根据不同材质、不同厚度确定和调整焊接压力、焊接电流等参数，具有焊接效率高、变形小、不需添加焊接材料等特点。广泛应用于汽车覆盖件、驾驶室、汽车地板等部件的高质量焊接。

对于点焊机器人系统的要求一般基于两点考虑：一是机器人运动的定位精度，它由机器人机械手和控制器来保证；二是机器人外围设备，它主要由阻焊变压器、焊钳、点焊控制器及水、电、气路及其辅助设备组成。

KUKA 机器人是一种多用途的机器人，它可以实现点焊、涂胶、电弧焊和搬运等功能，它具有良好的加速性能和速度较快的特点，在点焊方面尤具特色，负载 200kg 的机器人焊点的重复精度可达 ±0.4mm，因此，它广泛应用在汽车行业、摩托车行业进行自动焊接。

下面以机器人点焊车门为例，说明焊接编程方法。

KUKA 机器人点焊焊接车门的工作流程：机器人回至 HOME 点，根据工艺设计机器人去抓取需要的点焊焊钳，通过自动工具快换装置携带 X 型焊钳焊接工件，然后将 X 型焊钳放下，再更换 C 型焊钳焊接工件，焊接完毕后，将 C 型焊钳放到焊钳支架上，人工将工件取出，工件焊接完毕，一个工作循环结束。

KUKA 机器人点焊焊接指令有 SPOT 点焊命令，RETR OPN 焊枪预张开命令，RETR CLS，焊枪预关闭命令，SDAT 点焊参数等。要求机器人在运行中达到指定需要焊接位置时，进行点焊焊接；完成相应的焊接任务后，离开焊接位置。参考程序如下：

```
INI;                                                        程序起始行
PTP HOME Vel=100% DEFAULT;                                  移动到系统待机位置，
                                                            HOME 点位置
WAIT FOR(IN 15 'PREIPHERAL CONDITIONS OK');                 等待输入信号“OK”
IF $IN[63]==TRUE THEN;
WAIT FOR(IN 64'WATER FLOW');
WAIT FOR(IN 11'C_TORCH IN COVER')AND(IN 24 'RET_OPN');
                                                            等待焊接系统信号正常运
                                                            行，可以开始焊接操作
PTP P19 CONT Vel=50% PDAT8 TOOL[0] BASE[0];                 移动到 P19 示教位置点
LIN P7 CONT Vel=2m/s CPDAT4 TOOL[0] BASE[0];                移动到 P7 示教位置点
LIN P10 CPDAT5 RETR CLS GUN=1 TOOL[1] BASE[0];              焊点上方，准备焊接
LIN P11 CPDAT6 SPOT GUN=1 RETR CLS SDAT3 TOOL[0] BASE[0];
                                                            点焊焊接
LIN P12 Vel=0.5m/s CPDAT7 TOOL[0] BASE[0];                  点焊结束，离开焊点
LIN P13 Vel=2m/s CPDAT8 TOOL[0] BASE[0];                    移动至下一个焊点上方
LIN P14 CPDAT9 SPOT GUN=1 RETR CLS SDAT4 TOOL[0] BASE[0];
                                                            点焊焊接
LIN P27 CPDAT15 RETR OPN GUN=1 TOOL[0] BASE[0];             点焊结束，离开焊点
LIN P28 Vel=1m/s CPDAT16 TOOL[0] BASE[0];                   移动至 P28 示教位置点
LIN P18 CONT Vel=1m/s CPDAT11 TOOL[0] BASE[0];              移动至 P18 示教位置点
……
PTP HOME CONT Vel=60% DEFAULT;                              移动到系统待机位置，
                                                            HOME 点位置
RETURN;                                                     程序结束
```

第三节　ABB 喷涂机器人编程

喷涂机器人工作站采用 ABB 公司的喷涂专用机器人 IRB 540-12，IRB 540 是一款面面兼顾、结构精简的机器人，配备独创的专利技术 FLEXWRIST（柔性手腕），十分方便人工编程（点到点、连续路径）。控制器采用 S4CPLUS 喷涂专用型。该机器人实现汽车车灯的喷涂

工艺。

一、ABB 喷涂机器人系统

如图 6-52 所示，喷涂机器人主要由机器人本体、喷枪、控制器、抽气装置、操作器等组成。

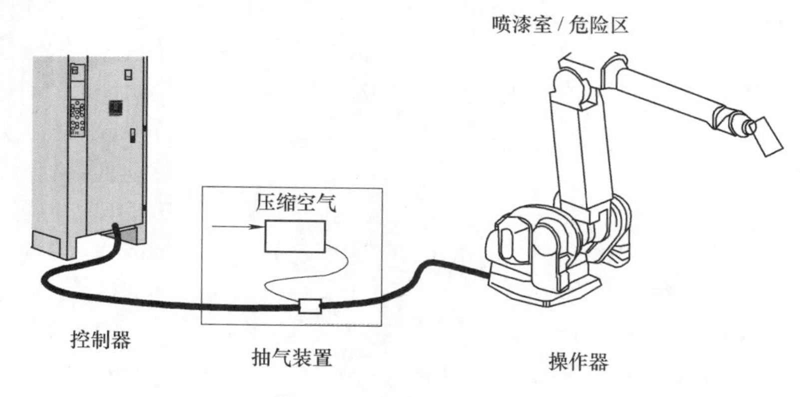

图 6-52　喷涂机器人系统

（一）ABB 喷涂机器人控制系统

喷涂机器人一般都是六轴机器人，其中 4、5、6 分布在机器人的腕关节部分。各个轴的运动方向如图 6-53 所示。

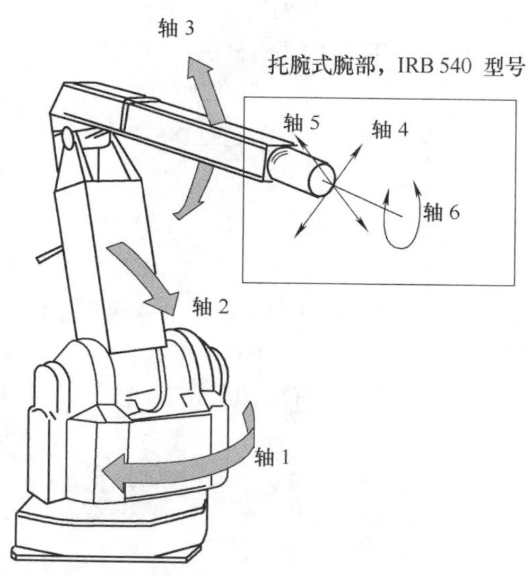

图 6-53　IRB 540 喷涂机器人六轴运动方向

喷涂机器人可以使用示教编程器（Teach Pendant Unit）和控制器的操作面板来与该机器人进行沟通交流操作。图 6-54 所示为机器人控制器的操作面板。

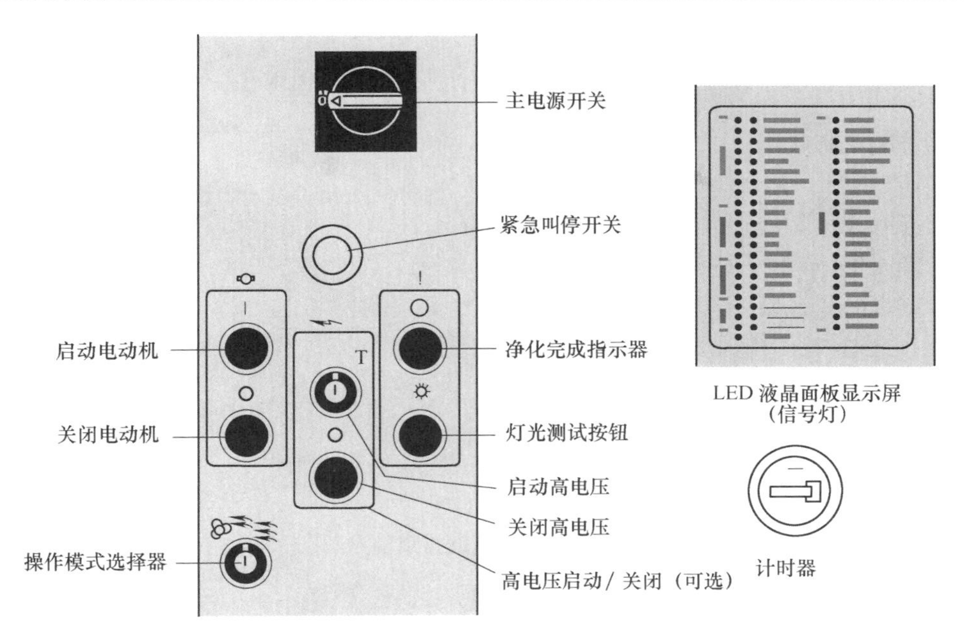

图 6-54　喷涂机器人控制器的操作面板

（二）ABB 喷涂机器人示教编程器

图 6-55 所示为机器人的示教编程器。ABB 喷涂机器人采用专用的 S4C 型示教编程器。

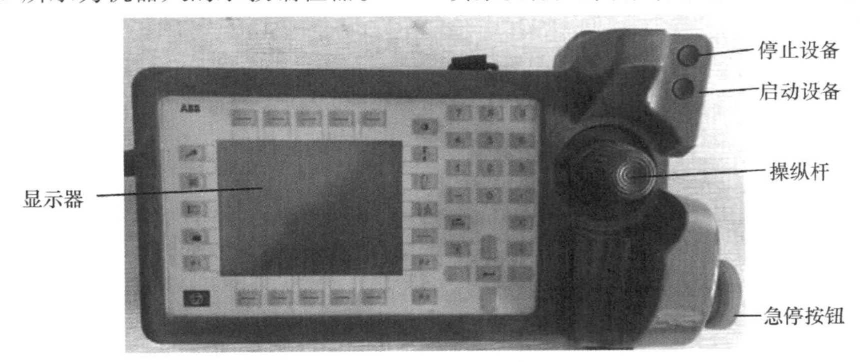

图 6-55　喷涂机器人示教编程器

二、ABB 喷涂机器人的基本操作

（一）机器人控制器的启动操作

先将控制柜主电源由“0”状态旋到“1”状态，接通主电源，如图 6-56 所示。

图 6-56　控制柜主电源开关

机器人示教编程器上将显示系统启动自检进程，待进程走完后，如无故障系统将显示图 6-57 画面。如出现其他画面，请先确认系统启动的错误，待错误解除后方可操作机器人。在整个启动流程期间，机器人的功能会得到广泛的检查。如果有错误发生，那么该错误将会作为信息，以纯文本形式显示在“示教编程器”装置上报告，并且被记录到机器人的“事件日志”中。

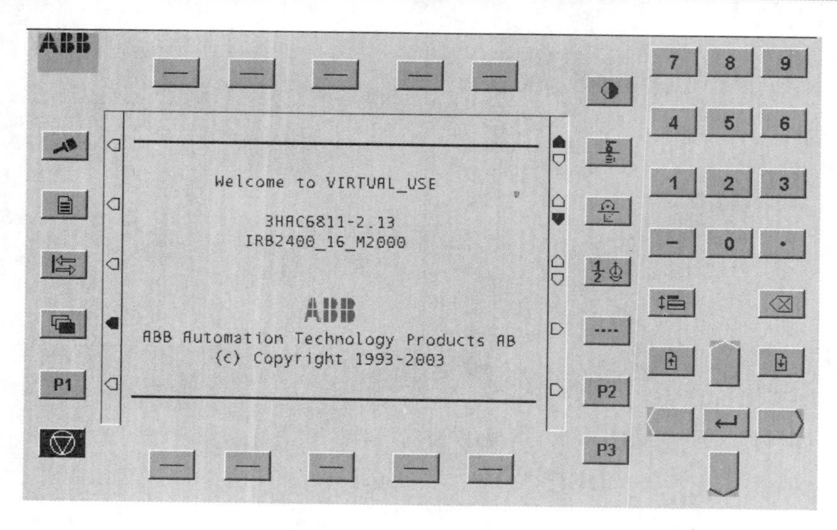

图6-57　机器人正常启动界面

示教编程器启动完成后，打开电源开关，接通电动机电源。

在自动模式下，在操作面板上按下“启动电动机”（MOTOR ON）按钮。

在手动模式下，将“示教编程器”上的启动设备向里按下一半，那么就可以进入到“电动机启动”（MOTORS ON）模式中，如图6-58所示。

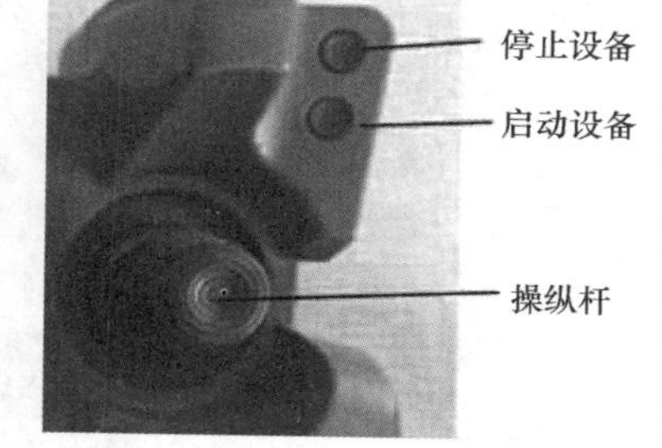

图6-58　手动模式下启动设备

如果启动设备被松开并在半秒钟内又被按下，那么该机器人不会进入到“电动机启动”（MOTORS ON）模式中。如果发生这种情况，那么首先松开启动设备，然后再将启动设备向里按下一半。

（二）选择机器人的操作模式

利用操作模式选择器就可以来对操作模式进行选择。

1. 自动模式（生产模式）

将操作模式选择器转到“自动”模式。

生产作业过程中，如果机器人按照编制好的速度运行完整的程序，那么就可以采用“自动”模式。在这种模式下，示教编程器上的启动设备键失效，并且机器人用来编辑程序的功能也被锁定。

2. 减速状态下的手动模式（控制模式）

将操作模式选择器转到“T1”模式。

如果启停控制功能处于激活状态（通过调用某系统参数，可以使用该功能），那么只要松开示教编程器上的启动设备键，程序运行就会立刻停止。

在编制程序时以及在机器人工作区内工作时，采用减速状态下的手动模式。在这种模式下，无法通过遥控方式来控制外部设备。

3. 全速状态下的手动模式（可选，测试模式）

在全速状态下的手动模式中，机器人就会以全速运动。只有经过培训、有经验的人员才可以使用这种操作模式。粗心大意就很可能导致人身伤害。

将操作模式选择器转到“T2”模式。

启停控制功能现在处于激活状态，也就是说，只要您松开示教编程器上的启动设备键，程序运行就会立刻停止。

只有在以全速状态测试机器人时，才可以使用全速状态下的手动模式。

在这种模式下，无法通过遥控方式来控制外部设备。

（三）采用示教编程器来输入文本

在对文件、路径、数据等进行命名时，可以采用示教器装置来输入文本。由于本系统的设备不提供字符键盘，所以必须用特殊的方式来使用数字键，如图 6-59 所示。

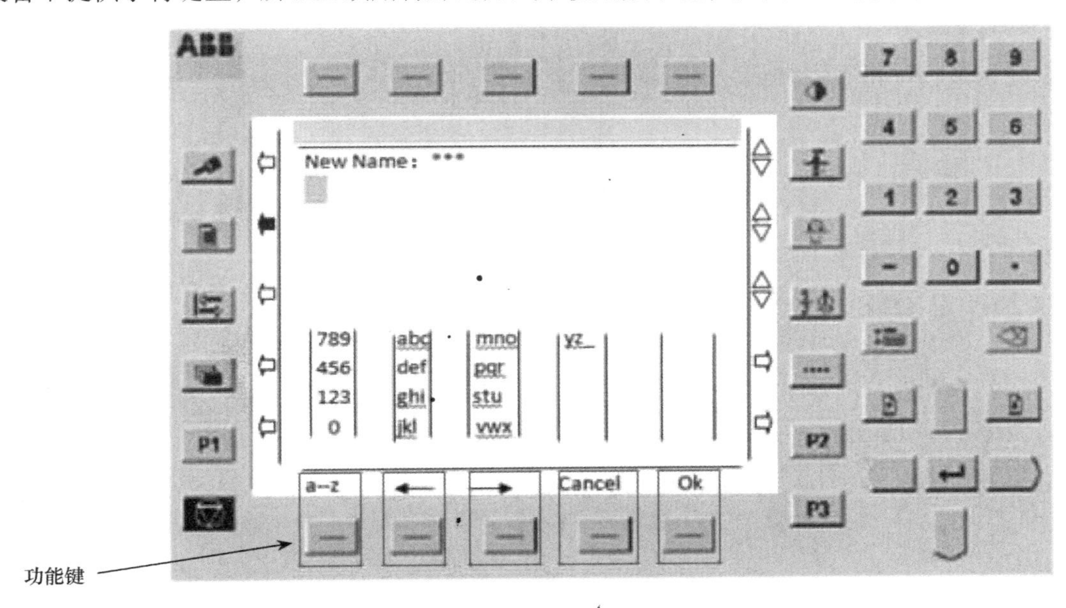

图 6-59　输入文本的对话框

具体操作如下：

1）数字键盘上的按键与显示屏上所选定的字符一一对应。

2）只要按下功能键←或→就可以选择一组字符或者数字。

3）按下数字键盘上的对应按键也可以选择一组字符。如果如图 6-59 所示选择第三组，那么按键 7 对应 M，按键 8 对应 N，按键 9 对应 O，依次类推。

4）采用“左箭头”或“右箭头”将光标向左或向右移动。

5）只要按下“删除”键，就可以删除光标前面的字符。

6）只要按下屏幕上的 a ~ z 对应的功能键，就可以在大小写字母之间来回转换。

7）完成文本输入后，按下功能键“OK”，结束此次文本输入。

（四）利用操纵杆来使机器人步行

利用“示教编程器”装置上的操纵杆来移动（步行）机器人，使机器人直线步行并且可以以小步幅来更轻松地准确定位机器人，称作“增量步行”。

1. 直线步行

选择操作模式选择器处于手动模式位置“T1”处。选择机器人移动装置以及直线移动方式，如图 6-60 所示。

通过“移动装置”（Motion Unit）按键，选择操纵机器人。

通过“移动方式”（Motion Type）按键，在手动作业期间，使用操纵杆使机器人沿需要方向移动。

主要选择有：直线移动；对特定机械臂末端工作器（END-EFFECTOR）重新定位；轴接轴运动（第1组：轴1、轴2、轴3；第2组：轴4、轴5、轴6）。

如果使用直线移动模式操作机器人，那么机器人就会如图6-61所示的一样移动。

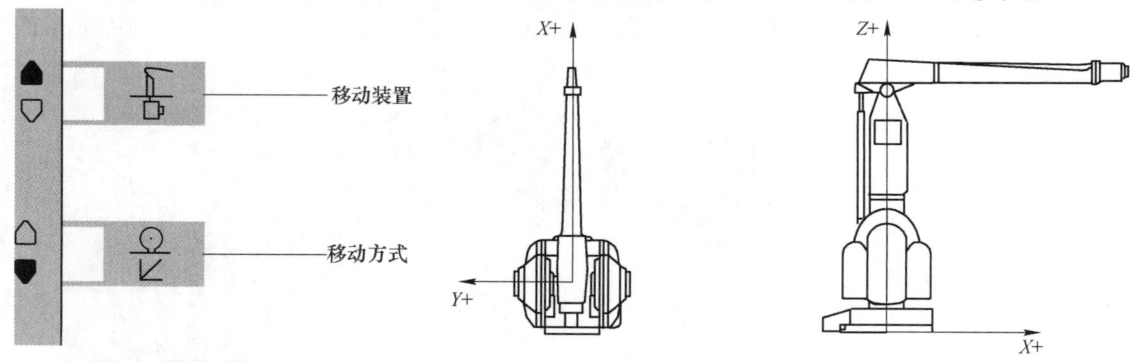

图6-60 选择机器人移动装置以及直线移动方式

图6-61 机器人坐标系的X、Y、Z轴

如图6-62所示，工具前端参照点会沿着坐标系统上的轴做直线运动，将该点称作Tool0。该点位于水平机械臂正面之上手腕的正面中央处。

将启动设备向里按下，打开“电动机启动”（MOTORS ON）按钮。现在，采用操纵杆来使机器人步行。如图6-63所示，站在机器人后面，（您会发现）Tool0沿着X、Y、Z轴做直线运动。

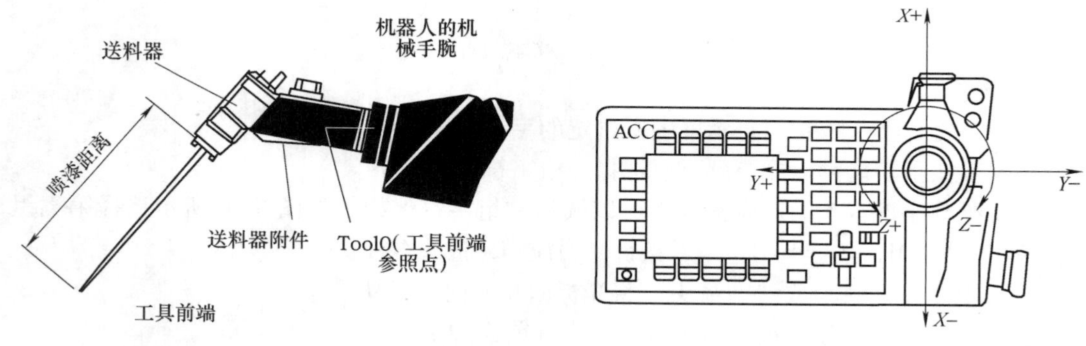

图6-62 Tool0的位置

图6-63 不同操纵杆偏转角度下的机器人移动方向

使机器人分别按照上述X、Y、Z轴对应的方向步行，也可以将操纵杆的不同偏转角度结合起来，让机器人同时向几个方向移动。

值得注意的是，机器人速度的快慢取决于移动操纵杆的频率周期大小。如果起动操纵杆的次数越多，那么机器人移动的速度就会越快。

2. 精确定位

按下“步行”（Jogging）键 即可打开“步行”窗口，如图6-64所示。

在示教器右侧面板采用下拉箭头将光标（阴影域）移动到“增量”（Incremental）域。

将光标移动到“增量”（Incremental）域后，选定“增量步行”（Incremental Jogging）功能。“增量步行”选择窗口如图 6-65 所示。

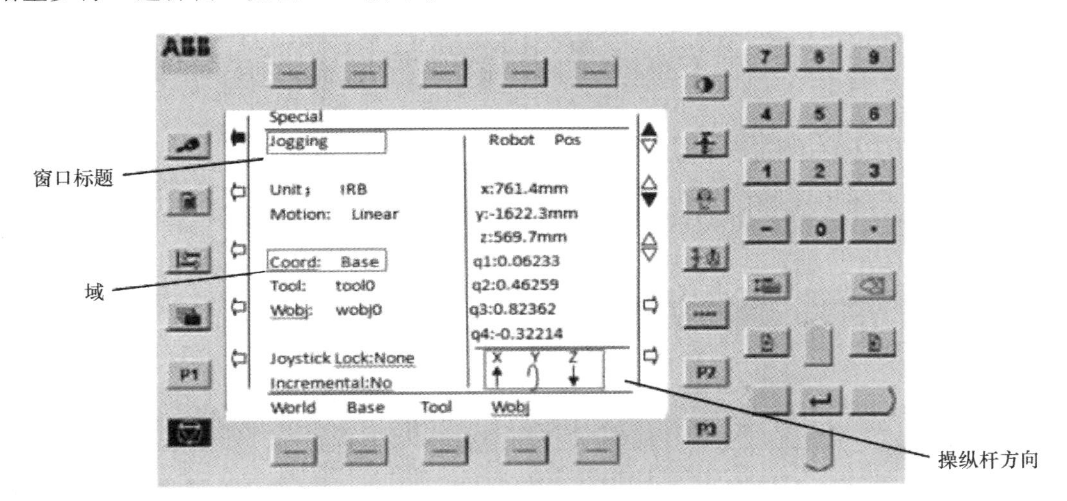

图 6-64 “步行”窗口

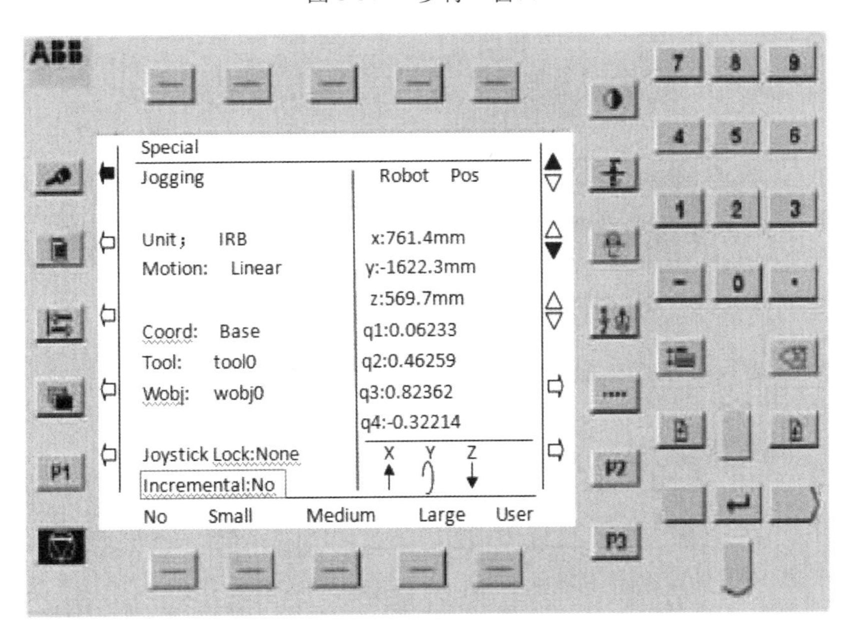

图 6-65 “增量步行”（Incremental Jogging）选择窗口

增量选项有“小”（Small）、“中”（Medium）、“大”（Large）或“用户”（User）功能键。选择任意一个选项，“增量步行”（Incremental Jogging）域内的“No”（否）就会被立刻取消而被新的选项代替。

每次移动一下操纵杆，机器人就会移动一步，移动的步幅（小、中、大或用户自定义）将取决于此处的选择。

同时也可以使用该键启动或中止“增量移动”。

（五）机器人控制器的关机

在机器人被关闭时，所有输出信号都将被设置为零，这可能会影响到供料器和周围设备。因此，在关闭机器人之前，请首先检查确保在工作区内的设备和人员不会受到任何伤害。

如果程序还在运行，那么只要按下示教编程器上的停止设备（Stop）键就可以停止该程序。

在完成这一切之后，切断主电源开关。

机器人的内存是由电池驱动的，因此在系统关闭时并不会受到影响。

具体关机操作如下：

按下按钮后，转到系统控制界面，按上下光标键选择第二项“Service”选项，如图6-66所示，再按“回车”键。

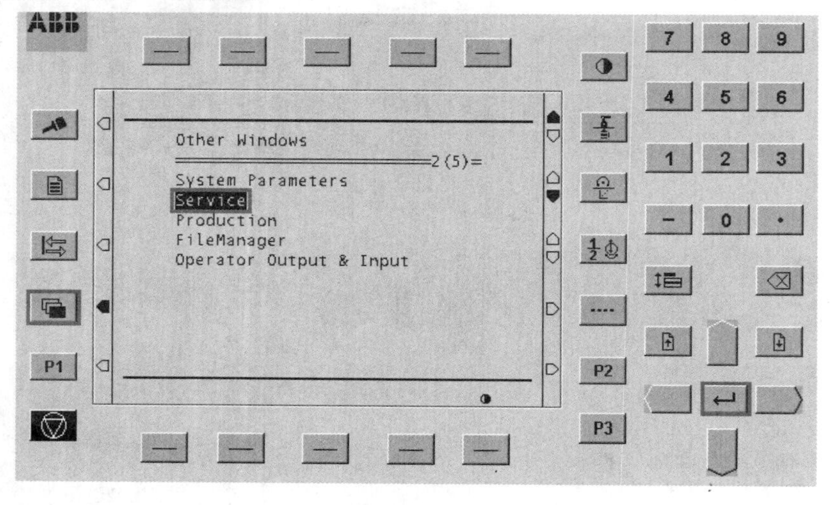

图6-66　关机操作步骤系统控制界面

按下“File”按钮，用光标键选择到“Shutdown”选项，如图6-67所示，再按回车键。

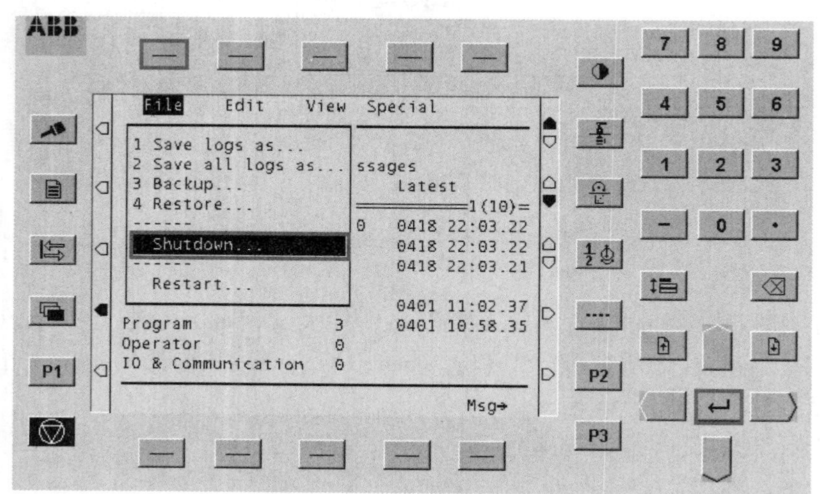

图6-67　关机操作步骤 File 界面

此时会出现下面的窗口，要求确认关机操作，如图 6-68 所示。如确实要关机，按 OK 键，如不想关机，可按 Cancel 键取消前面的操作。

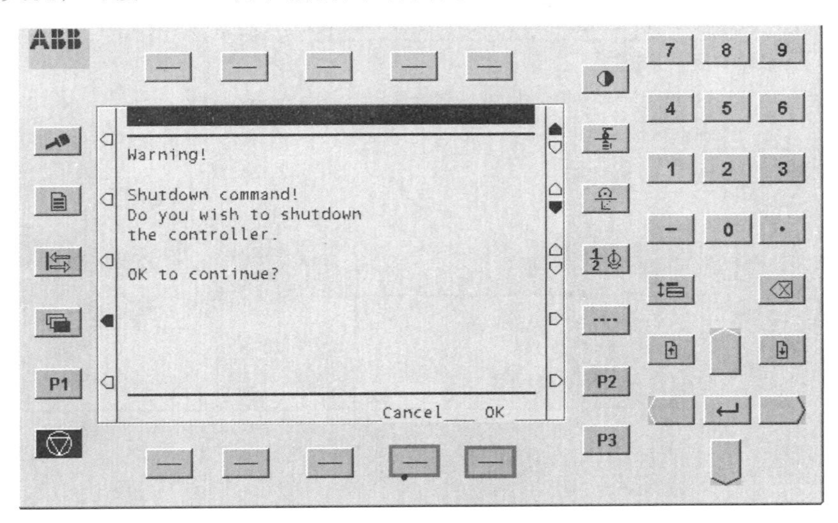

图 6-68　关机确认界面

按下确认键后控制器会进行关机准备操作，当有可以安全关闭控制器的提示后，即可将控制柜的主电源拨到“0”位置，关机完毕。

（六）机器人重启操作

当对机器人内部参数（如信号定义）做过修改后，要重新启动机器人才能使改动生效，这时就需要对机器人进行重启操作。

第一步与关机操作一样，第二步时选择“Restart”选项，如图 6-69 所示，回车确认。

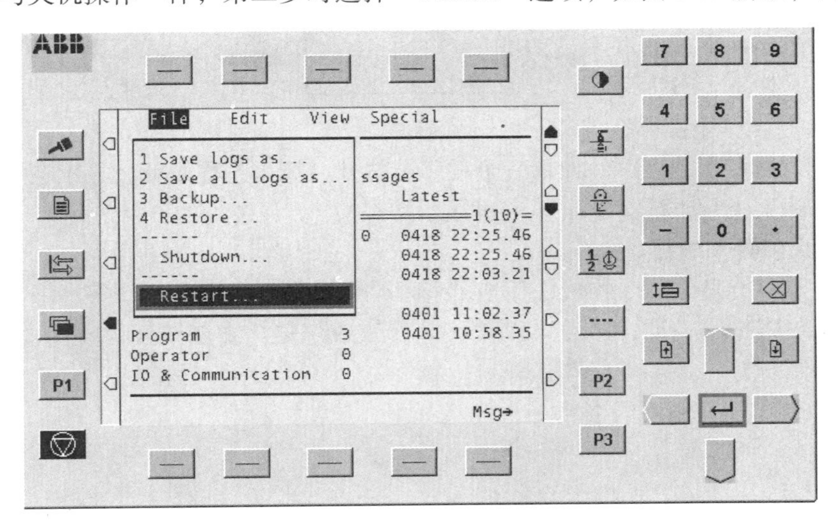

图 6-69　重启界面

这时也会出现关机操作类似的确认窗口，如图 6-70 所示，对操作进一步确认后点 OK 键。系统将自行重新启动，回到开机初始窗口。

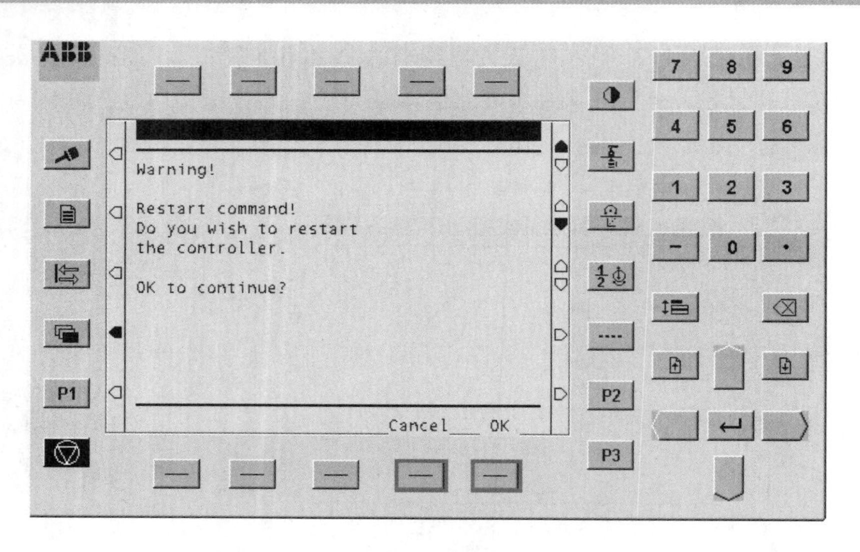

图 6-70　重启确认界面

三、ABB 喷涂机器人示教编程

ABB 机器人的程序采用 RAPID 编程语言进行编程。RAPID 是一种英文编辑语言，所包含的指令可以移动机器人、设定输出、读取输入，还能实现决策、重复其他指令、构造程序、与系统操作员交流等。一个 RAPID 语言编写的程序通常情况下由三个不同部分构成，一个主程序（总是存在的）以及大量的子程序和程序数据。每个程序只允许有一个主程序，如图 6-71 所示。

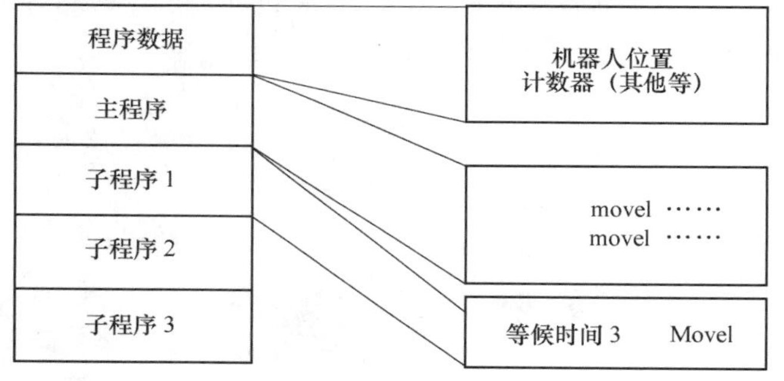

图 6-71　程序结构

如果打开一个程序，那么该程序就会取代机器人内存中的程序。如果一个程序被打开，那么主程序就会显示在显示屏上，同时主程序的第一个指令也被选定（呈突出显示状态）。

（一）喷涂机器人编程命令

子程序由不同类型的指令构成，比如“移动”指令、“等候”指令等。每个指令都跟随有不同的参数。根据其类型，参数可以被一同修改或忽略。在图 6-72 中显示了喷涂机器人编程一个指令示例。

在图 6-72 中，程序指令行各参数的含义如下：

1. PaintL

PaintL 是直线移动机器人指令的名称。

2. *

此位置为示教点的名称，* 为隐藏指令位置的值。

3. v1000

此位置为确定机器人的速度，v1000 是指机器人运行速度为 1000mm/s。

4. z50

此位置为确定机器人位置的精确度，参数确定机器人是否完全逼近示教点。

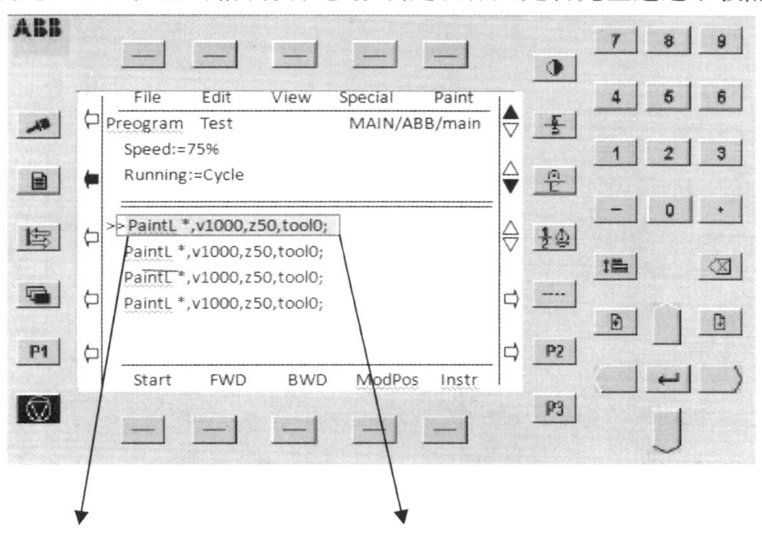

PaintL　*，v1000，z50，tool0；

图 6-72　“移动”指令示例

5. Tool0

此处指明哪个工具处于激活状态。Tool0 表示此处机器人使用的工具名称为 Tool0。

示教程序前要分析工件工艺要求，并以方便机器人运行的方向定位。示教时可以先在工件上规划出喷漆的路径，并用带颜色的笔标出，然后按照画出的路径示教程序。

（二）机器人运动速度的修改

除了在程序中设定机器人的运动速度外，在机器人运动前也可以修改其运动速度。

按下“列表”（List）按键，选定窗口的上半部分。

按下“－%”功能键，如图 6-73 就可以将速度降低到 75%。修改速度时，速度增量每次只能增加 5%。

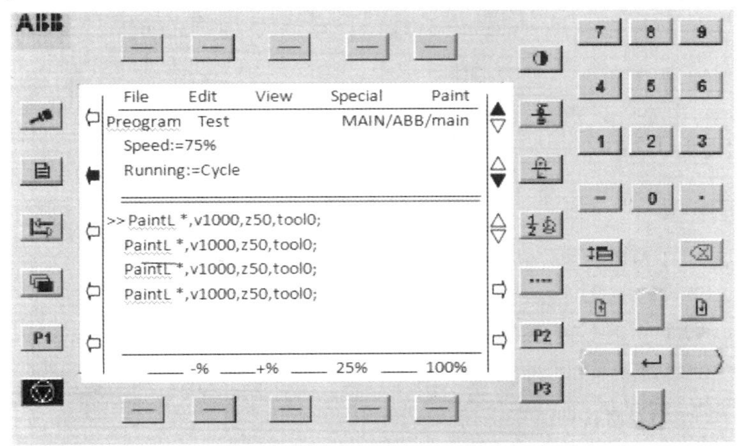

图 6-73　修改速度窗口

将光标返回到程序的第一行，回到运行程序窗口，如图 6-74 所示。此时机器人运动速度已经为原来的 75%。

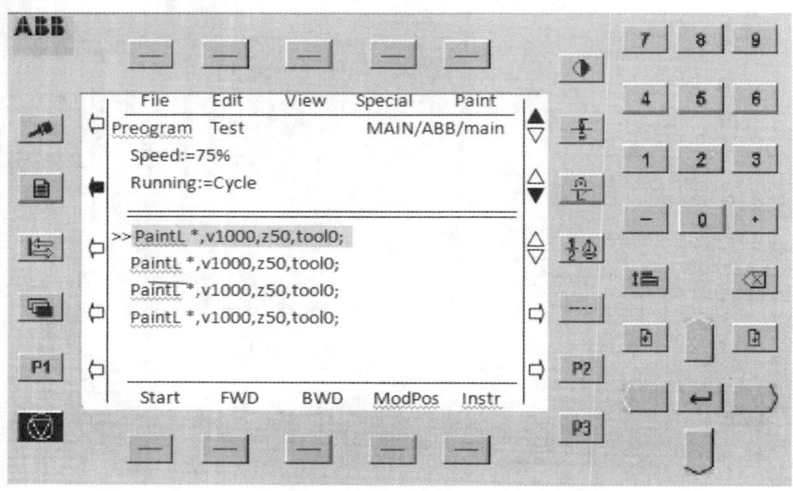

图 6-74 运行程序窗口

（三）喷漆量大小的调定

根据所喷涂工艺要求的不同，可以对喷漆量大小进行实时监控调节。在图 6-74 所示的运行程序窗口，打开“Paint”下拉菜单，对喷枪的喷漆量大小、喷漆的扇形面等参数进行调节，以实时达到不同的喷涂工艺要求。

示教过程中为保证工艺参数稳定，一定要尽量保持喷漆方向垂直于工件表面，同时距离、速度等基本保持恒定。

（四）程序调试过程

由于各个喷漆件的作业流程是一样的，程序调试人员要做的工作就是在相应的程序段上添加机器人的运动指令，并在调试完毕后保存。

为了保证机器人在运动过程中工艺的稳定（速度、距离恒定），需要定义喷枪喷射方向上某一点的用户工具坐标系（Tool User），并以此坐标系为当前坐标系示教程序。工具坐标系与喷漆运行速度分别定义，方便调整。

四、机器人程序运行

（一）运行程序

使用功能键使程序开始运行。其中所用功能键为：

1）“开始”（Start）。持续运行程序

2）“前进”（FWD）。前进到下一个指令

3）“后退”（BWD）。后退到下一个指令

4）“指令窗口”（INSTR - >）。再次选定程序指令窗口

按下“开始”（Start）、“前进”（FWD）或“后退”（BWD）这三个选项中的一个时，程序指示字（Program Pointer）会指出，采用哪一个指令，程序会开始运行。

值得注意的是，现在程序可以被运行启动了。因此，必须确保没有人在机器人周围的警戒区内。

只要按下启动设备并按下“前进”（FWD）功能键就可以开始运行程序。

程序开始运行后，一个单项指令会得到执行，然后程序会停止。按下“前进”（FWD）功能键就会进入到下一个指令，再按该功能键又会进入到再下一个指令，依次类推。

这样一个接一个地就可以执行完所有的程序指令。在机器人到位后，重复按下“前进”（FWD）功能键。

如果程序已经完成了最后一道指令，而仍然按下“前进”（FWD）功能键，那么程序又会从开始的指令重新开始运行。

如同以前的做法一样，将光标移动到“运行”（Running）域，然后改变到“循环”（Cycle）执行状态。然后再将光标返回到程序中。

按下“开始”（Start）键就可以开始运行程序了。

如果“循环”（Cycle）执行状态被选定，那么该程序就会一次性（一个周期）地被执行完。

然后再选定“持续”（Continuous）执行状态。

（二）停止程序

按下“示教编程器”装置上的“停止”（Stop）键，如图6-75所示，就可以停止程序。

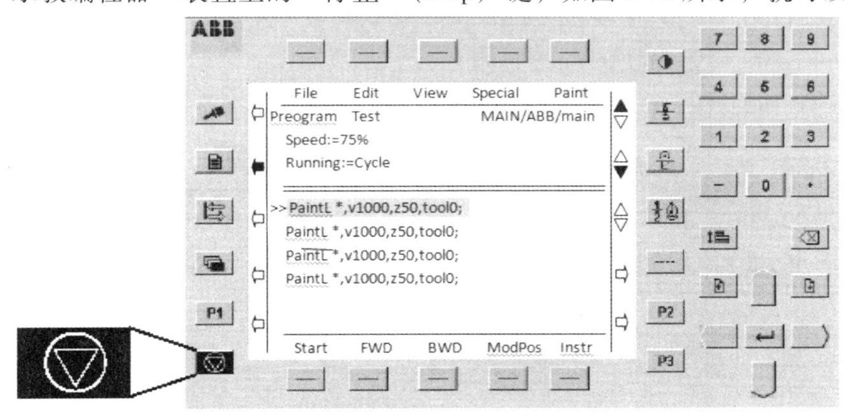

图6-75　“示教编程器”装置上的“停止”（Stop）键

五、机器人喷涂程序

ABB公司的IRB 540机器人是一种人性化的智能喷涂机器人，该机器人能最大程度地提高喷涂性能，降低生产成本，并能稳定维持优异的涂装品质，减少过喷现象，降低原料的耗用与浪费。如图6-76所示喷涂机器人，机器人本体应配有防护服，工作时应穿好防护服，以防止油漆及溶剂对机体污染和腐蚀。长时间处于备用状态时，必须及时清理防护服后穿戴好，保持机器人本体的清洁。

ABB喷涂机器人喷涂过程中，喷枪并不是一直处在打开状态，只有在工件上方需要出漆时喷枪才会打开，在不需要时，要及时关闭胶枪。ABB喷涂机器人有专用的喷涂指令“PaintL”。下面以喷涂机器人喷涂车灯为例，参考程序如下：

图 6-76　喷涂机器人工作环境

```
MODULE MAINModule
PROC Main
MoveJ phome,v1000,z100,tool1\wobj:=wobj1;    移动到系统待机位置,HOME 点位置
MoveJ p10,v1000,z100,tool1\wobj:=wobj1;      移动至喷涂起始位置的上方附近位置
MoveL p20,v200,fine,tool1\wobj:=wobj1;       移动至喷涂开始点位置
PaintL p30,v200,z10,tool1\wobj:=wobj1;       开启喷枪开始喷涂
PaintL p40,v200,z10,tool1\wobj:=wobj1;       喷涂至 p40 示教点
PaintL p50,v200,z10,tool1\wobj:=wobj1;       喷涂至 p50 示教点
……
MoveL p300,v200,z50,tool1\wobj:=wobj1;       移动至喷涂结束点位置
MoveL p310,v200,z50,tool1\wobj:=wobj1;       移动至喷涂起始位置的上方附近位置
MoveJ phome,v1000,z100,tool1\wobj:=wobj1;    移动到系统待机位置,HOME 点位置
ENDPROC
ENDMODULE
```

工业机器人离线编程及仿真

伴随着工业机器人的发展，机器人的语言也得到了发展和完善。机器人语言已经成为机器人技术的一个重要部分。工业机器人的功能除了依靠机器人硬件支持以外，相当一部分还需要依赖机器人语言来完成。早期的工业机器人由于功能单一、动作简单，可采用固定程序或示教方式来控制机器人的运动。随着机器人作业动作的多样化和作业环境的复杂化，依靠固定的程序或示教方式已经满足不了要求，必须依靠能适应作业和环境随时变化的机器人语言编程来完成机器人的工作。工业机器人的程序编制是机器人运动和控制的结合点，是实现人与机器人通信的主要方法，也是研究工业机器人系统的关键问题之一。

第一节　机器人的语言类型

一、对机器人的编程要求

（一）能够建立世界模型（World Model）

机器人编程需要一种描述物体在三维空间内运动的方法。存在具体的几何形式是机器人编程语言最普通的组成部分。物体的所有运动都以相对于基坐标系的工具坐标来描述。机器人语言应当具有对世界（环境）的建模功能。

（二）能够描述机器人的作业

对机器人作业的描述与其环境模型密切相关，描述水平决定了编程语言水平。其中以自然语言输入为最高水平。现有的机器人语言需要给出作业顺序，由语法和词法定义输入语言，并由它描述整个作业。

（三）能够描述机器人的运动

机器人编程语言的基本功能之一就是描述机器人需要进行的运动。用户能够运用语言中的运动语句，与规划器和发生器连接，允许用户规定路径上的点及目标点，决定是否采用点插补运动或笛卡儿直线运动。用户还可以控制运动速度或运动持续时间。

（四）允许用户规定执行流程

机器人编程系统允许用户规定执行流程，包括实验和转移、循环、调用子程序以至中断等，这与一般的计算机编程语言一样。

（五）要有良好的编程环境

一个好的计算机编程环境有助于提高程序员的工作效率。机械手的编程比较困难，其编程趋向于试探对话式。如果用户忙于应付连续重复的编译语言的编辑-编译-循环执行，那么其工作效率必然是低的。因此，现在大多数机器人编程语言含有中断功能，以便能够在程序开发和调试过程中每次执行只执行一条单独语句。典型的编程支撑（如文本编辑调试程序）和文件系统也是需要的。

（六）需要人机接口和综合传感信号

要求在编程和作业过程中，便于人与机器人之间进行信息交换，以便在运动出现故障时能及时处理，确保安全。而且，随着作业环境和作业内容复杂程度的增加，需要有功能强大的人机接口。

机器人语言一个极其重要的部分是与传感器相互作用。语言系统应能提供一般的决策结构，以便根据传感器的信息来控制程序的流程。

二、机器人编程语言的类型

机器人的语言尽管有很多分类方法，但根据作业描述水平的高低，通常可分为三级动作级、对象级、任务级。

（一）动作级编程语言

动作级语言是以机器人的运动为描述中心，通常由指挥夹手从一个位置到另一个位置的一系列命令组成。动作级语言的每个命令（指令）对应于一个动作。如可以定义机器人的运动序列（MOVE），基本语句形式为

MOVE TO（Destination）

动作级的语言代表是VAL语言，它的语句比较简单，易于编程。动作级语言的缺点是不能进行复杂的数学运算，不能接收复杂的传感信息，仅能接收传感器的开关信号，并且和其他计算机的通信能力很差。VAL语言不提供浮点数或字符串，而且子程序不含自变量。

动作级编程又可分为关节级编程和终端执行器级编程两种。

1. 关节级编程

关节级编程程序给出机器人各关节位移的时间序列。这种程序可以用汇编语言、简单的编程指令实现，也可通过示教器示教或者键入示教实现。

关节级编程是一种在关节坐标系中工作的初级编程方法，用于直角坐标型机器人和圆柱坐标型机器人编程。

2. 终端执行器级编程

终端执行器级编程是一种在作业空间内直角坐标系里工作的编程方法。

终端执行器级编程程序给出机器人终端执行器的位姿和辅助机能的时间序列，包括力觉、触觉、视觉等机能以及作业用量、作业工具的选定等。这种语言的指令系统由系统软件解释执行。可提供简单的条件分支，可应用子程序，并提供较强的感受处理功能和工具使用功能，这类语言有的还具有并行功能。

（二）对象级编程语言

对象级语言解决了动作级语言的不足，它是描述操作物体间的关系使机器人动作的语言，即是以描述操作物体之间的关系为中心的语言，这类语言有AML、AUTOPASS等。

AUTOPASS是一种用于计算机控制下进行机械零件装配的自动编程系统，这一编程系统面对对象级装配操作，而不直接面对装配机器人的运动。

（三）任务级编程语言

任务级语言是比较高级的机器人语言，这类语言允许使用者对工作任务所要求达到的目

标直接下命令，不需要规定机器人所做的每个动作的细节。只要按某种原则给出最初的环境模型和最终工作状态，机器人可自动进行推理、计算，最后自动生成机器人的动作。任务级语言的概念类似于人工智能中程序自动生成的概念。任务级机器人编程系统能够自动执行许多规划任务。

各种机器人编程语言有不同的设计特点，它们是由许多因素决定的。这些因素包括：

1）语言模式，如文本、清单等。

2）语言形式，如子程序、新语言等。

3）几何学数据形式，如坐标系、关节转角、矢量变换、旋转以及路径等。

4）旋转矩阵的规定与表示，如旋转矩阵、矢量角、四元数组、欧拉角以及滚动-偏航-俯仰角等。

5）控制多个机械手的能力。

6）控制结构，如状态标记等。

7）控制模式，如位置、偏移力、柔顺运动、视觉伺服、传送带及物体跟踪等。

8）运动形式，如两点间的坐标关系、两点间的直线、连接几个点、连续路径、隐式几何图形等。

9）信号线，如二进制输入/输出、模拟输入/输出等。

10）传感器接口，如视觉、力/力矩、接近度传感器和限位开关等。

11）支援模块，如文件编辑程序、文件系统、解释程序、编译程序、模拟程序、宏程序、指令文件、分段联机、差错联机等。

12）调试性能，如信号分级变化、中断点和自动记录等。

第二节　机器人的语言系统

一、机器人语言系统的结构

如同其他计算机语言一样，机器人语言实际上是一个语言系统，机器人语言系统既包含语言本身——给出作业指示和动作指示，同时又包含处理系统——根据上述指示来控制机器人系统。机器人语言系统如图 7-1 所示，它能够支持机器人编程、控制，以及与外围设备、

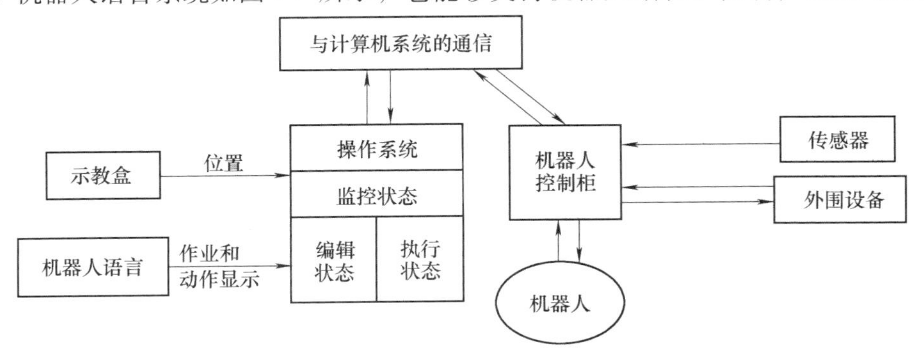

图 7-1　机器人语言系统

传感器和机器人接口；同时还支持和计算机系统的通信。

机器人的语言系统包括三个基本的操作状态：监控状态；编辑状态；执行状态。

监控状态是用来进行整个系统的监督和控制的。在监控状态，操作者可以用示教器定义机器人在空间的位置，设置机器人的运动速度，存储和调出程序等。

编辑状态是提供操作者编制程序或编辑程序的。尽管不同语言的编辑操作不同，但一般均包括写入指令、修改或删除指令以及插入指令等。

执行状态是用来执行机器人程序的。在执行状态，机器人执行程序的每一条指令，操作者可通过调试程序来修改错误。例如，在程序执行过程中，某一位置关节角超过限制，因此机器人不能执行，在 CRT 上显示错误信息，并停止运行。操作者可返回到编辑状态修改程序。大多数机器人语言允许在程序执行过程中，直接返回到监控或编辑状态。

和计算机编程语言类似，机器人语言程序可以编译，即把机器人源程序转换成机器码，以便机器人控制柜能直接读取和执行；编译后的程序，运行速度将大大加快。

二、机器人编程语言的基本功能

机器人的任务程序员通过编程能够指挥机器人系统去完成的分立单一动作就是基本程序功能。例如把工具移动至某一指定位置，操作末端执行装置，从传感器或手动输入装置读数等。机器人工作站系统程序员的责任是选用一套对作业程序员工作最有用的基本功能。这些基本功能包括运算、决策、通信、机械手运动、工具指令以及某些简单的传感器数据处理功能。

（一）运算

在作业过程中执行的规定运算能力是机器人控制系统的最重要能力之一。如果机器人未装有任何传感器，那么就可能不需要对机器人程序规定什么运算。没有传感器的机器人只不过是一台适于编程的数控机器。

装有传感器的机器人所进行的一些最有用的运算是解析几何计算。这些运算结果能使机器人自行做出决定在下一步把工具或夹手置于何处。

（二）决策

机器人系统能够根据传感器输入信息做出决策，而不必执行任何运算。用未处理的传感器数据计算得到的结果，是做出下一步该干什么这类决策的基础。这种决策能力使得机器人控制系统的功能更强有力。

（三）通信

机器人系统与操作人员之间的通信能力，允许机器人要求操作人员提供信息、告诉操作者下一步该干什么，以及让操作者知道机器人打算干什么。人与机器能够通过许多不同方式进行通信。

（四）机械手运动

可用许多方法来规定机械手的运动。最简单的方法是向各关节伺服装置提供一组关节的位置，然后等待伺服装置到达这些规定位置。比较复杂的方法是在机械手工作空间内插入一些中间位置。这种程序使所有关节同时开始运动和同时停止运动。用于机械手的形状无关的坐标来表示工具位置是更先进的方法，而且（除 *X-Y-Z* 机械手外）需要用一台计算机对解答进行计算。在笛卡儿空间内插入工具位置能使工具端点沿着路径跟随轨迹平滑运动。引入一个参考坐标系，用以描述工具位置，然后让该坐标系运动。这对许多情况是很方便的。

（五）工具指令

一个工具控制指令通常是由闭合某个开关或继电器而开始触发的，而继电器又可能把电器连通或断开，以直接控制工具运动，或者送出一个小功率信号给电子控制器，让后者去控制工具。直接控制是最简单的方法，而且对控制系统的要求也较少。可以用传感器来感受工具运动及其功能的执行情况。

（六）传感器数据处理

用于机械手控制的通用计算机只有与传感器连接起来，才能发挥其全部效用。传感器具有多种形式，按照功能，把传感器概括如下：

1）内体感受器用于感受机械手或其他由计算机控制的关节式机构的设置。

2）触觉传感器用于感受工具与物体（工件）间的实际接触。

3）接近度或距离传感器用于感受工具至工件或障碍物的距离。

4）力和力矩传感器用于感受装配时所产生的力和力矩。

5）视觉传感器用于“看见”工作空间内的物体，确定物体的位置或识别他们的形状等。

传感器数据处理是许多机器人程序编制十分重要而又复杂的组成部分。

三、常用的机器人编程语言

（一）VAL 语言及特点

VAL 语言是美国 Unimation 公司于 1979 年推出的一种机器人编程语言，主要配置在 PUMA 和 Unimation 等型机器人上，是一种专用的动作类描述语言。VAL 语言是在 BASIC 语言的基础上发展起来的，所以与 BASIC 语言的结构很相似。在 VAL 的基础上 Unimation 公司推出了 VALⅡ语言。

VAL 语言可应用于上下两级计算机控制的机器人系统。上位机为 LSI-11/23，编程在上位机中进行，上位机进行系统的管理；下位机为 6503 微处理器，主要控制各关节的实时运动。编程时可以 VAL 语言和 6503 汇编语言混合编程。

VAL 语言命令简单，清晰易懂，描述机器人作业动作及与上位机的通信均较方便，实时功能强；可以在在线和离线两种状态下编程，适用于多种计算机控制的机器人；能够迅速地计算出不同坐标系下复杂运动的连续轨迹，能连续生成机器人的控制信号，可以与操作者交互地在线修改程序和生成程序；VAL 语言包含有一些子程序库，通过调用各种不同的子程序可很快组合成复杂操作控制；能与外部存储器进行快速数据传输，以保存程序和数据。

VAL 语言系统包括文本编辑、系统命令和编程语言三个部分。

在文本编辑状态下可以通过键盘输入文本程序，也可通过示教盒在示教方式下输入程序。在输入过程中可修改、编辑、生成程序，最后保存到存储器中。在此状态下也可以调用已存在的程序。

系统命令包括位置定义、程序和数据列表、程序和数据存储、系统状态设置和控制、系统开关控制、系统诊断和修改。

编程语言把一条条程序语句转换执行。

（二）SIGLA 语言

SIGLA 是一种仅用于直角坐标系 SIGMA 装配型机器人运动控制时的一种编程语言，是 20 世纪 70 年代后期由意大利 Olivetti 公司研制的一种简单的非文本语言。

这种语言主要用于装配任务的控制，它可以把装配任务划分为一些装配子任务，如取旋具，在螺钉上料器上取螺钉 A、搬运螺钉 A、定位螺钉 A、装入螺钉 A、紧固螺钉等。编程时预先编制子程序，然后用子程序调用的方式来完成。

（三）IML 语言

IML 也是一种着眼于末端执行器的动作级语言，由日本九州大学开发而成。IML 语言的特点是编程简单，能人机对话，适合于现场操作，许多复杂动作可由简单的指令来实现，易被操作者掌握。

IML 用直角坐标系描述机器人和目标物的位置和姿态。坐标系分两种，一种是机座坐标系，一种是固连在机器人作业空间上的工作坐标系。语言以指令形式编程，可以表示机器人的工作点、运动轨迹、目标物的位置及姿态等信息，从而可以直接编程。往返作业可不用循环语句描述，示教的轨迹能定义成指令插到语句中，还能完成某些力的施加。

IML 语言的主要指令有：运动指令 MOVE、速度指令 SPEED、停止指令 STOP、手指开合指令 OPEN 及 CLOSE、坐标系定义指令 COORD、轨迹定义命令 TRAJ、位置定义命令 HERE、程序控制指令 IF…THEN、FOR EACH 语句、CASE 语句及 DEFINE 等。

（四）AL 语言

AL 语言是 20 世纪 70 年代中期美国斯坦福大学人工智能研究所开发研制的一种机器人语言，它是在 WAVE 的基础上开发出来的，也是一种动作级编程语言，但兼有对象级编程语言的某些特征，适用于装配作业。它的结构及特点类似于 PASCAL 语言，可以编译成机器语言在实时控制机上运行，具有实时编译语言的结构和特征，如可以同步操作、条件操作等。AL 语言设计的原始目的是用于具有传感器信息反馈的多台机器人或机械手的并行或协调控制编程。

运行 AL 语言的系统硬件环境包括主、从两级计算机控制，主机内的管理器负责管理协调各部分的工作，对机器人的动作进行规划；编译器负责对 AL 语言的指令进行编译并检查程序；实时接口负责主、从机之间的接口连接，装载器负责分配程序。从机接收主机发出的动作规划命令，进行轨迹及关节参数的实时计算，最后对机器人发出具体的动作指令。

第三节　工业机器人离线编程与仿真

机器人编程技术已经成为机器人技术向智能化发展的关键技术之一。尤其令人瞩目的是机器人离线编程（Off-line Programming）系统。离线编程可以帮助工程技术人员远程操作解决现场问题等。

一、离线编程的特点和主要内容

早期的机器人主要用于大批量生产，如自动线上的点焊、喷涂等操作，因为编程所花费的时间相对较少，示教编程可以满足这些机器人作业的要求。随着机器人应用范围的扩大和所完成任务复杂程度的提高，在中、小批量生产中，用示教方式编程就很难满足要求。在CAD/CAM/机器人一体化系统中，由于机器人工作环境的复杂性，对机器人及其工作环境乃至生产过程的计算机仿真必不可少。机器人仿真系统的任务就是在不接触实际机器人及其工作环境的情况下，通过图形技术，提供一个和机器人进行交互作用的虚拟环境。

机器人离线编程系统是机器人编程语言的拓广，它利用计算机图形学的成果，建立起机器人及其工作环境的模型，再利用一些规划算法，通过对图形的控制和操作，在离线的情况下进行轨迹规划。机器人离线编程系统已经被证明是一个有力的工具，用以增加安全性，减少机器人非工作时间和降低成本等。表7-1给出了示教编程和离线编程两种方式的比较。

表7-1　两种机器人编程的比较

示教编程	离线编程
需要实际机器人系统和工作环境	需要机器模型和工作环境的图形模型
编程时机器人停止工作	编程不影响机器人工作
在实际系统上试验程序	通过仿真试验程序
编程的质量取决于编程者的经验	可用CAD方法，进行最佳轨迹规划
很难实现复杂的机器人运动轨迹	可实现复杂运动轨迹的编程

（一）离线编程的优点

与在线示教编程相比，离线编程系统具有如下优点：

1）可减少机器人非工作时间，当对下一个任务进行编程时，机器人仍可在生产线上工作。

2）使编程者远离危险的工作环境。

3）使用范围广，可以对各种机器人编程。

4）便于和CAD/CAM系统结合，做到CAD/CAM/机器人一体化。

5）可使用高级计算机编程语言对复杂任务进行编程。

6）便于修改机器人程序。

机器人语言系统在数据结构的支持下，可用符号描述机器人的动作，一些机器人语言也具有简单的环境构型功能。但由于目前的机器人语言都是动作级和对象级语言，因而编程工作是相当冗长繁重的。高水平的任务级语言系统目前还在研制中，任务级语言系统除了要求更加复杂的机器人环境模型支持外，还需要利用人工智能技术，以自动生成控制决策和产生运动轨迹。因此可把离线编程系统看作动作级和对象级语言图形方式的延伸，是把动作级和对象级语言发展到任务级语言所必须经过的阶段。从这点来看，离线编程系统是研制任务级编程系统很重要的一个基础。

（二）离线编程系统的主要内容

离线编程系统不仅是机器人实际应用的一个必要手段，也是开发和研究任务规划的有力工具。通过离线编程可建立起机器人与CAD/CAM之间的联系。设计离线编程系统应考虑以下几方面的内容：

1）机器人工作过程的知识。

2）机器人和工作环境三维实体模型。

3）机器人几何学、运动学和动力学知识。

4）基于图形显示和能够进行机器人运动图形仿真的关于上述1）、2）、3）的软件系统。

5）轨迹规划和检查算法，如检查机器人关节超限、检测碰撞、规划机器人在工作空间的运动轨迹等。

6）传感器的接口和仿真，以利用传感器的信息进行决策和规划。

7）通信功能，进行从离线编程系统所生成的运动代码到各种机器人控制柜的通信。

8）用户接口，提供有效的人机界面，便于人工干预和进行系统的操作。

此外，由于离线编程系统的编程是采用机器人系统的图形模型来模拟机器人在实际环境中的工作，因此，为了使编程结果能很好地符合于实际情况，系统应能计算仿真模型和实际模型之间的误差，并尽量减小这一误差。

二、机器人离线编程系统的结构

机器人离线编程系统结构如图7-2所示，它主要由用户接口、机器人系统构型、运动学计算、轨迹规划、动力学仿真、并行操作、传感器仿真、通信接口和误差校正九部分组成。

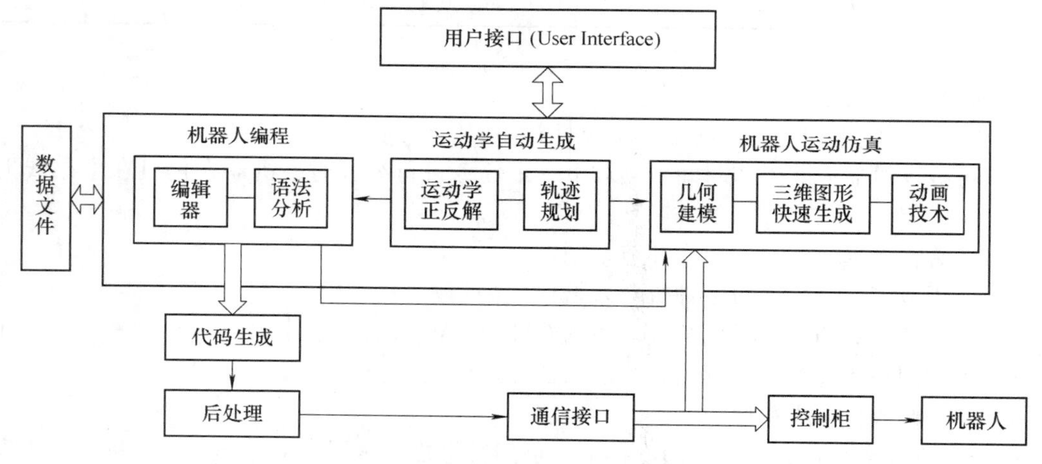

图7-2　机器人离线编程系统结构

（一）用户接口

离线编程系统的一个关键问题是能否方便地产生机器人编程系统的环境，便于人机交互。工业机器人一般提供两个用户接口：一个用于示教编程，另一个用于语言编程。示教编程可以用示教盒直接编制机器人程序；语言编程则是用机器人语言编制程序，使机器人完成给定的任务。目前这两种方式已广泛地应用于工业机器人。

作为机器人语言的发展，离线编程系统把机器人语言作为用户接口的一部分，用机器人语言对机器人运动程序进行修改和编辑。用户接口的语言部分具有机器人语言类似的功能，因此在离线编程系统中需要仔细设计。

另外用户接口的一个重要部分是对机器人系统进行图形编辑。为便于操作，用户接口一般设计成交互式。一个好的用户接口，可帮助用户方便地进行整个系统的构型和编程操作。

（二）机器人系统的三维构型

目前用于机器人系统的构型主要有以下三种方式：结构立体几何表示；扫描变换表示；边界表示。

机器人离线编程系统的核心技术是机器人及其工作单元的图形描述。构造工作单元中的机器人、夹具、零件和工具的三维几何模型，最好采用零件和工具的 CAD 模型，直接从 CAD 系统获得，使 CAD 数据共享。正因为从设计到制造的这种 CAD 集成越来越急需，所以离线编程系统应包括 CAD 构型子系统或把离线编程系统本身作为 CAD 系统的一部分。若把离线编程系统作为单独的系统，则必须具有适当的接口来实现构型与外部 CAD 系统的转换。

（三）运动学计算

运动学计算分运动学正解和运动学反解两部分。正解是给出机器人运动参数和关节变量，计算机器人末端位姿；反解则是由给定的末端位姿计算相应的关节变量值。在离线编程系统中，应具有自动生成运动学正解和反解的功能。

就运动学反解而言，离线编程系统与机器人控制柜的联系有两种选择：一是用离线编程系统代替机器人控制柜的逆运动学，将机器人关节坐标值通信给控制柜；二是将笛卡儿坐标值输出给控制柜，由控制柜提供的逆运动学方程求解机器人的形态。

（四）轨迹规划

离线编程系统除了对机器人静态位置进行运动学计算外，还对机器人在工作空间的运动轨迹进行仿真。由于不同的机器人厂家所采用的轨迹规划算法差别很大，离线编程系统应对机器人控制柜中所采用的算法进行仿真。

机器人的运动轨迹分为自由移动（仅由初始状态和目标状态定义）和依赖于轨迹的约束运动两种类型。约束运动受到路径约束，受到运动学和动力学约束，而自由移动没有约束条件。

轨迹规划器采用轨迹规划算法，如关节空间的插补、笛卡儿空间的插补计算等。同时，为了发挥离线编程系统的优点，轨迹规划器还应具备可达空间的计算，碰撞的检测等功能。

（五）动力学仿真

当机器人跟踪期望的运动轨迹时，如果所产生的误差在允许范围内，则离线编程系统可以只从运动学的角度进行轨迹规划，而不考虑机器人的动力学特性。但是，如果机器人工作在高速和重负载的情况下，则必须考虑动力学特性，以防止产生比较大的误差。

快速有效地建立动力学模型是机器人实时控制及仿真的主要任务之一，从计算机软件设计的观点看，动力学模型的建立可分为数字法、符号法和解析（数字-符号）法三类。

（六）并行操作

离线编程系统应能对多个装置进行仿真。并行操作是在同一时刻对多个装置工作进行仿真的技术。进行并行操作，以提供对不同装置工作过程进行仿真的环境。

在执行过程中，首先对每一装置分配并联和串联存储器。如果可以分配几个不同处理器共一个并联存储器，则可使用并行处理，否则应该在各存储器中交换执行情况，并控制各工作装置运动程序的执行时间。由于一些装置与其他装置是串联工作的，并且并联工作装置也可能以不同的采样周期工作，因此常需使用装置检查器，以便对各运动装置工作进行仿真。

（七）传感器仿真

在离线编程系统中，对传感器进行构型以及能对装有传感器的机器人的误差校正进行仿真是很重要的。传感器主要分局部和全局两类，局部传感器有力觉、触觉和接近觉等传感器，全局传感器有视觉等传感器。传感器功能可以通过几何图形仿真获取信息。

传感器的仿真主要涉及几何模型间干涉（相交）检验问题。力觉传感器的仿真比触觉和接近觉要复杂，它除了要检验力传感器的几何模型和物体间的相交外，还需计算出两者相交的体积，根据相交体积的大小可以定量地表征出实际力传感器所测力和数值。

（八）通信接口

在离线编程系统中通信接口起着连接软件系统和机器人控制柜的作用。利用通信接口，可以把仿真系统所生成的机器人运动程序转换成机器人控制柜可以接收的代码。

离线编程系统实用化的一个主要问题是缺乏标准的通信接口。标准通信接口的功能是可以将机器人仿真程序转化成各种机器人控制柜可接收的格式。

为了解决这个问题，一种办法是选择一种较为通用的机器人语言，然后通过对该语言加工（后置处理），使其转换成机器人控制柜可接收的语言。另外一种办法是将离线编程的结果转换成机器人可接收的代码，这种方法需要一种翻译系统，以快速生成机器人运动程序代码。

（九）误差校正

离线编程系统中的仿真模型（理想模型）和实际机器人模型存在误差，产生误差的原因很多。

目前误差校正的方法主要有两种：一是用基准点方法，即在工作空间内选择一些基准点（一般不少于三点），这些基准点具有比较高的位置精度，由离线编程系统规划使机器人运动到这些基准点，通过两者之间的差异形成误差补偿函数；二是利用传感器（力觉或视觉等）形成反馈，在离线编程系统所提供机器人位置的基础上，局部精确定位靠传感器来完成。第一种方法主要用于精度要求不太高的场合（如喷涂），第二种方法用于较高精度的场合（如装配）。

第八章 工业机器人工作站及生产线

工业机器人在自动化生产线的使用中往往以工作站的形式出现。所谓机器人工作站，即在某生产工位，由一台或多台机器人、工装夹具、辅助设备、输送设备等，共同完成工件的加工过程。因此，要保证机器人工作站的正常作业，不仅要对机器人的工作原理及本体结构有所了解，同时还应对机器人外围设备及其与机器人之间的关系都有所掌握。

第一节　弧焊机器人工作站

弧焊机器人工作站一般由机器人系统、焊接系统、工装夹具（变位机）系统三部分组成。当有多台机器人时，还应有中央控制系统（可编程序控制器 PLC 控制）。弧焊多用于汽车零部件的焊接生产，在摩托车、工程机械、农业机械以及家电产品中也有应用。

一、普通弧焊机器人工作站

普通弧焊机器人工作站包括机器人系统、焊接系统、工装夹具及安全保护装置。

机器人系统包括机器人本体、机器人控制柜、示教盒、防撞传感器、机器人底座等。焊接系统包括弧焊电源和接口、送丝机、焊丝盘支架、送丝软管、焊枪、防撞装置、保护气管及气体罐。安全保护设施包括围栏、安全门和排烟罩等，必要时可再加一套焊枪喷嘴清理及剪丝装置。工作站的特点是：将加工工件放在工装夹具中固定好，机器人持焊枪进行焊接作业，在焊接过程中，工件固定不动。这是一种最简单经济的弧焊机器人工作站。

二、可变位弧焊机器人工作站

这种工作站与普通弧焊机器人工作站不同的是，工件在焊接过程中是可以改变位置和姿态的，因此固定工件的工装夹具由变位机来替代，可实现工件在 2 ~ 3 个自由度的位置变化，如图 8-1 所示。在焊接过程中机器人与变位机的动作要相互协调，以达到最好的焊接效果。

三、多台机器人工作站

多台机器人工作站可以在单台机器人工作站基础上，增加一台搬运装配机器人，进行上下料搬运操作，还可以将待焊工件组装起来，由焊接机器人焊接，也可以让搬运机器人充当变位机，夹持工件变位焊接。

多台机器人弧焊工作站实例：

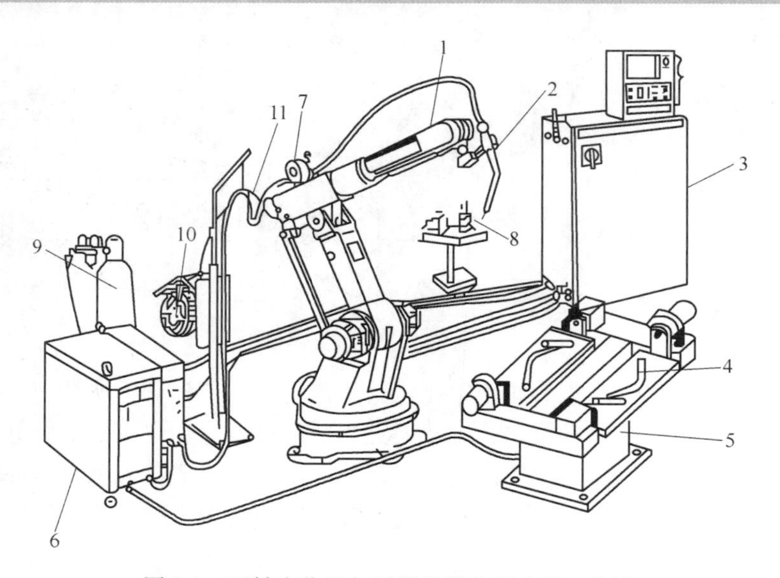

图 8-1　两轴变位机与弧焊机器人组成的工作站

1—机器人本体　2—焊枪　3—机器人控制柜　4—工件　5—三轴变位机　6—焊接电源
7—送丝机　8—焊枪清理装置　9—保护气瓶　10—焊丝盘支架　11—送丝软管及保护气管

（一）工作站硬件构成

图 8-2 所示为汽车消声器的机器人弧焊工作站，其中有两台机器人，一台为日本安川公司的 MOTOMAN 焊接机器人及控制柜，另一台为日本 FANUC 搬运、装配机器人及控制柜，在两台机器人之间为变位机，工件固定在变位机上，变位机可以做水平转动和上下翻转两个自由度的转动。除了机器人，工作站还包括焊接系统，中央控制台，机器人控制柜，上、下料台，空压机及气路。

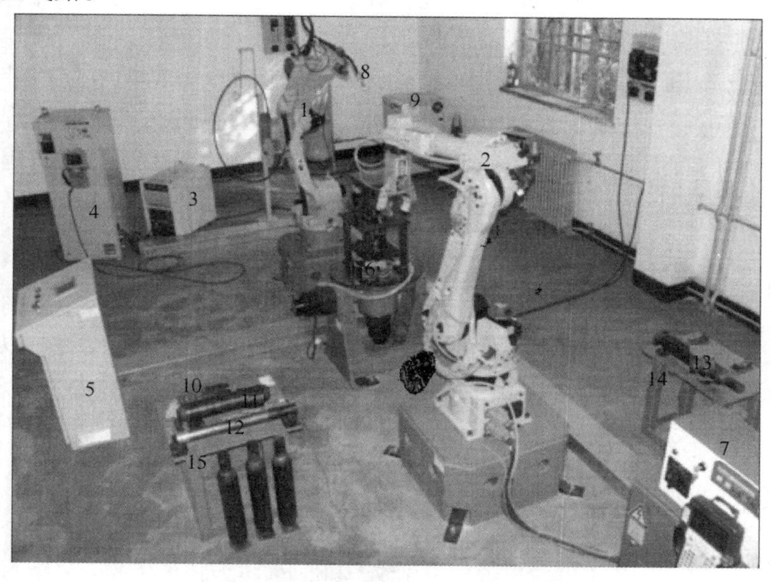

图 8-2　多台机器人弧焊工作站

1—焊接机器人　2—搬运机器人　3—焊接电源　4—焊接机器人控制柜　5—控制台
6—变位机　7—搬运机器人控制柜　8—焊枪　9—空压机　10—消声器法兰盘
11—消声器外筒　12—消声器内筒　13—加工好的工件　14—下料台　15—上料台

（二）工作过程

该站的焊接成品是吉普车消声器，是将消声器的法兰盘、内筒、外筒焊接在一起。工作站的启动信号通过控制台上触摸屏给出，搬运机器人在检测到工件在上料台上后，首先将消声器的法兰盘搬运到变位机上由夹具夹紧，之后机器人将消声器内筒搬运至法兰盘上，再将消声器外筒与内筒装配在一起，由夹具夹紧，搬运机器人回到准备位置。焊接机器人开始焊接第一道焊缝——内筒与外筒间的焊缝，同时变位机旋转配合焊接。第一道焊缝完成后，搬运机器人将焊好的内、外筒倒置放到法兰盘上，夹具夹紧后，焊接机器人开始焊接外筒与内筒之间的第二道焊缝，同时变位机旋转。之后，焊接机器人开始焊接内筒与法兰盘间的焊缝，同时变位机旋转配合焊接。第三道焊缝完成后，搬运机器人将焊好的成品搬运到下料台放好，回到准备位置。

（三）PLC 控制系统构成

该系统中央控制器为西门子 300 系列 PLC，CPU314 控制弧焊机器人及搬运机器人的动作顺序，两台机器人的运行情况和故障紧急情况都会实时传送到 PLC 中，同样，操作人员的启动、停止命令及紧急停车命令，也会通过 PLC 传送到两台机器人控制柜中。

PLC 的系统控制结构如图 8-3 所示。

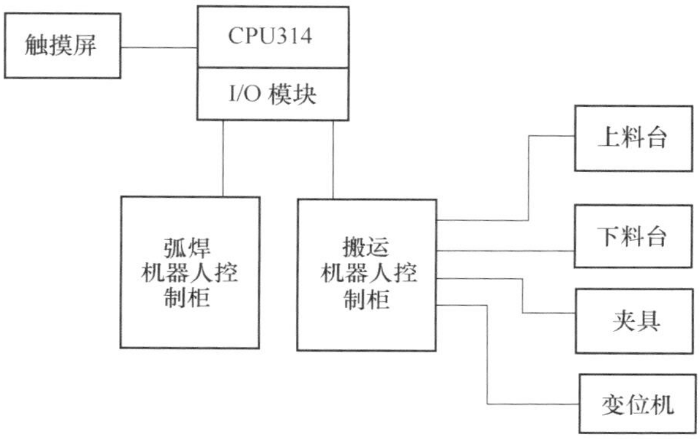

触摸屏
CPU314
I/O 模块
弧焊机器人控制柜
搬运机器人控制柜
上料台
下料台
夹具
变位机

图 8-3　弧焊搬运机器人工作站 PLC 控制结构

（四）工作站各部分硬件及功能

1. 弧焊系统

弧焊系统分为机器人部分和焊接部分，如图 8-4 所示。

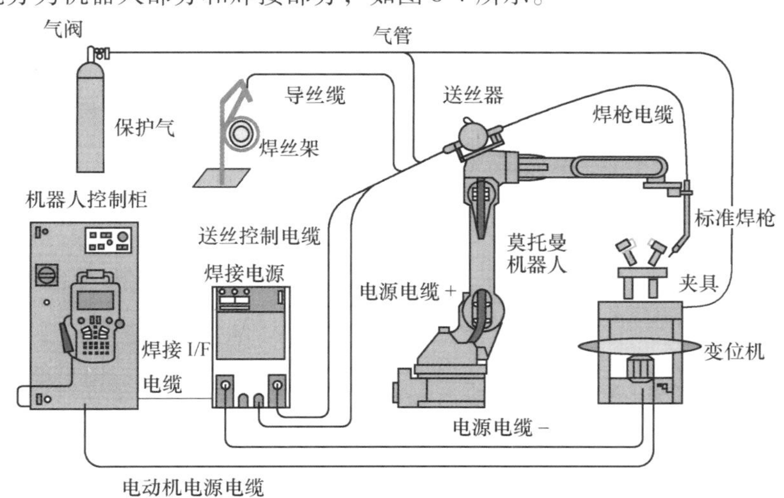

图 8-4　弧焊系统示意图

（1）机器人部分　系统中机器人采用的是日本安川公司的 MOTOMAN UP6 20kg 机器人，

机器人控制器为XRC，该控制器可以同时控制27个轴进行动作，其中包括三台机器人以及九个外部轴。将机器人的各种受控的轴按轴组区分。每个装置的轴为一个轴组。一台机器人的所有轴，属于一个轴组，一个变位机的轴，又属于另一个轴组。比如，一台控制器控制了两台机器人、三台变位机则共有五个轴组，分别为机器人1轴组、机器人2轴组、变位机1轴组、变位机2轴组、变位机3轴组。

UP机器人轴组控制方式十分灵活。一台XRC控制器可以实现各个轴组的多种控制方式。

1）同时执行几个程序，每个程序控制不同的轴组，各自完成不同的工作任务。

2）执行一个程序，该程序中包括几个轴组，每个轴组单独动作，各自完成不同的工作。

3）执行一个程序，该程序中包括几个轴组，轴组之间的动作互相协调，实现特殊的动作要求。

具体控制方式的选用，可根据实际情况来确定。

在该站中变位机作为弧焊机器人的一个外部轴由XRC控制。机器人控制器XRC中，配备了各种通信功能，便于使用者进行系统集成。这些可用通信方式中有以太网、RS232C，还有用于现场总线的PROFIBUS-DP、INTERBUS-S、DEVICEBUS-S、M-NET等。应用程序可以用VC++、VB编制。

（2）焊接部分　焊接部分包括焊接电源、送丝器、送丝控制电缆、焊丝架、导丝缆、焊枪、电源电缆、保护气等。

焊接电源通过电源电缆分别连接到焊枪和夹具上，提供焊接电流和电压。焊丝从焊丝架经过导丝缆由送丝器送到焊枪。送丝器的运转是由焊接电源控制的，焊接电源由机器人控制柜控制，它们之间由焊接I/F电缆连接，在机器人控制程序中设定焊接参数，并发出焊接起弧、熄弧指令。焊接保护气通过气阀门和软管送到焊枪。

（3）变位机　消声器的内筒和外筒之间是一个圆形的焊缝，如果工件不动，机器人焊接的角度不容易保持最佳状态，因此，在焊接时让工件旋转而机器人的姿态不需做很大改变，就可让工件时刻处于最佳的焊接位置，保证焊接质量。变位机有两个自由度的旋转，是作为弧焊机器人的两个外部轴由焊接机器人控制柜控制的，这样做的好处在于可以通过示教器任意定位，并达到较高的定位精度。变位机与焊接机器人协调运转。

2. 搬运系统

搬运系统由上、下料台，FANUC M16iB搬运机器人，R-J3iB机器人控制柜和夹具组成。

（1）搬运机器人及控制柜　R-J3iB机器人控制柜与周边设备的连接框图如图8-5所示。

图8-5中周边设备包括上、下料台上安装的工件感知传感器，夹具松开、夹紧位置传感器信号。

（2）上、下料台　上、下料台都装有工件感知传感器，传感器信号连接到搬运机器人控制柜，当感知有工件存在时，机器人才去搬运工件。

（3）夹具　夹具有两对夹爪，分别夹持法兰盘和消声器外筒。夹爪是由气缸带动的，气缸上安装有活塞位置限位开关，来检测夹爪的松开和夹紧位置。

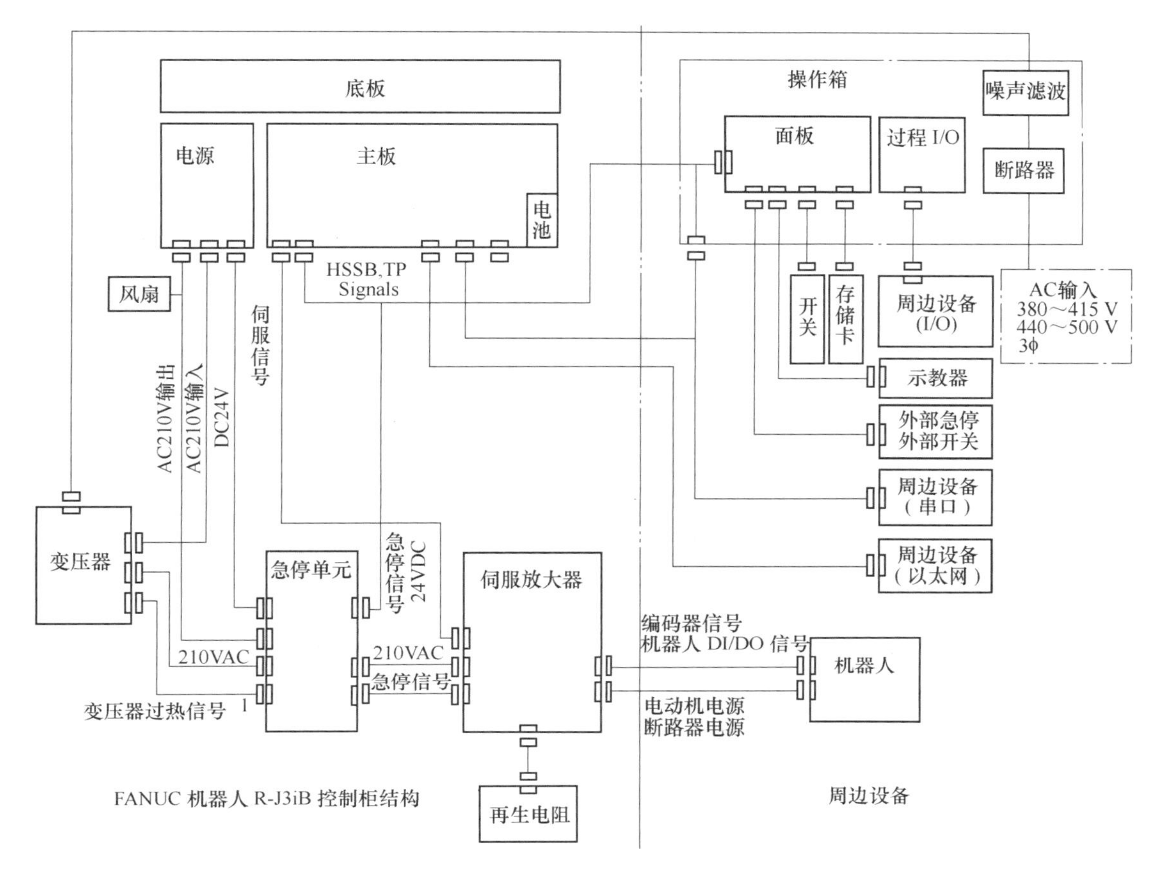

图 8-5　R-J3iB 机器人控制柜与周边设备的连接框图

第二节　点焊机器人工作站

点焊机器人在汽车焊装自动化生产线中被大量使用，用于焊接车门、底板、侧围、车身总成等，如图 8-6、图 8-7 所示。点焊机器人工作站在目前的汽车生产线中多为多台机器人同时作业，生产线两侧排列多台机器人，输送机械将车体传送到不同工位后，多台机器人同时焊接，形成流水化作业，大大提高了工作效率。

汽车焊装生产线可以按照工位划分成多个工作站，每个工作站由点焊机器人、机器人控制柜、工装夹具、焊接系统（包括焊钳、焊接电源）、气动系统、冷却系统组成，有时还需要快换装置，在焊接过程中换装不同的焊钳。整条生产线还需中央控制器（PLC 或计算机）控制。

点焊机器人工作站（图 8-8）实例：

一、工作站硬件构成

工作站是选用两台 KUKA KR200/49（200kg 负载，最大工作半径为 2400mm）机器人作为搬运机器人和焊接机器人使用，每台机器人由一个机器人控制柜、一台日本小原南京公司生产的 ST21 型点焊控制器（Timer）和一台焊钳修磨器、一套日本 NITTA 公司生产的自动工具快换装置、X 钳和 C 钳的支架保护罩各一套、一台冷水机和一台空气压缩机、一台系统 PLC 控制柜（内有 SIMATIC 的 S7-300 系列 PLC）、ET200S 分布式 I/O、一台带有触摸屏（SIMATIC TP270-10）的操作台、一套水气单元系统（内装有电气比例阀、流量计、手动排水阀等）、上料台、下料台、焊接夹具 A、焊接夹具 B 及安全装置（安全门、光幕）组成。图 8-9 所示为点焊机器人工作台设备布局。

图 8-6　车身总成机器人焊装生产线

图 8-7　侧围的焊接机器人工位（BMW）

二、工作过程

两台机器人可以独立进行操作（KUKA A 系统和 KUKA B 系统），也可以组合到一起形成一个系统（KUKA AB 系统），可以通过主操作台上触摸屏的主画面来选择要操作的系统。三个独立系统的工作顺序如下：

（一）独立机器人系统 A

在夹具 A 上装好工件（3 个左右），通过螺钉手工将工件夹紧，在触摸屏上选择操作“KUKA A 系统”，点“确定”后，A 系统开始工作，机器人 A 通过自动工具快换装置携带 X 型焊钳焊接工件，然后将 X 型焊钳放下，再更换 C 型焊钳焊接工件，焊接完毕后，将 C 型焊钳放到焊钳支架上，人工将工件取出，工件焊接完毕，一个工作循环结束。

图 8-8　车门点焊机器人工作站

（二）独立机器人系统 B

在上料台上放一个待焊车门件，在触摸屏上选择操作“KUKA B 系统”，点“确定”后，B 系统开始工作，机器人 B 携带抓具将车门从上料台取出放到夹具 B 上面，放完车门后机器人离开夹具 B，夹具 B 夹紧，等待 10s 后，夹具 B 打开，机器人 B 携带抓具将车门从夹具 B 上取出，然后将车门放到下料台上，一个工作循环结束。

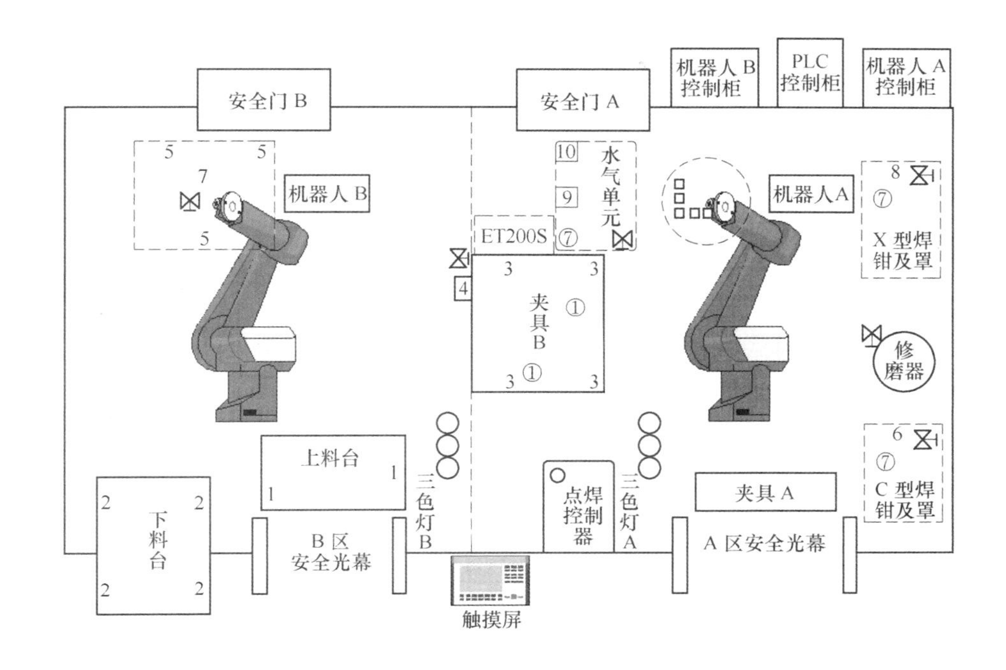

图 8-9　KUKA 点焊机器人工作站设备布局

1—接近开关　2—工件检测光栅　3—夹具 B 气缸　4—气压检测开关　5—抓具气缸
6—C 型焊钳及罩　7—行程开关　8—X 型焊钳及罩　9—流量计　10—电气比例阀

（三）整个系统（KUKA AB 系统）

操作者在上料台上放一个车门，然后在触摸屏上选择操作“KUKA AB 系统”，点“确定”后，机器人 B 携带抓具将车门从上料台上取出放到夹具 B 上，夹具 B 夹紧，机器人 A 更换 C 型焊钳，在夹具 B 上焊接车门，焊接完毕后，夹具 B 打开，机器人 B 将车门取出放到下料台上，在机器人 B 工作的同时，机器人 A 再焊接夹具 A 上的工件，焊接完毕后，人工取出工件。在这个工作站中，搬运机器人携带根据车门形状定制的气动抓，将车门待焊工件从上、下料台搬运到工装夹具上，车门被夹具固定好后，气动点焊机器人到快换装置处安装好规定型号的点焊钳，然后对车门进行焊接。冷却水系统对焊钳进行冷却，压缩空气系统为搬运机器人手爪和工装夹具提供压缩空气，焊接电源提供焊钳工作的电压、电流。

三、工作站控制系统结构

机器人周边设备的控制及车门的装夹、搬运和焊接过程的控制逻辑由配套的机器人控制器、可编程序控制器和用户焊接示教程序来共同完成。控制系统框图如图 8-10 所示。

PLC 控制系统是西门子公司 S7-300 系列 CPU313C-2DP 加装数字量输入/输出模块及分布式 I/O 模块 ET200S 组成，PLC 与机器人控制柜的输入/输出连接是通过机器人控制柜内 PROFIBUS-DP 通信模板 CP5614 与 CPU 上 DP 总线接口相连的。

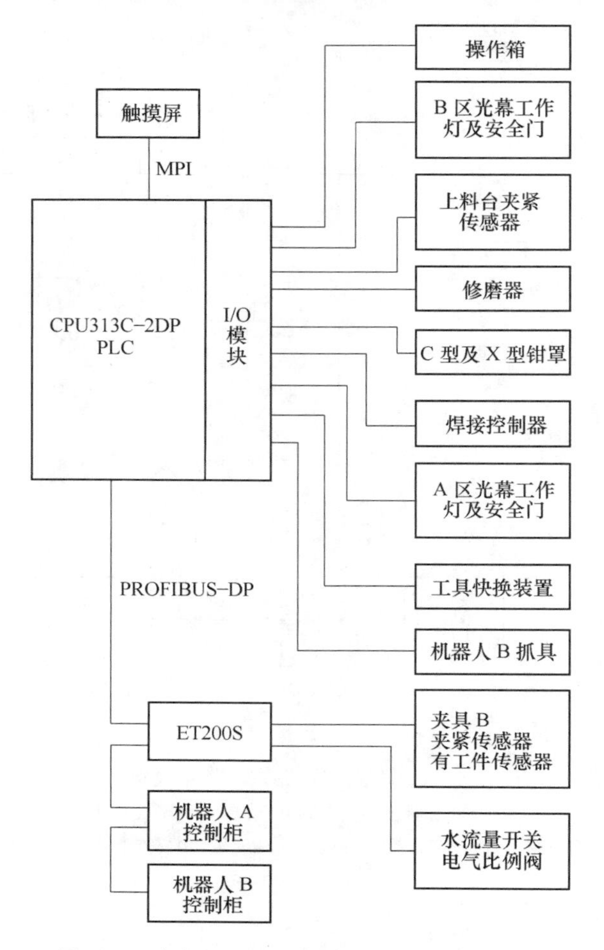

图 8-10　点焊机器人工作站 PLC 控制系统框图

四、工作站各部分硬件及功能

（一）机器人控制柜 KRC

KUKA 机器人控制框图如图 8-11 所示。

1. 计算机部分

计算机部分和它的插接组件一起承担机器人的所有控制功能。这些功能包括：程序的建立、纠错、存档及管理，诊断和运行支持，运行轨迹设计和过程控制，伺服驱动控制，监视程序运行，安全逻辑电路，与外部单元的通信联系。

（1）奔腾主机、软盘驱动器、光盘驱动器、显示器　奔腾处理器为每台电动机（每根轴）计算一个新的位置值，各位置值通过 MFC 卡传递到 DSEAT 卡，DSEAT 卡是第二个处理器，进行位置、转速调节及换向整流。

（2）KUKA 示教编程器　编辑机器人程序，用空间鼠标代替键盘操纵机器人的运动轨迹，监视机器人的程序执行情况。

（3）多功能卡（MFC）连接示教编程器　有系统和用户的输入/输出端，以及一个以太网控制器、DeviceNet/CAN Bus 接口，还可以接两块 DSEAT 插件板。

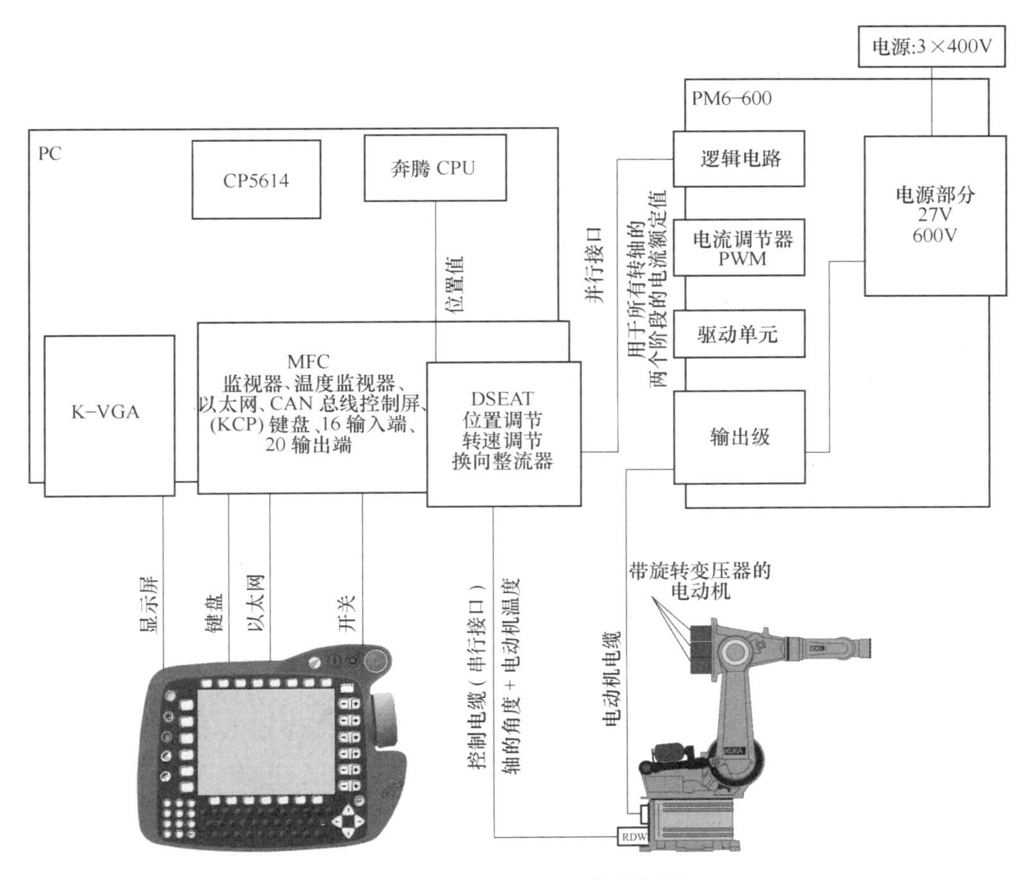

图 8-11　KUKA 机器人控制框图

（4）数字式伺服电子电路（DSEAT）　该组件的作用是可对最多八个轴的电动机位置、转速进行数字调节，并且将电流设定值传递给伺服驱动模块。旋转变压器数字转换器的信号及伺服驱动模块的错误和状态信息也由该组件处理，与 MFC 连接得到主机传来的位置值。

（5）SIMATIC 通信模板 CP5614　该模板的作用是将机器人控制柜通过 PROFIBUS-DP 网络连接到系统控制器 PLC，在两者之间进行双向信息交换。

（6）旋转变压器数字转换器（RDW）　它的作用是为旋转变压器供电、将旋转变压器检测到的轴转角位置电压值转换为数字量（R-D 转换）、监视旋转变压器的断路情况和电动机温度、通过串行接口与 DSEAT 进行数据交换。

2. 伺服模块 PM6-600

该模块是驱动部分的电源，也是低压供电电源，是六个机器人轴的伺服放大器，同时也是制动开关，带电动机电流的监视和短路保护装置，也同时可监视散热体、空气、镇流电阻和风扇的温度。有连接 DSEAT 的接口。输出极配有绝缘栅双极型晶体管（IGBT）。

（二）西门子 PLC

西门子 PLC 是工作站的中央控制器，工作站中各个设备的运行都由 PLC 统一控制。系统中采用的 S7-300 系列 PLC 带有 DP 接口，PLC 与分布式 I/O 模块 ET200S、机器人 A 和机器人 B 控制柜之间都是通过 PROFIBUS-DP 连接。PLC 也带有扩展 I/O 模块，连接现场其他设备的控制信号。操作箱上有西门子触摸屏，用来显示工作站状态及控制系统运行模式选择的操作，触摸屏与 PLC 之间通过 MPI 接口连接。

（三）修磨器

修磨器的作用是对焊钳电极头进行清洁，电极头经过一段时间的使用，会由于火花的作用出现氧化现象，影响焊接质量。修磨器由电动机带动进行修磨，电动机正转一段时间后反转，电动机转动的同时打开气嘴吹气，去掉修磨下来的金属屑。

（四）工具快换装置

工具快换装置（图 8-12）包括一个机器人侧，安装在机器人手臂上，和一个工具侧，安装在末端执行器上，如焊钳或抓手。工具快换装置能够让不同的介质，例如气体、电信号、液体、视频、超声等从机器人手臂连通到末端执行器。气动焊钳开闭的行程开关信号就是通过快换装置传递给 PLC 的。快换装置本身也有锁紧、解锁、接合三个接近开关信号传递给机器人。

图 8-12　工具快换装置

（五）焊接控制器

控制焊接电流、电压的大小和时间周期，可根据所焊接材质设定焊接参数。焊接控制器的报警信号和焊点结束信号传送到 PLC，焊接控制继电器信号通过 KUKA 机器人以及工具快换装置接到 X 型焊钳（或 C 型焊钳）的变压器上。

（六）C 型及 X 型焊钳及钳罩

两种焊钳分别保存在钳罩中，焊接时机器人从钳罩中通过工具快换装置与焊钳连接，两个钳罩分别由两个气缸控制罩的开启和闭合，并通过接近开关传递气缸的位置信号到 PLC，每个罩中还有一个检测焊钳是否在罩内的传感器，将信号传递到 PLC。

（七）ET200S

ET200S 是西门子 PLC 的分布式 I/O 模块，它将一些现场的 I/O 信号通过 PROFIBUS 线连接到 PLC 上。在该站中，焊钳的水气控制信号及夹具 B 的夹紧、松开控制以及到位信号就是通过 ET200S 连接到 PLC 上。

（八）机器人 B 抓具

机器人 B 负责搬运车门，其抓具是按照车门的形状设计的，抓具的三个手爪由三个气缸控制夹紧和松开，每个气缸有两个接近开关检测气缸活塞的位置。抓具上还有一个限位开关检测工件是否被抓住。

（九）上料台及夹具 B

上料台及夹具 B 有着类似的结构，因为它们承载的工件都是相同的车门，只是夹具 B 有夹紧气缸而上料台没有。在上料台及夹具 B 上都有两个用来检测工件是否存在的接近开关，只有两个接近开关都发出有工件信号时，才认为工件在上料台或夹具 B 上。夹具 B 上有四个双作用气缸，每个气缸有两个行程开关检测气缸活塞的位置。上料台及夹具 B 上都有定位销，固定车门的位置不出现偏差。

（十）安全设备

在工作站的A区和B区都有一个安全门和一个安全光幕，安全光幕安装在上料台前，在有人操作上料时，安全光幕发出信号阻止机器人运行。同样，当安全门打开时，也禁止机器人运行。三色工作灯指示工作站的运行情况。

第三节　滚边机器人工作站

机器人滚边技术是近年来产生并得到迅速发展的一项车门新工艺，传统的折边工艺是用液压机配一套折边模具，这种方式最大的优点是生产率高，工件质量稳定，类似于冲压工艺但又有区别，缺点是难以实现柔性化生产，设备维护成本高，作业面积大。机器人车门滚边技术是目前汽车制造业的一项新型技术，工作站的功能是由机器人完成车门内板涂胶（密封胶和减振胶）和车门内外板合边。采用的技术达到了世界先进水平，可以实现不同车型的柔性化生产，并且滚边工艺较液压机合边工艺有对钢板损伤小、成形美观、生产率高、工艺调整灵活、投入及维护成本低、作业面积小、适应性强等优势，机器人滚边技术是今后车门、机盖成形技术及加工工艺的发展方向。

车门线滚边机器人工作站实例：

一、工作站硬件构成

本例中，滚边机器人工作站是车门总成生产线的一部分，车门线滚边机器人工作站的控制系统采用SIEMENS300系列PLC作为中央控制器，由一台ABB涂胶机器人、两台ABB滚边机器人、英格索兰自动化涂胶设备及旋转转台胎具等组成，完成车门内板涂胶（密封胶和减震胶）和车门内外板合边作业。涂胶机器人同时负责车门内外板的搬运。

工作站硬件主要包括三大部分：滚边夹具系统、滚轮系统、机器人及其控制系统。

（一）滚边夹具系统

滚边夹具系统是采用机器人滚边技术进行柔性化生产的中心区域，通常采用一台机器人依次在2～6套滚边夹具（图8-13）上进行柔性化滚边作业，所有滚边夹具布置在旋转转台上，实现用一台机器人将整车四个侧车门及前后盖的滚边成形全部完成。

图8-13　滚边夹具

（二）滚轮系统

由于滚边技术本身的特点，滚边过程一般分为 2～4 次顺序完成，因此滚轮通常设计有 45°轮、90°轮、成形轮、专用特殊轮，这些滚轮可以组合在一个滚轮架中，也可以分解在两个滚轮架上，由机器人抓持滚轮执行滚边程序，依次完成整个车门的滚边。

图 8-14 所示为机器人滚边作业时的情景。机器人在涂胶之前，先用抓具将车门内板、外板搬运到转台夹具上，然后换滚轮进行滚边作业，抓具和滚轮的转换是通过工具快换装置完成的浮动式滚边头如图 8-15 所示。

图 8-14　机器人滚边作业

图 8-15　浮动式滚边头

（三）机器人及其控制系统

该系统主要用于控制滚轮的运动轨迹，及其相关系统之间的通信。滚轮运动的控制通过编程来实现，可以编制不同程序，根据不同状态的冲压件及不同的成形要求来调用，灵活性高，控制系统还对工具快换装置、滚边夹具、滚轮放置支架、安全光栅安全门、焊接控制器、焊枪、涂胶控制器等系统进行控制，协调整个系统中每个单元之间的动作及顺序，并对整个系统进行故障报警。

二、工作过程

1）操作工取前门内板总成、前门外板装入上料台；取后门内板总成、后门外板装入上料台；拍下完成按钮。

2）上料区安全门自动关闭后，机器人 IRB01 抓取涂胶枪，完成前门、后门外板涂胶[共两种胶，前门外板涂胶长度（3090＋1820）mm，后门外板涂胶长度（3080＋2100）mm]；之后，机器人 IRB01 换取抓手，抓取前门内板和后门外板，移至滚边单元将后门外板放入后门滚边胎膜中，将前门内板装到前门滚边的压具上；然后抓取后门内板和前门外板，移至滚边单元将前门外板放入前门滚边胎膜中，将后门内板装到后门滚边的压具上。

3）机器人 IRB01 和机器人 IRB02 更换滚边头，同时前门压具、后门压具将内板压入滚边胎膜，然后固定住；机器人 IRB01 和机器人 IRB02 进行滚边操作。

4）机器人滚边完成以后，机器人 IRB02 更换抓手，抓取前门和后门总成；然后分别放到前门和后门的 Arplas 自动焊夹具上，焊接前门 8 点、后门 8 点补焊点。

5）机器人 IRB03 抓取前门总成和后门总成，到切割机上切割舌片，然后到打号机上打产品流水号；然后机器人 IRB03 将前门总成放到传送带输送机上，传送带输送机将工件送出；机器人 IRB03 再将后门总成放到传送带输送机上，传送带输送机将工件送出；操作工取走前门总成、后门总成装入到铰链安装夹具上，进行铰链的安装，之后将带铰链的前后门总成放到料箱中。

三、PLC 控制系统结构

工作站控制系统（图 8-16）是西门子公司 S7-300 系列 PLC CPU317-2DP 加装数字量输入输出模块及 PROFIBUS-DP I/O 模块，以实现对机器人控制柜、阀岛、夹具、工具快换装置、涂胶控制器等周边设备的信息交换及控制的系统。PROFIBUS-DP 是主要的信息网络，应用于 PLC 与安全继电器、机器人控制柜以及机器人控制柜到涂胶控制器、机器人抓具、焊钳、夹具等，DeviceNet 网络只用于机器人控制柜之间，及机器人控制柜到水气开关之间，从而使滚轮压力得到控制。

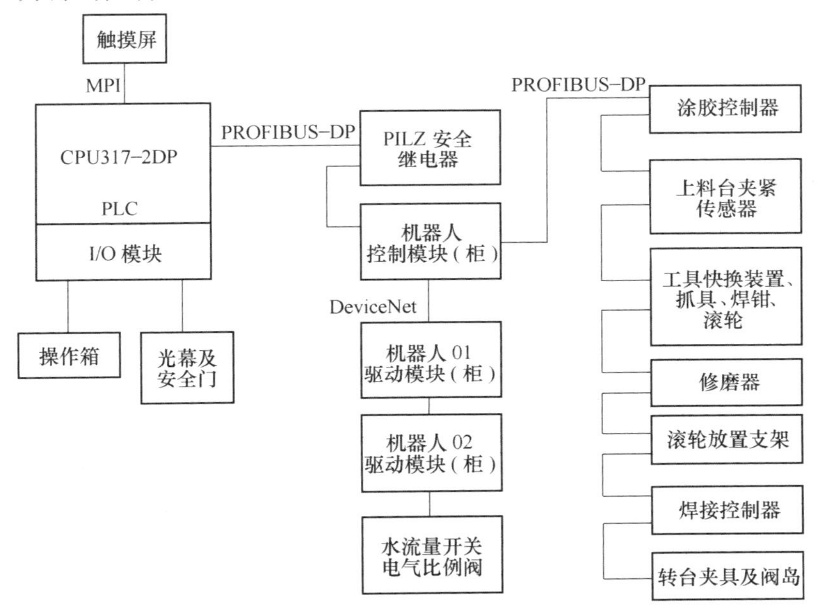

图 8-16　PLC 控制系统结构

四、工作站各部分硬件及功能

（一）机器人控制器 IRC5 系列

该系统采用 ABB 公司 IRB6600 机器人，机器人控制器为 IRC5 系列，机器人控制器控制框图如图 8-17 所示。

从图 8-17 中可以看到，IRC5 机器人控制器是由两部分组成的，实际上是两个柜子，一个是控制柜，另一个是驱动柜。每个机器人需要一个驱动柜，最多四个机器人共用一个控制柜，这样可以节省空间。控制模块中包括多处理器系统、电源、操作面板、安全接口，配有两条以太网通道，一条用于局域网，另一条用于本地连接，并且还设两个串行端口，用以连接传感器、输入输出单元、其他生产设备及打印机、终端、计算机等，实现点对点通信。

驱动模块中容纳机器人电源、整流器、驱动器及轴计算机和驱动安全接口，轴计算机用

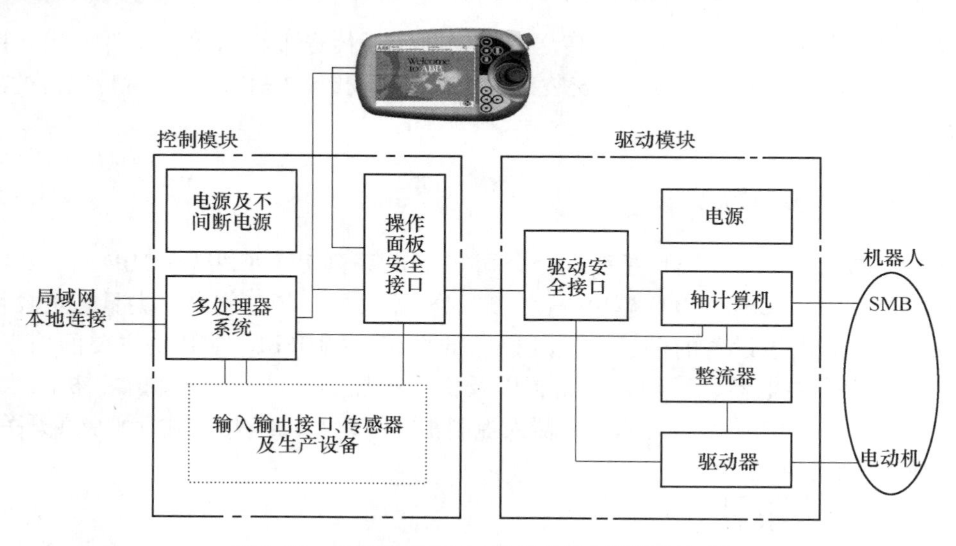

图 8-17　ABB 公司 IRC5 机器人控制器控制框图

于控制机器人电源的供电。

（二）英格索兰自动涂胶机

在该站中使用了两套英格索兰自动涂胶系统，其系统构成为：供胶系统、PC 电气控制系统及机器人、温控系统、适用于各种胶和流量需求的涂胶喷头以及管路附件等。

供胶系统采用的是双立柱气动柱塞泵，每个柱塞泵由气动马达、润滑油杯、压盘、泵（Chop-check 泵、双球泵或四球泵）和空桶检测报警装置等组成。

该站中根据生产特点分别采用了立柱安装和机器人安装两种方式，并构成了双泵切换系统，这样可节省换空桶时间，并在不停产状态下，进行设备维护保养。

英格索兰自动涂胶系统功能有：

1）温度闭环控制，温度始终保持在设定值的左右。

2）双组分胶混合比例控制。

3）压力和流量可随机器人指令变化而动态跟随。

4）触摸屏上可以完成各种参数设置，如温度、压力和流量，故障诊断及图形化报警信息。

5）生产数据记录、监控。

6）与机器人之间的通信通过 DeviceNet 实现。

（三）阿普拉斯（Aplas）焊接控制器

Aplas 点焊技术的特点是：在保证焊点强度达到要求的前提下，尽可能地减少每个焊点的能量输入。Aplas 焊接时间非常短（实际上仅几毫秒），脉冲电流很大，所以热影响区显著减小。因此，使用 Aplas 技术焊接的工件几乎没有任何机械变形。

Aplas 焊枪能够保证在焊接过程中电极始终快速跟踪焊点的溃缩（始终保持对焊点的压力）。焊接控制器中装有质量检测系统，安装的是焊接能量控制模块，焊接过程中，CPU 始终监测施加在焊点上的压力，当压力达到预设值时，晶闸管立即导通进行焊接。质量监测系统还安装有输入/输出模块，位置传感器信号通过这些模块输入质量监测系统（QCS），质量监测系统（QCS）通过这些模块输出激活信号起动电磁气动阀，驱动各个气动单元，用户可以通过总线连接让质量监测系统（QCS）与其他计算机通信。

（四）机器人滑台

在三台机器人中 IRB02 机器人的底座是安置在滑台上可移动的，这样可以增加机器人的活动范围。滑台的移动是由机器人控制器控制的，滑台被当作机器人的外部轴。

第四节　喷涂机器人生产线

喷涂机器人工作站或生产线充分利用机器人灵活、稳定、高效的特点，适用于生产量大、产品型号多、表面形状不规则的外表面喷涂，广泛用于汽车及其配件、家电、仪表、电器、搪瓷等工艺生产部门。对于汽车而言，喷涂机器人生产线主要应用于车身外表面、车门内表面、发动机舱内表面、行李箱内表面、前照灯区域的喷涂作业。喷涂作业均在封闭的车间（喷涂房）中进行，多台机器人同时作业。机器人的喷涂工作主要有两种模式：一种是动/静模式，在这种模式下，喷涂物先被传送到喷涂室中，在喷涂过程中保持静止。另外一种是流动模式，在这种模式下，喷涂物匀速通过喷涂室。在动/静模式时机器人可以移动，在流动模式时机器人是固定不动的。

机器人自动喷涂线的结构根据喷涂对象的产品种类、生产方式、输送形式、生产纲领及油漆种类等工艺参数确定，并根据其生产规模、生产工艺和自动化程度设置系统功能，如图 8-18 所示。

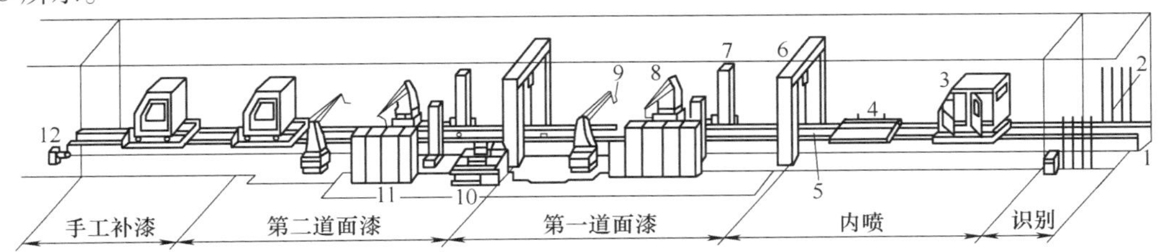

图 8-18　汽车机器人喷涂生产线流程图

1—输送链　2—识别器　3—白车身　4—输送车　5—起动装置　6—顶喷机
7—侧喷机　8—喷涂机器人　9—喷枪　10—控制台　11—控制柜　12—同步器

一、自动识别系统

识别系统是自动化生产线尤其是多品种混流生产线必须具备的基本单元。它根据不同零件的形状特点进行识别，一般采用多个红外线光敏开关。当自动线上被喷涂零件通过识别站时，将识别出的零件型号进行编组排队，并通过通信送给总控系统。

二、同步系统

同步系统一般用于连续运行的通过式生产线上，使机器人、喷涂机工作速度与输送链的速度之间建立同步协调关系，防止因速度快慢差异造成的设备与工件相撞。同步系统自动检测输送链速度，并向机器人和总控制台发送脉冲信号，机器人根据链速信号确定再现程序的执行速度，使机器人的移动位置与链上零件位置同步对应。

三、工件到位自动检测

喷涂机器人开始作业的启动信号由工件到位启动检测装置给出。此信号起动喷涂机器人的喷涂程序。如果没有工件进入喷涂作业区，喷涂机器人则处于等待状态。启动信号的另一个作用是作为总控系统对工件排队中减去一个工件的触发信号。工件到位自动检测装置一般采用红外光电开关或行程开关产生启动信号。

四、机器人与自动喷涂机

喷涂机器人多采用 5 或 6 自由度关节式结构，手臂有较大的运动空间，并可做复杂的轨迹运动，其腕部一般有 2 ~ 3 个自由度，运动灵活。较先进的喷涂机器人腕部采用柔性手腕，既可向各个方向弯曲，又可转动，其动作类似人的手腕，能方便地通过较小的孔伸入工件内部，喷涂其内表面。喷涂机器人具有动作速度快、防爆性能好等特点，可通过手把手示教或点位示数来实现示教。

自动喷涂机由机械本体和电控装置构成，可单机运行，也可多机或与机器人一起在同一总控下联网运行。可用于喷漆、喷胶、喷塑等作业。

自动喷涂机可以有侧喷、顶喷、仿形侧喷等形式。图 8-18 中的生产线用了侧喷和顶喷两种形式，分别对车厢的侧面和车顶进行喷涂。

五、总控系统

总控系统（图 8-19）是喷涂自动化生产线的核心，控制所有设备的运行，它具备以下功能：

1）全线自动启动、停止和联锁功能。

2）喷涂机器人作业程序的自动和手动排队、接收识别信号、向喷涂机器人发送程序功能。

3）控制自动输漆换色系统功能。

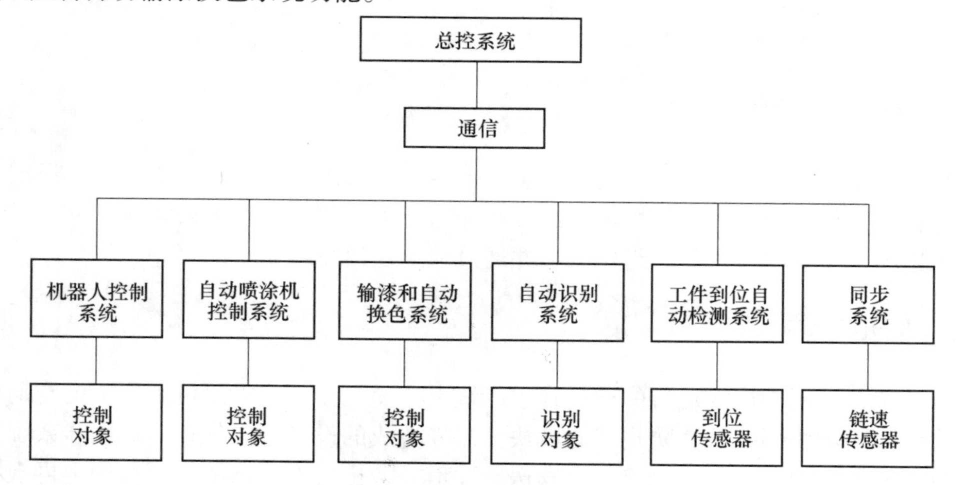

图 8-19　总控系统框图

4）故障自动诊断功能。

5）实时工况显示功能。

6）单机离线（因故障）和连线功能。

7）生产管理功能（自动统计产品、报表、打印）。

六、涂料自动输送与换色系统

为保证自动喷涂线的喷涂质量，涂料输送系统必须采用自动搅拌和主管循环，使输送到各工位喷具上的涂料黏度保持一致。对于多色种喷涂作业，喷具采用自动换色系统。这种系统包括自动清洗和吹干功能。换色器一般安装在离喷具较近的位置，这样，减少换色的时间，满足时间节拍要求。同时，清洗时浪费涂料也较少。自动换色系统由机器人控制，对于被喷零件的色种指令，则由总控系统给出。图 8-20 为自动换色系统原理图。

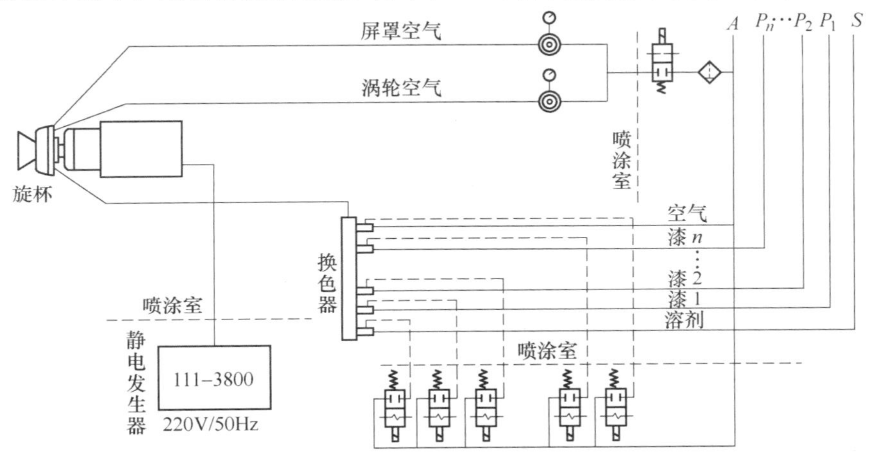

图 8-20　自动换色系统原理

七、自动输送链

自动喷涂线上输送零件的自动输送链有悬挂链和地面链两种。悬挂链分普通悬挂链和推杆式悬挂链。地面链的种类很多，有台车输送链、链条输送链、滚子输送链等。目前，汽车涂装广泛采用滑橇式地面链，这种链运行平稳、可靠性好，适合全自动和高光泽度的喷涂线使用。输送链的选择取决于生产规模、零件形状、重量和涂装工艺要求。悬挂链输送零件时，挂具或轨道上有可能掉异物，故一般用于表面喷涂质量要求不高和工件底面喷涂的自动线。而对大型且表面喷涂质量要求较高的零件，都采用地面链。

八、机器人喷涂工作站实例

（一）工作站硬件构成

本工作站是针对汽车前照灯及前翼子板表面进行喷涂而设计的。系统设备主要有防爆喷涂机器人（IRB540-12）及其控制器，输调漆系统，工件输送链，操作台，滑台电控箱，前翼子板支架，喷涂房及附件。

（二）工作过程

如图 8-21 所示，首先开启喷涂房排风系统保证工作环境处在负压状态，人工放置好工件（前照灯灯罩放置在转台上，前翼子板放置在支架上）。系统启动后，机器人运行到等待位置，滑台向前运行到喷漆位，机器人喷涂第一个灯罩，完成后转台右转，机器人喷涂第二个灯罩，完成后转台右转，机器人回到 home（原点）位，滑台向后运行到上下料位；机器人喷涂左前翼子板，完成后机器人喷涂右前翼子板，完成后机器人回到 home 位。

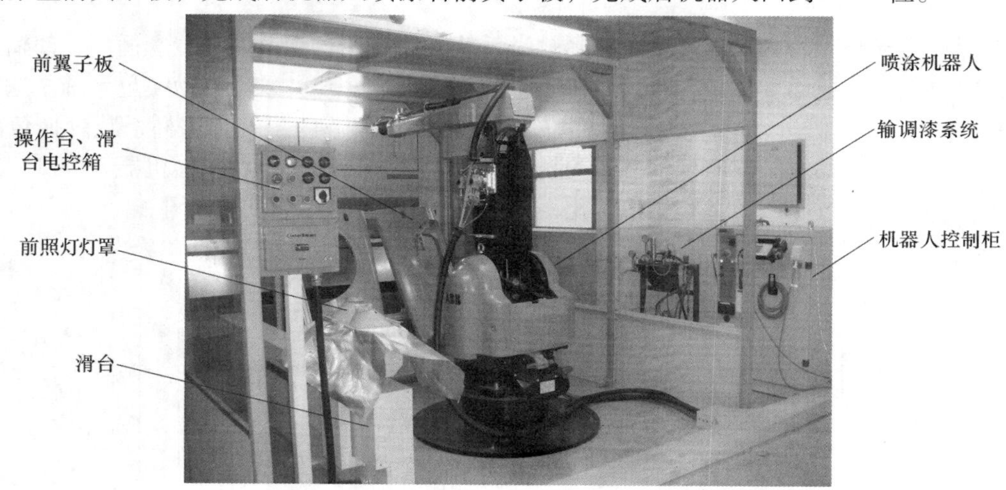

图 8-21　涂装机器人工作

（三）工作站控制系统结构

喷涂房机器人控制系统结构如图 8-22 所示。

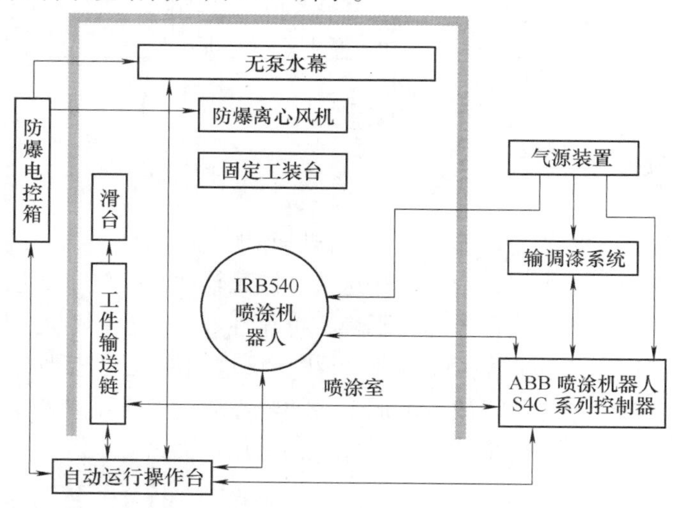

图 8-22　喷涂房机器人控制系统结构

（四）工作站各部分硬件及功能

1. 机器人控制柜 KRC

本系统中机器人控制柜控制机器人的喷涂运行过程，输调漆系统的工作由机器人控制柜控制，操作台发出的运行、停止信号和工件输送链滑台、转台的位置信号以及排风机的运行信号也传送到KRC，因此，KRC是系统的中央控制器。

2. 工业机器人

机器人选用ABB IRB540-12防爆喷涂机器人。

其技术参数为：

1）承载能力：5kg。

2）重复定位精度：0.06mm。

3）轴数6。

4）旋转：300°，最大转速112°/s。

5）垂直臂：145°，最大转速112°/s。

6）水平臂：95°，最大转速112°/s。

7）腕：176°，最大转速360°/s。

8）弯曲：176°，最大转速360°/s。

9）翻转：640°，最大转速700°/s。

10）控制器：S4Cplus。

11）本体重量：607kg。

12）安装环境温度：机器人本体：5～45℃。

13）防护等级：本体IP67，控制器IP54

该型号的机器人，采用独有的Flexi Wrist（柔性手腕）专利技术，极大地便利了人工编程操作（点对点连续路径）。只需人工将机器人移至各个目标程序位置，然后按触发钮，系统将自动编写RAPID程序指令。

3. 输调漆系统

输调漆系统（图8-23）由隔膜泵、涂料调压器、气动搅拌器、背压阀、涂料桶、压力

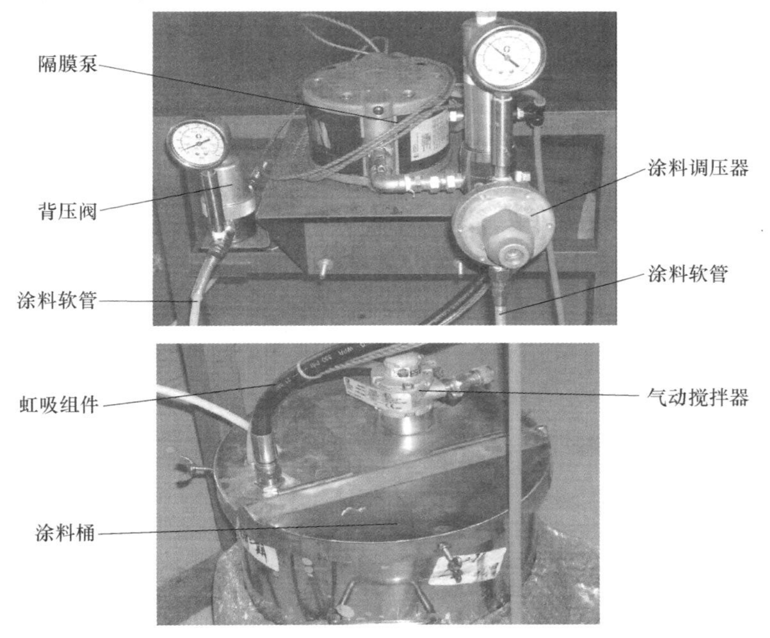

图8-23　输调漆系统

表、软管等组成。隔膜泵把涂料从桶中吸出并加压，经过涂料调压器，使涂料压力调整到喷涂要求，供给喷枪进行喷涂。多余的涂料和喷枪停喷时，涂料经过枪下三通及软管和背压阀流回到涂料桶中，背压器的功能是使系统中有供喷涂的压力和使涂料流动的压差。

4. 工件输送链

如图 8-24 所示，工件输送链分下层滑台和上层转台两部分：上层转台托盘直径为 400mm，主要负责带动两个尺寸为 150mm × 240mm 的前照灯灯罩，通过转台内部的涡轮旋转气缸实现正负 180°旋转，以保证喷涂机器人对单独一件工件的表面均匀喷涂。下层滑台由滑台支架及滑台组成。利用无杆气缸的直线运动把工件从上下料位输送到喷漆位，待工件喷完漆后，再自动送回到上下料位。

图 8-24　工件输送链

5. 操作台、滑台电控箱

操作台上的系统启动、停止按钮都传送到机器人控制柜，再由机器人控制柜控制滑台、转台的运行。

滑台是由气动执行机构驱动的，通过电磁阀使气动阀门动作，从而控制滑台的转动和滑动。滑台、转台的运行速度可通过调整电磁阀、涡轮旋转气缸上流量阀门的开启大小来实现。

第五节　冲压机器人生产线

在汽车车身生产中，冲压生产自动化线也大量使用机器人，在冲压机之间传递工件，大大提高了生产率，实现了冲压生产的无人化。机器人与冲压机的完美配合，也成为车身车间的一道亮丽风景。

冲压机器人生产线实例：

一、生产线硬件结构

本例冲压自动化线为汽车车身冲压线，由五台单动冲压机 1400T（SEC）和另外四台单动冲压机 600T（SE）、两台拆垛小车、对中台、出料传送带、一台拆垛机器人和七台送料机器人组成，如图 8-25 所示。冲压生产线实景如图 8-26 所示。

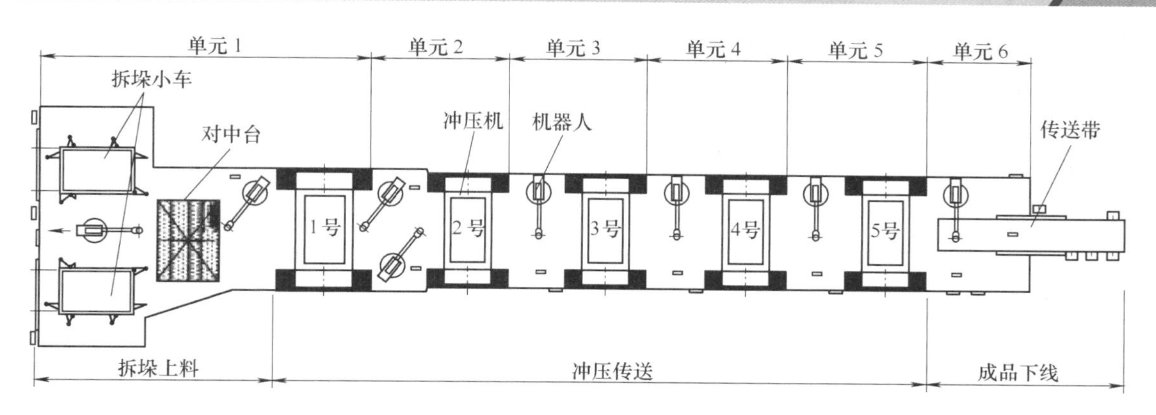

图 8-25　冲压自动化生产线结构布局

图 8-26　冲压生产线实景

二、工作过程

由叉车将开卷线下好的板料上到生产线首端的两个可移动拆垛小车上。板料由一台装有双料检测器的拆垛机器人进行拆垛，然后放置在对中台上。板料在对中台上对中后由一台上料机器人抓起，并将板料放到带液压垫的 1 号冲压机 1400T（SEC）里进行冲压之后，由两台机器人进行下料、板料翻转、上料的操作，将板料从 1 号压机传递到 2 号压机，后面的 3 台机器人完成板料从 2 号压机至 5 号压机的上下料操作，一个出线端机器人将已冲压好的零件从 5 号压机里取出，放置在出料传送带上，出料传送带将零件传送到操作人员处，由后者将零件放置在成品箱里。

三、生产线控制系统结构

生产线的整个自动化系统分为冲压机和机器人自动化两大部分。

（一）冲压机部分

冲压机按照设备的组成一般可分为上横梁、滑块、底座、活动工作台、液压站和冲压机操作面板以及冲压机控制柜等几部分。采用 SIEMENS 公司的 S7-416-2DP PLC 作为控制系统，通过 PROFIBUS 总线将分布在各个冲压单元的分布式 I/O、编码器、变频器、直流调速器、MP370 人机界面等连接起来。

（二）机器人自动化部分

机器人控制系统同样采用 SIEMENS S7 416-2DP PLC 作为控制器，通过 PROFIBUS 总线连接管理分布在 6 个单元的 ET200S、变频器、MP370 人机界面、机器人控制柜以及通过 DP/DP 耦合器来和冲压机部分的 PLC 进行数据交换。冲压生产线控制系统框图如图 8-27 所示。

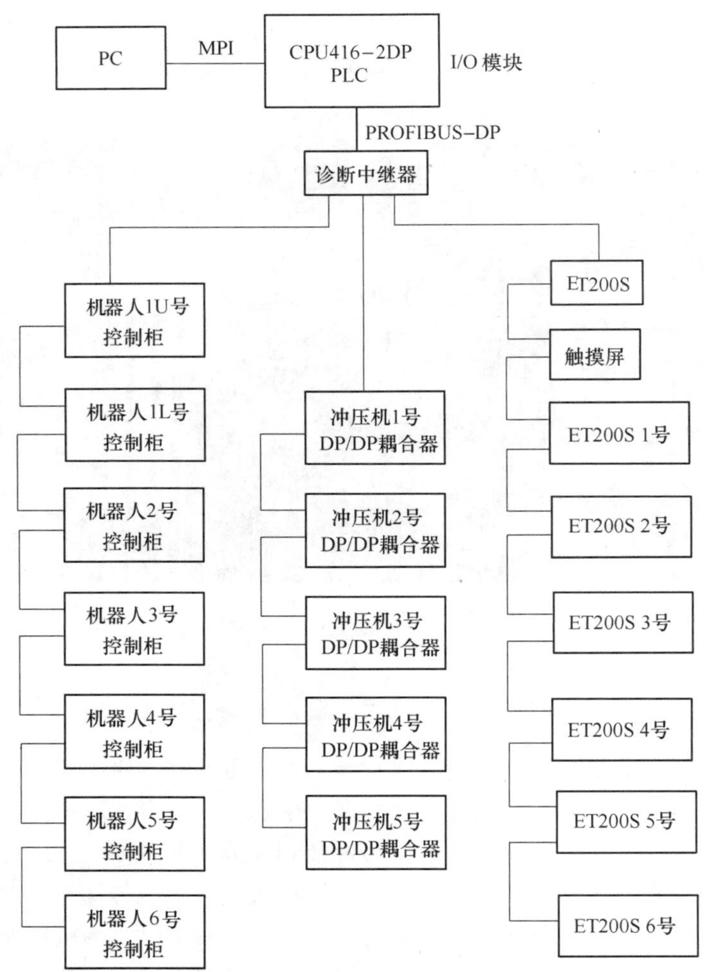

图 8-27　冲压生产线控制系统方框图

四、生产线各部分硬件及功能

1）上料拆垛装置。将剪切堆垛好的来料进行自动拆垛并单片依次送入首台冲压机。

2）压力机。按照产品的冲压工艺由 4～6 台单体压力机排列成线，并将钢或铝板通过模具冲压成形。

3）尾端工艺设备。由人工或自动化装置将成品工件从最后一个工位取出并放置在传送带上。

4）机器人或机械手加穿梭小车式输送机构。负责工件在拆垛—冲压机—传送带之间的自动传送。

五、工作站各部分硬件及功能

（一）机器人控制柜

在每个机器人 S4CPlus 控制系统中配置 DSQC352 单元板，使机器人控制柜成为 PROFIBUS-DP 从站，实现西门子 PLC 和 ABB 机器人之间的信息交换，机器人发给冲压机的上下料确认、机器人在冲压机范围外和起动冲压机冲压等信号通过总控 PLC 传送到冲压机 PLC。冲压机发送给机器人的下料允许、零件在压机内、零件已冲压等信号也通过总控 PLC 传送到机器人控制柜。

ABB S4CPlus 机器人控制器具有 QuickMoveTM 功能和 TrueMoveTM 功能。QuickMoveTM 功能确保至少有一个驱动电动机提供最大转矩，这使得机器人各轴在没有轨迹偏差的条件下可以实现最大加速度或减速度。TrueMoveTM 功能提供了与 TCP 速度无关的最佳轨迹精度和可靠性，对于关节式机器人而言，其轨迹精度最高，并且保证速度恒定。

S4CPlus 具有的独特动态模型前馈控制功能，使它可自行进行运动优化（QUICKMOVE）。通过前馈控制，还实现了外部轴的轨迹精度的优化。速度和精度在各种条件下始终保持在最高水平，见表 8-1。

表 8-1　S4CPlus 技术参数

参数名称	要　求	参数名称	要　求
控制轴数	21	电源电压	200～600V，50/60Hz
控制原理	动态模型	控制柜尺寸	50mm×800mm×540mm
自动化	完全协调控制 12 轴插补 七坐标系复合链 转角轨迹概念 自动异常处理	程序特点	根据用户需要的管理功能；RAPID 有效而开放的机器语言；过程软件、应用软件程序包；镜像功能；软伺服功能；第四轴和第六轴的无限制旋转；轨迹上再起动；前进/后退/仿真等待和输入测试
控制硬件	多处理器系统	防护等级	IP54
PCI 总线		串行信道	两个 RS232 和一个 RS485
存储器	32MB DRAM 标配 64MB，最大 128MB Flash-Disk	网络	两个以太网接口（100Mbit/s）
断电保护	20s UPS	现场总线	CAN Interbus-S Profibus
数字输入/输出	最多 1024 路信号，24V 直流、120V 交流或继电器	视觉系统	集成的 OptiMaster；焊缝跟踪；轮廓跟踪；传送带跟随
模拟输入/输出	最多 120 路信号，±10V、±20mA	软件	离线、在线编程、仿真，可在 PC 机上运行 S4C Plus 软件
控制软件	输出面向对象的程序设计 RAPID 高级机器人语言 共用、开放、可扩展	维护	电路板上有 LED 和测试点；诊断软件；恢复步骤；带有时间的故障记录

（二）机器人端拾器

机器人的末端安装有端拾器，用来抓取板件。由于板件为薄壁件，一般采用真空吸附的方式抓取，真空吸盘布置在端拾器支架上，吸盘数量及其布置方式依据具体的板件而定。气路控制系统带有真空度检测传感器，通过检测吸盘内真空度判断板件是否吸附到位，搬运过程中板件是否掉落等。端拾器的结构与板件外形有关，因此不同的板件与不同的工位均需要配置不同的端拾器。

近年来，为了克服六轴机器人搬运过程中板件的抖动以及进一步提高生产率，机器人搬运系统开发出了旋转七轴和端拾器自动更换技术。旋转七轴技术是在机器人第六轴上加装一个伺服控制旋转臂，实现工件在上下工位压力机间搬运过程中的平移，避免了以往工件因180°旋转而产生的抖动与脱落，便于机器人搬运过程的提速（图8-28）。端拾器自动更换技术是在全自动换模过程中，机器人控制系统根据操作人员输入的模具号实现：①原端拾器在旋转台上的自动定置和接头自动放松；②旋转台180°转动，原端拾器转出工作区域，新端拾器转入工作区域；③机器人与新端拾器接头自动夹紧，迅速回到工作原点待命。整个过程在全自动换模过程中完成，从而大大缩短了非生产工时，提高了整线的生产率。

图8-28　旋转七轴机器人搬运系统

（三）冲压机

本系统冲压机为德国舒勒公司产品，冲压机的自动控制有两个方面，一个在冲压过程的控制方面，另一个是在模具更换的控制方面。冲压机在冲压时需要对压机滑块运动位置进行检测及校对，还要对模具内覆盖件是否到位、安全光幕、压力机总气压、平衡缸及平衡垫压力、油压等进行检测。检测参数达到标准后，冲压才可以进行。因此冲压机PLC要与气压传感器、油压传感器、位置传感器输入信号连接，控制滑块电动机的运行及停止。

在本系统中模具的更换也实现了全自动。需要全线自动换模时，通过MP370页面上的功能，在MP370内的零件表中选择需要生产的零件号，发送全线换模命令，生产线即开始自动换模。全自动换模系统的主要功能包括：①平衡器与气垫压力自动调整；②装模高度、气垫行程自动调整；③模具自动夹紧，放松；④高速移动工作台自动开进开出；⑤机器人的参数、压机的工艺参数全部自动调整和更换。

工业机器人工作站的维护

第一节　设备维护理论简介

一、维护理念

工业机器人的出现大大减少了人的重复性劳动强度，也减少了产品加工过程中人为因素对于产品质量的影响。然而自动化率的提高伴随着设备复杂性和总量的提高，意味着整个生产系统的综合生产效率（OEE）受设备维护保养工作影响越来越大，需要做的设备维护工作也就越来越多。因此需要通过一整套设备维护管理体系来保证设备工况，尽可能减少设备停机、零件过度损耗等浪费行为，实现精益生产（Lean Production）的最终目标。

目前设备维护部门的工作体系由原来的“以修为主”向着“科学维护，尽量减少维修工作”的方向发展。简而言之为“两维护，两维修，一改进”，如图 9-1 所示。其中，将维护作为工作的重中之重。在现实工作中，紧急维修、修正性维修是不可避免的，但是通过持续改进，科学管理，将紧急发生的案例科学地加入到预防性维护计划中去，全面掌控设备工况，而不是任由设备停机随机发生。

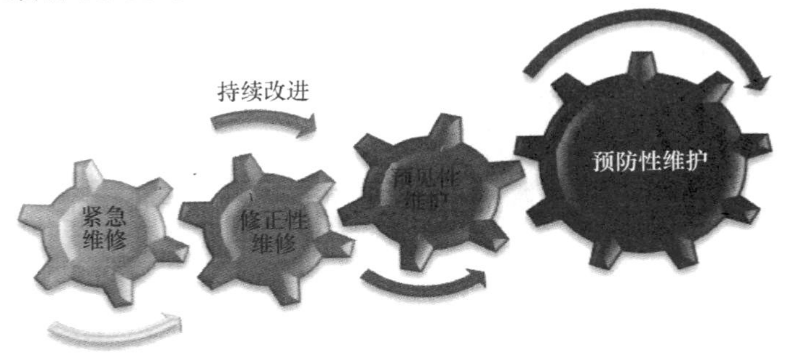

图 9-1　设备维护理念

二、维护方法分类

1. 紧急维修

紧急维修是不能通过事先的测试或监控预测到的，且事先并无明显征兆，也无发展过程的随机故障。发生故障的时候需要运用最为合理化的维修措施在短时间内解决，实现设备的正常运转。

2. 修正性维修

修正性维修也称为改善性维修或纠错性维修，是通过对设备零部件进行修复，包括零部件更换、尺寸补充、改进设计和制造等手段，消除设备的先天性不足、缺陷或重复性故障，使设备的性能得到恢复和改善，从而提高设备将来的可靠性和可维护性。

3. 预见性维护

预见性维护是通过收集设备日常维护数据，如备件更换、停机故障，将收集的数据分析、汇总，将总结出的规律或经验纳入预防性维护计划中实施。

4. 预防性维护

预防性维护是为了消除设备失效和生产计划外中断的原因而制定的措施，作为制造过程设计的一项输出，从预防的角度出发，根据设备设计指标和对设备的异状进行早期发现和早期治疗。主要特点是，在设备或零部件尚未失效前即按照保养或更换计划进行保养或替换，从而减少非计划停机次数。

三、机器人工作站的维护方法简介

工业机器人工作站的日常维护工作以上面提到的设备维护理念为指导。除紧急维修外，一般包含易损件更换、日常点检、日常保养和定期检修四个主要工作内容。四种工作需要相互配合才能让工作站的工况健康并可控发展，形成良性循环，下面对四种维护性工作加以简单介绍。

1. 日常点检

每天生产开班之前和班中工位空闲时间，需要对设备的关键部位进行目视或接触式检查，即所谓的点检。目视检查的目的在于及时地发现设备异常，并采取措施更正或维修设备，这样既能保证设备在开班后正常工作，不会发生大的停机事故而导致生产任务耽搁，又能保证用此设备生产出来的零件质量是能够得到保证的，不会因为设备的不健康状态导致产品质量缺陷，造成产品报废。例如对于滚边机器人滚边轮的检查，若能够及时发现滚边轮表面的坑洼，既能保证滚边轮在滚边过程中不损坏滚边模具，造成滚边模具啃噬，又能够保证生产出来的产品表面没有缺陷。因此这种方式的维护工作比较简单直接，而且只需每名工人每日花费数分钟，维护成本非常低。

日常点检通常以现场管理看板的形式进行组织，如图 9-2 所示。图 9-2 中，年度点检计划表显示全年的点检安排，每个月执行哪些点检内容；点检操作指导书一栏存放所有关于此工位设备点检工作的标准化操作指导书，其中包含每项检查需要关注的点源、使用什么检查方法、是否使用工具等信息。检查班次安排栏分为不同班次和班组，每天不同班次和班组员工按照点检卡插槽内的卡片检查不同内容，从而扩大检查覆盖面。点检卡根据年度点检计划每月更新。

2. 易损件更换

设备在运转时会有一些加工位置非常容易磨损，例如修磨器的刀片、冲孔机的冲头等。此类易损件的更换周期由厂家在自己的实验室中经过多次试验得出，必须严格遵守其更换周期，进行易损件的更换，否则会造成批量质量事故及不必要的零件返工或者零件报废。

3. 日常保养

所谓日常保养是根据厂家提供的设备保养说明，对设备进行擦拭清理，对需要润滑的部位加注润滑脂等操作。此类保养时间需根据工作站的产量、设备的设计保养周期和设备的工况共同评估决定。一般日常保养放在班后或是周末停产时间进行，保养之后需做好记录工作，记录保养时间和保养类型，以便在日后设备出现紧急停机时，分析原因并及时调整保养计划时间间隔或方案。

<table>
<tr><td colspan="7">×× 工 位 日 常 点 检 管 理 看 板</td></tr>
<tr><td colspan="4">年度点检计划</td><td colspan="3">点检操作指导书</td></tr>
<tr><td colspan="4"></td><td colspan="3"></td></tr>
<tr><td rowspan="2">A班</td><td>班组一</td><td></td><td></td><td></td><td></td><td></td></tr>
<tr><td>班组二</td><td></td><td></td><td></td><td></td><td></td></tr>
<tr><td rowspan="2">B班</td><td>班组一</td><td></td><td></td><td></td><td></td><td></td></tr>
<tr><td>班组二</td><td></td><td></td><td></td><td></td><td></td></tr>
<tr><td colspan="2">班　次</td><td>星期一</td><td>星期二</td><td>星期三</td><td>星期四</td><td>星期五</td></tr>
</table>

点检卡插槽

图 9-2　日常点检管理看板实例

4. 定期检修

定期检修即根据厂家对其设备的建议维护周期，对其关键部位进行检查。此类检修与目视检查的区别是目视检查要求时间短，尽量不用特殊工具，而定期检修一般需要在停产状态下，检查设备某些不便于观察的部位，或是需要使用某些特定的工具进行检查，以对运行一段时间的设备工况做评估。班前目视检查和定期检修相互配合实施能够让设备运行在良好的工况下，大大减少设备紧急停机的次数。

本章将结合上述四种维护方法，就几种不同类型的机器人工作站及工业机器人本身的维护工作展开部分讨论。

第二节　弧焊机器人工作站的日常维护

弧焊机器人和弧焊工艺本身并不复杂，如图 9-3 所示。然而由于弧焊需要消耗焊丝，需要送丝系统和机器人 TCP 补偿系统配合；焊丝熔化时会在枪嘴处堆积大量的氧化物，需要一套自动更换枪头的系统；每次焊接之后需要将焊丝熔断，下次焊接前需要重新修理焊丝，这个过程需要焊丝修剪系统的配合；焊接时产生弧光和废气，需要弧光防护系统和排风系统的配合，这就导致了全自动弧焊机器人工作站的结构比较复杂。以上所述的几个系统都需要做日常的维护和保养，这也增加了日常维护保养的工作量。

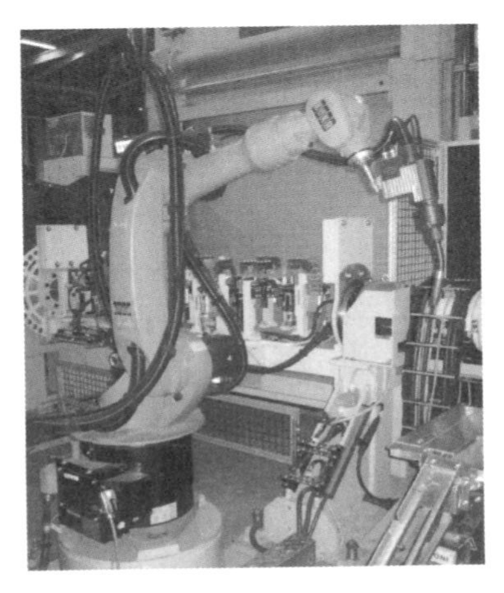

图 9-3　弧焊机器人

下面根据弧焊机器人工作站各个组件的功能，将弧焊机器人工作站予以功能性拆分，并分别介绍各个部分的日常维护保养工作。各个部件精细的保养计划请参考厂家手册。弧焊机器人工作站的组成如图 9-4 所示。

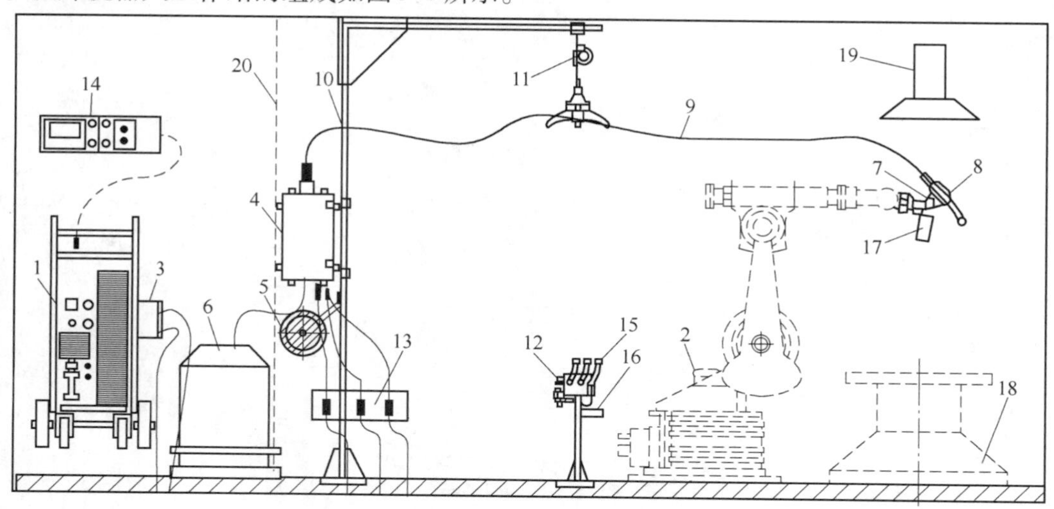

图 9-4 弧焊机器人工作站的组成

图 9-4 中的组件名称及其对应的日常维护工作见表 9-1。

表 9-1 弧焊机器人工作站的日常维护

序号	名称	日常维护工作	维护周期	维护方式
1	弧焊系统控制柜	检查控制柜是否有异响，柜子是否有异常抖动，散热是否有异常，日常保持柜门关闭，防止灰尘进入	年检	假期预防性维护
2	机器人	检查机器人本体是否有漏油，运动时是否有异响，检查机器人一轴处的插头是否有松动	年检	假期预防性维护
3	控制柜插头	检查插头是否有松动	年检	假期预防性维护
4	送丝接口	检查送丝接口机械固定是否有松动	月检	假期预防性维护
5	送丝盘	检查送丝盘转动是否良好，丝是否整齐盘布	日检	日点检和日常保养
6	盘丝桶	检查盘丝桶内部丝是否有缠绕，检查焊丝是否够一个班生产使用，否则及时准备新的丝卷	日检	日点检和日常保养
7	机器人与焊枪连接板	检查连接板上的接头是否有松动	半年检	假期预防性维护
8	弧焊焊枪	检查焊枪是否固定牢靠，焊枪表面是否有污物，焊枪枪嘴是否有堵塞	季检	日点检和日常保养
9	送丝管	检查送丝管护套是否有破损，是否有异常应力	月检	日点检和日常保养
10	吊装支架	检查吊装支架是否有异常晃动空间	季检	假期预防性维护
11	平衡器	检查平衡器的工况，是否有卡顿，二次保护是否连接牢靠，钢丝绳是否有破损	月检	假期预防性维护
12	枪头清洁站	清洁枪头清洁站中的垃圾	日检	日点检和日常保养
13	水气连接板	检查水气是否有泄漏，接头处是否有锈蚀	月检	日点检和日常保养
14	焊接控制器操作面板	检查控制器面板是否有污物，线缆是否缠绕整齐，控制器是否有破损	日检	日点检和日常保养

（续）

序号	名称	日常维护工作	维护周期	维护方式
15	枪嘴自动更换装置	清理更换下的废料，码放新的枪嘴，检查各个传感器的状态是否正常	日检	日点检和日常保养
16	TCP 校验工具	检查此工具位置是否有异常挪动，清理表面污物	月检	日点检和日常保养
17	焊缝补偿传感器	检查传感器的连接，检查状态指示灯是否有异常	月检	日点检和日常保养
18	接地装置	检查接地装置及其地线连接是否牢靠，将其表面污物清理干净	季检	假期预防性维护
19	排风设备	检查排风装置的吸力是否正常	月检	日点检和日常保养
20	弧光防护帘	检查弧光防护帘是否有破损，若有破损及时打补丁	半年检	假期预防性维护

由表 9-1 可见，通常情况下，设备的很多月检、季检内容按照年度点检计划分配到日点检工作中去，按周期滚动检查，以提高维保效率，保证设备工况可控。对于一些长周期、耗时或需要专业检修技能和设备的检修，安排到预防性维护工作中，在生产线停线的时候组织人力、物力进行检查，其他的机器人工作站检查维护工作也可按照此思路进行。

第三节　点焊机器人工作站的日常维护

点焊机器人工作站比较简单，一般由机器人、点焊枪和水气单元组成。但是由于点焊工艺需求，此项技术需要有冷却循环水和压缩空气作为媒介。冷却循环水需要单独的管道接头引入焊枪，需要有水阀控制其通断，还需要回水管道。压缩空气需要气路逻辑控制元件，需要管道将其引入焊枪。基于以上两个媒介，点焊机器人工作站内接头比较多，跑冒滴漏和腐蚀现象也比较常见，需要经常进行目视检查和听觉检查。

由于点焊时能量非常大，因此焊枪与工件必须保证垂直，否则就会造成焊接飞溅，温度很高的液体金属会以很高的速度飞溅出来，而且飞溅的方向一般不固定。这类飞溅对于焊枪本身的水管软管、气管和线缆都有灼伤，因此焊枪水气管路均使用阻燃材料或穿防护枪衣，枪衣的材料一般为防火材料。

下面就点焊机器人工作站的不同组件分别介绍其维护保养工作。

一、点焊工作站日点检表

图 9-5 是点焊工作站的日点检表之一，操作人员每天按照计划对表中的内容进行检查，发现问题及时通知相关人员处理。

二、焊枪的维护

机器人点焊焊枪一般分为气动点焊焊枪和伺服点焊焊枪。气动点焊焊枪的开合由纯气路逻辑控制，无法实现非常精细的控制，相应的成本比较低。现在主流的点焊机器人使用伺服点焊焊枪，其优点是可以通过机器人变频器控制输出不同的电流，结合伺服编码器对焊接压力和电极臂的行程实现非常精细的控制，并对焊接压力实现有效反馈，让焊接质量进一步可

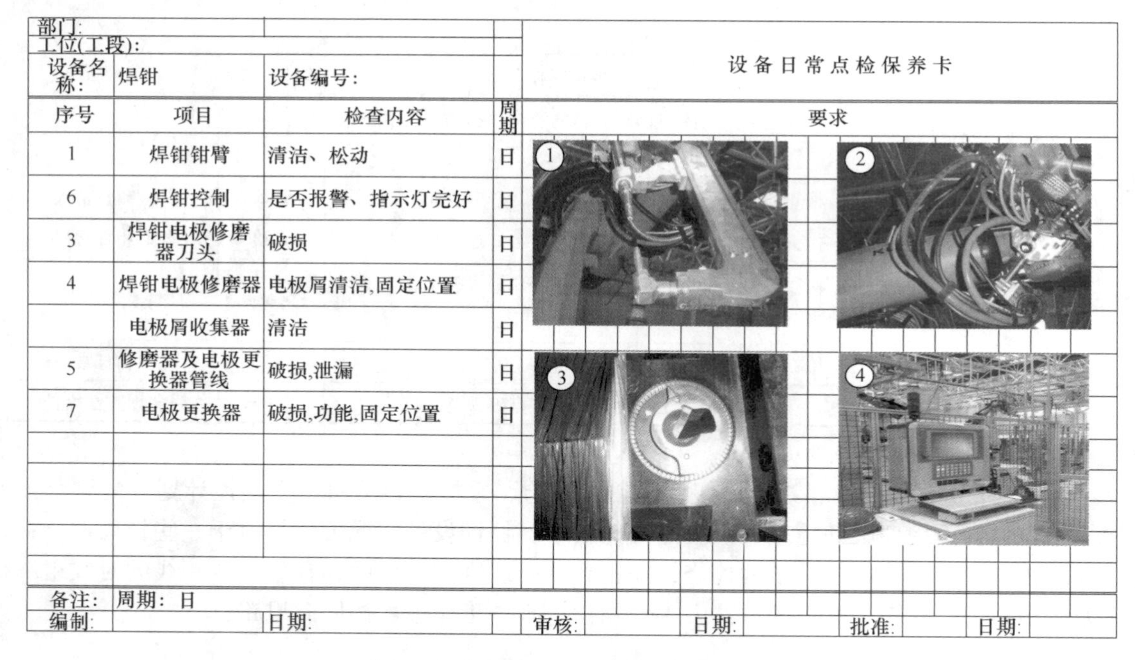

部门:
工位(工段):

设备名称:	焊钳	设备编号:		设备日常点检保养卡
序号	项目	检查内容	周期	要求
1	焊钳钳臂	清洁、松动	日	
6	焊钳控制	是否报警、指示灯完好	日	
3	焊钳电极修磨器刀头	破损	日	
4	焊钳电极修磨器	电极屑清洁,固定位置	日	
	电极屑收集器	清洁	日	
5	修磨器及电极更换器管线	破损,泄漏	日	
7	电极更换器	破损,功能,固定位置	日	
备注:	周期: 日			
编制:		日期:		审核:　日期:　批准:　日期:

图 9-5　点焊机器人工作站的日点检表

控。图 9-6 所示为机器人伺服点焊焊枪。

焊枪结构大致可分为电动机及其传动箱、电极臂、平衡杠、变压器、分流器和水气管路几个部分，如图 9-7 所示。其中由于各个部件的特性，电动机及其传动箱、补偿气缸、电极臂和分流器是日常维护的重点关注部位，下面分别说明。

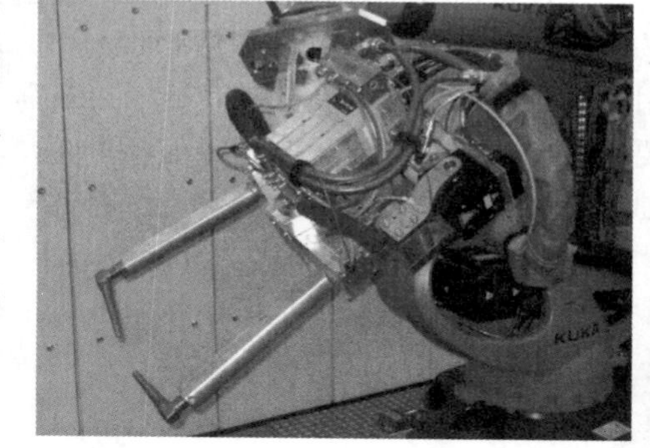

图 9-6　伺服点焊焊枪

（1）电动机及其传动箱　焊枪的伺服电动机行程较短，运行时转矩较大，长时间运转易造成传动机构磨损和电动机输出转矩不准确，极端情况下甚至会造成电动机卡死，因此此部件需要重点保养。

（2）补偿气缸　此部件有压缩空气接入，由于焊接飞溅等原因容易导致漏气，气缸也会因多次运行而容易出现密封件老化的问题。

（3）电极臂　电极臂通常由铍铜制成，质地非常软，且电极臂内部设计有冷却水流动通道，因此在大臂和小臂接头处、电极头处易发生漏水现象。

（4）分流器　每焊接一次分流器就需要跟随焊枪动臂做一次弯折，多次弯折易导致分流器整体折断。

基于以上原因，将焊枪关键器件的维护在表 9-2 列出。

三、水管、水过滤、水气单元（RIP）的维护

冷却循环水是点焊机器人工作站的另一个故障高发的系统。冷却水分为来水和回水，温度较低的冷却水从工厂的动力中心输送过来，流经水过滤器，如图 9-8 所示。将其中的杂物

和水垢过滤，再流经机器人水气单元，如图 9-9 所示。通过水气单元，机器人可以控制水流的通断，便于在更换电极时关断水流。循环水经过 RIP 流经点焊枪的电极头，温度升高，再经过 RIP 到回水管，输送回动力中心，这便是冷却水的完整循环。

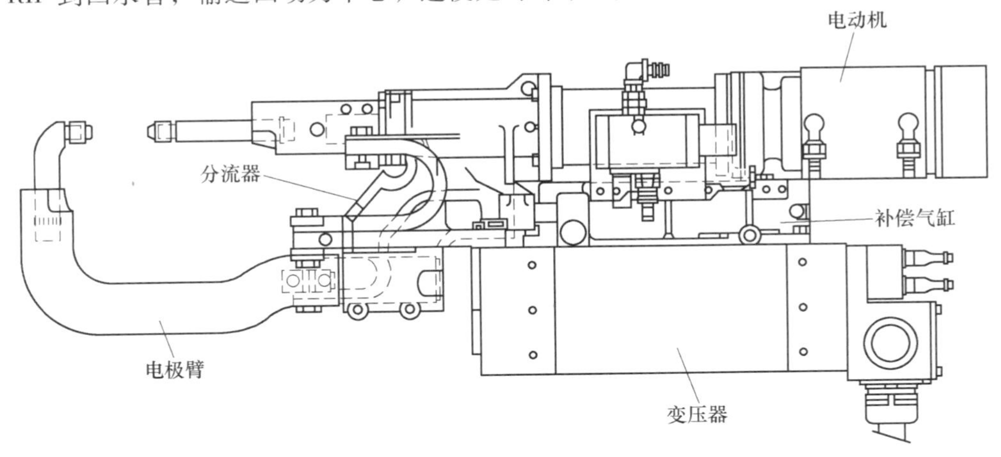

图 9-7　点焊焊枪结构

表 9-2　点焊焊枪关键器件的维护

元件	维　护　措　施	维护周期	维护方式
电动机	滚动螺杆和涂上油脂	半年检	假期预防性维护
补偿气缸	检查气缸密封处是否泄漏	半年检	假期预防性维护
分流器	检查分流器、若有损坏，则需拆除、清理、上油脂、重装每一道工序，锁紧所有螺钉，检查分流器状态，去掉损坏部分，重新安装分流器	季检	日点检和日常保养
电极臂	检查任何漏水现象及可能的焊钳臂破裂	月检	日点检和日常保养
电缆和软管	检查电缆和软管的状态，检查机器人线缆包是否有破损	月检	日点检和日常保养

注：由于点焊焊枪数量庞大，因此出故障的概率比较高，对于备枪的管理也是点焊机器人工作站日常维护工作的一个重点（例如备枪运输小车、备枪存储区的划分等）。对某些焊点比较多的焊枪，一般用备枪定期替换工作的焊枪，离线维修，然后再将其作为备枪。

图 9-8　循环水过滤器

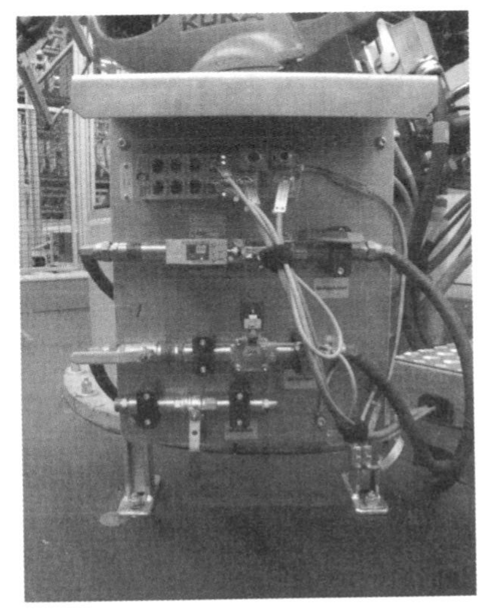

图 9-9　机器人水气单元

循环水过滤器的清洁周期根据水流总量而定，水流量越大，则需要清洁的频率也就越高（具体清洁周期须根据厂家说明书而定）。清洁时需要打开盖子，用毛刷清洁内部的滤芯和过滤器的内胆，并将产生的脏水处理掉，防止污水污染地面。

RIP 需要每天开班之前检查水气单元的水流量信息，若水流量过小，则需做一定的调整工作，让冷却水流量达到要求流量。

另外日常须检查水管是否有泄漏，接头处是否有锈蚀，杜绝跑冒滴漏，让水循环系统保持良好工况。

四、修磨器

点焊焊接多个点后，电极头表面会有氧化物堆积，造成电极头导电性能不佳，影响焊接效果。因此在执行一定数量的点焊之后，焊枪电极头需要修磨，由修磨器刀片将电极头表面的一层削掉，露出不沾有氧化物的表面。以上的过程中负责切削电极头的设备称为修磨器，如图 9-10 所示。修磨器中最关键的部件为修磨刀片，它负责电极头表面的切削，因此也容易损坏。每日需对修磨器刀片做目视检查，若目视检查发现有破损，须及时更换刀片。

图 9-10　修磨器

注：若想测试修磨效果，可在焊枪的上下电极上涂上颜色，强制修磨，看颜色是否被完全磨掉，进而决定是否更换刀片。

第四节　滚边机器人工作站的日常维护

滚边机器人工作站的主要组成为机器人滚边轮和滚边工装，如图 9-11 所示。滚边轮没有太多电器元件，其机械结构也相对简单，因此比较容易做维护工作。但滚边技术往往伴随着涂胶，滚边轮或是滚边工装上经常黏附有胶，长时间未清理的胶风干之后导致滚边工装表面不平整，将会对滚边质量有所影响，因此日常清胶工作尤为重要。

下面分述滚边机器人工作站中滚边轮和滚边工装的维护。

图 9-11　滚边机器人及其工装

一、滚边轮检查

滚边轮结构如图 9-12 所示，多个滚边轮安装在滚轮架上，滚边轮靠内部的轴承转动。

依据对滚边机器人工作站的维护经验，得出以下三个检查准则：

1）检查滚边轮固定螺栓是否松动，滚边轮是否有晃量。

2）检查滚边轮表面是否有杂物，是否有坑洼，若有则尽快更换滚边轮。

3）检查滚边轮是否转动良好，否则更换轴承（此轴承一般为免维护轴承）。

由于以上检查比较简单，易于执行，对于滚边机器人工作站能否生产出来合格的工件也具有重要意义，因此每天开班之前须执行上述检查。

二、滚边工装检查

滚边工装是滚边机器人工作站另一个需要维护的关键部位，如图 9-13 所示。滚边工装一般使用工件的 3D 数模加工成形并淬火，表面极其坚硬耐磨，工件在其表面随着机器人滚边轮的几次“碾压”成形，若其表面不平整，或是有异物，则会将工件表面硌出坑包，长时间带着异物加工工件，会对滚边工装造成不可恢复的损伤，并且会大大缩短滚边轮的使用寿命。

图 9-12　滚边轮结构

图 9-13　滚边工装

滚边工装的检查可以目视完成。滚边工装表面要求为金属色，无污物，没有坑洼，若有异常，则需专业人员修复或更换备用滚边工装，检查周期也为每班开班前检查。

三、滚边工作站日点检表

滚边工作站每日点检内容集中在涂胶设备、滚边工装、滚边轮和机器人上。图 9-14 是滚边工作站的涂胶设备日点检表样例，图 9-15 是滚边工作站上件工位关键器件维护表样例。

四、工业机器人常见故障及处理

工业机器人已经经过几代的发展，机械结构的设计日臻完善。日常使用中若没有碰撞事故，机器人本体机械部件很少出现故障，机械结构的保养也非常简单。以 KUKA 机器人为例，只需要每 5 年更换一次润滑油即可。然而随着工业通信总线技术、控制系统的革新，机器人的电气系统更新换代比较快，因而电气系统稳定性不如机械系统。

部门:		版本:1.1		设备日常点检保养卡
工位(工段):				
设备名称:	涂胶系统	设备编号:		
序号	项目	检查内容	周期	要求
1	涂胶压盘	变形、松动	日	
2	胶泵压力(胶温、流量)	是否符合工艺范围	日	
3	泵头	是否溢胶	日	
4	胶泵系统	是否有异响	日	
5	气缸	是否完好、无泄漏	日	
6	控制系统	指示灯是否正常	日	
7	系统气源压力	是否符合工艺要求	日	
8	胶枪喷嘴	变形、松动	日	
9	胶泵、胶枪系统	清洁	日	

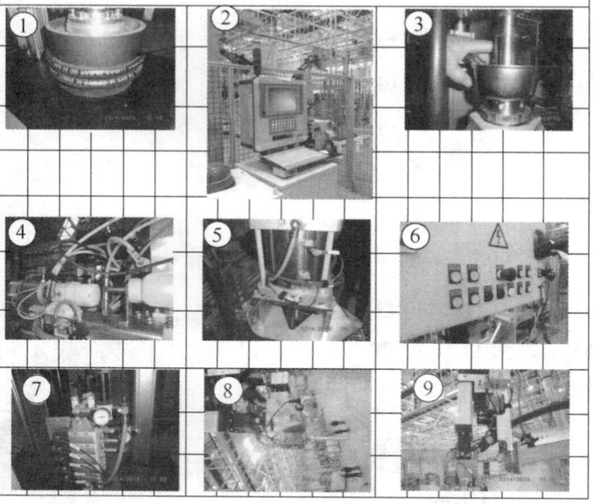

图 9-14　涂胶设备日点检表样例

部门:		版本:1.1		设备日常点检保养卡
工位(工段):				
设备名称:	SD21(上件台)	设备编号:		
序号	项目	检查内容	周期	要求
1	定位销、型具块、传感器	松动、清洁	日	
2	气路	是否泄漏	日	
3	设备铭牌	清洁	日	
4	雷达	安全响应、安全功能校验	日	
5	急停按钮、指示灯	安全功能校验	日	
6	吸盘及真空发生器	破损、清洁	日	
7	旋转机构	清洁、松动	日	
8	飞行滚边、滚边轮	松动、清洁	日	

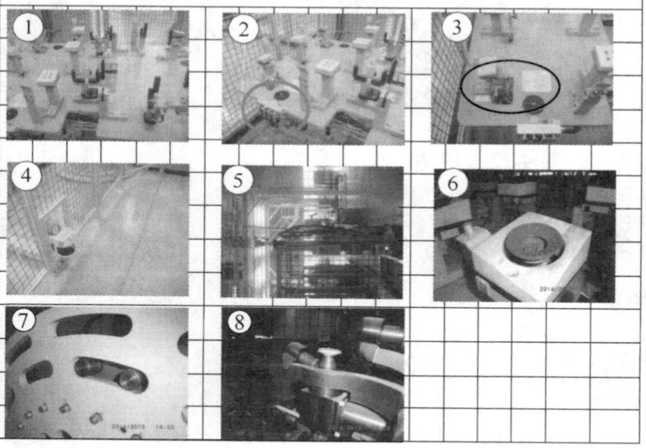

图 9-15　滚边工作站上件工位关键器件维护表样例

需要注意的是在做任何故障排查和故障处理之前，一定要确保机器人已经做了备份。下面就机器人的机械和电气方面一些常见故障予以介绍，部分故障加以实例分析。

（一）起动故障

机器人不能正常起动是比较常见的故障，首先要排除外部供电系统的异常，然后开始排查机器人控制柜。起动故障可能会有的各种症状：所有单元上的 LED 灯均未亮起；接地故障保护跳闸；无法加载系统软件；示教器没有响应；示教器能够起动，但对任何输入均无响应；系统软件未正确起动等。

此类故障须确保系统的主电源通电并且在指定的极限之内，确保驱动模块中的主变压器正确连接现有电源电压，确保控制模块和驱动模块的电源供应没有超出指定极限。必要时需用万用表测量控制柜内的线路，尽量定位故障，然后更换相应的故障模块。由于能够导致起动故障的原因非常多，因此在短时间内不能排除故障时，需要将控制柜整体替换，然后将备份的机器人数据导入机器人，以尽快恢复生产，然后将有故障的设备离线修理。

（二）油渍沾污电动机和齿轮箱

1. 故障描述

此类故障的症状为电动机或变速箱周围的区域出现油泄漏的征兆。这种情况可能发生在底座、最接近配合面，或者在分解器电动的最远端。该症状可能由以下原因引起：齿轮箱和电动机之间的防泄漏密封损坏；变速箱油面过高或变速箱油过热。

对此的解决方案一般为检查电动机和齿轮箱之间的所有密封和垫圈，不同的操纵器型号使用不同类型的密封。根据每个机器人的产品手册中的说明更换密封和垫圈，检查齿轮箱油面高度，若高度过低，则需按照油品型号添加。齿轮箱过热可能由以下原因造成：使用的油的型号或油面高度不正确；机器人工作周期运行特定轴出现困难（可以尝试在应用程序编程中写入小段的“冷却周期”，即在某些连续运动的语句中间适当加入等待时间，避免出现连续高速运转）；齿轮箱内有可能出现过大的压力。

2. 案例分析

如图 9-16 所示，某台机器人从电动机下方漏油，机器人臂上出现油渍。对此首先判断油渍的颜色，若油渍为淡绿色，则为齿轮箱油，说明齿轮箱内有故障或是齿轮箱密封出现问题，一般保守起见更换机器人臂；若油渍为透明或淡黄色，则为电动机轴在组装阶段涂抹的油脂，须检查电动机的密封。现场检查之后发现油渍为透明色，又由于机器人还在质保期内，因此将电动机整体拆下，替换为新的备件电动机，对机器人重新做零点校正，然后将损坏的电动机寄回机器人公司并索赔新的电动机。

图 9-16 漏油的机器人

（三）机械噪声

1. 故障描述

在操作期间，电动机、变速箱、轴承等不应发出机械噪声。出现故障的轴承在损坏之前通常发出短暂的摩擦声或者嘀嗒声。损坏的轴承造成路径精确度不一致，在严重的情况下，接头会完全抱死。

该症状可能由以下原因引起：轴承磨损，污染物进入轴承圈，轴承没有润滑。如果从变速箱发出噪声，也可能是机器人过热。

解决方案为确定发出噪声的部位，若是轴承，则应确保轴承相应的润滑；若是电动机，则需待电动机冷却后继续观察，故障若未消除，则需更换电动机并做零点校正；若是变速箱则需更换机器人臂。

2. 案例分析

在正常生产过程中，一台机器人发出刺耳的异响，走近机器人能够感觉到机器人附近的地面有振动。首先怀疑是机器人轴有机械故障，将机器人打到手动，让其单轴运动，若某个轴有机械卡死的情况，则在手动单轴动作时会报出轴转矩过大。逐个轴检查后并未发现异常，因此排除轴的故障，剩下的机械部件只有平衡杠，如图 9-17 所示。打开平衡缸观察孔，发现内部润滑不够，用凡士林对其润滑后故障消失。

图 9-17　机器人及其平衡缸

（四）示教器与控制器之间的连接问题

示教器是现场进行机器人操作编程的快捷人机交互工具，如图 9-18 所示。

1. 故障描述

故障的症状为示教器没有反应也不点亮，或是示教器启动，但没有显示屏幕图像。可能的原因是示教器与控制柜之间的连接插头松动，或是控制柜内插头到主控板处的电缆有问题。

2. 案例分析

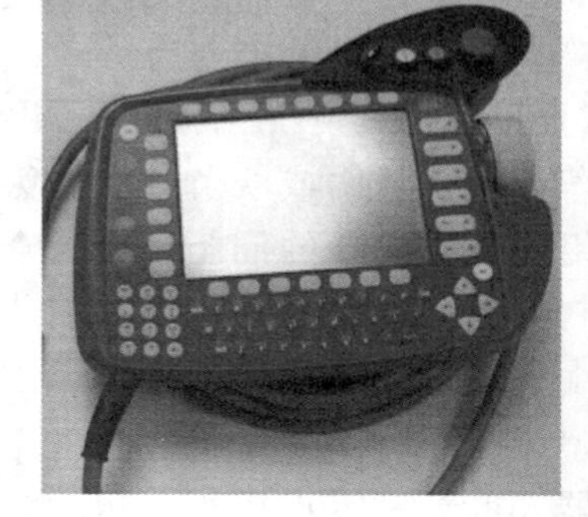

图 9-18　KUKA C2 机器人示教器

解决方案为检查电源到主计算机的全部电缆，确保它们正确连接。确保示教器与控制器正确连接。检查控制器中所有单元的各个 LED 指示灯。检查主计算机上的全部状态信号。在正常生产过程中某台机器人的示教器首先发生闪断，之后屏幕不点亮。在这期间没有人对机器人控制柜及示教器做过任何操作。首先怀疑示教器和控制柜本体的插头接触不好，将其拔下重新插上，在拔下的过程中示教器又发生闪断，因此确认了故障为示教器插头接触问题。查看拔下的示教器插头及控制柜本体插座，对插针做了微调，问题得以解决。

（五）不一致的路径精确性和零点丢失

机器人 TCP 的路径不一致。路径经常变化，并且有时会伴有轴承、变速箱或其他位置发出的噪声。该症状可能由以下原因引起：机器人没有正确校准；未正确定义机器人 TCP；在电动机和齿轮之间的机械接头损坏（它通常会使出现故障的电动机发出噪声）；将错误类型的机器人连接到控制器；制动闸未正确松开。

解决方案为：确保正确定义机器人工具和工作对象；如有必要，重新校准机器人轴；通过跟踪噪声找到有故障的电动机；分析机器人 TCP 的路径，以确定哪个轴出现故障，进而确定哪个电动机可能有故障；确保根据配置文件指定的类型连接正确的机器人类型；确保机器人制动闸可以使人正确地工作。

除以上描述的故障外，其实还有很多比较常见的故障，限于篇幅不一一赘述。故障追溯的最好方法是查看故障日志，对于当前正在发生的故障或是已经发生过多次的故障在故障日志中都有所记录，日后对于故障的总结和分析都需要翻阅故障日志，应该对故障日志有足够的重视。

第五节　机器人工作站常见故障及处理

上一章已经介绍过机器人工作站的组成，机器人工作站可以被看作是有一定智能的、运用一定工具进行特定工序的“加工人”。它通常以 PLC（可编程序控制器）为大脑中枢，以 Profibus 或 Profinet 等工业网络为传输神经，以机器人、变频器控制的电动机、液压气动元件为四肢；同时，通过 UOP（或称为 HMI）人机操作界面作为媒介，可以和真正的人进行沟通，如图 9-19 所示。

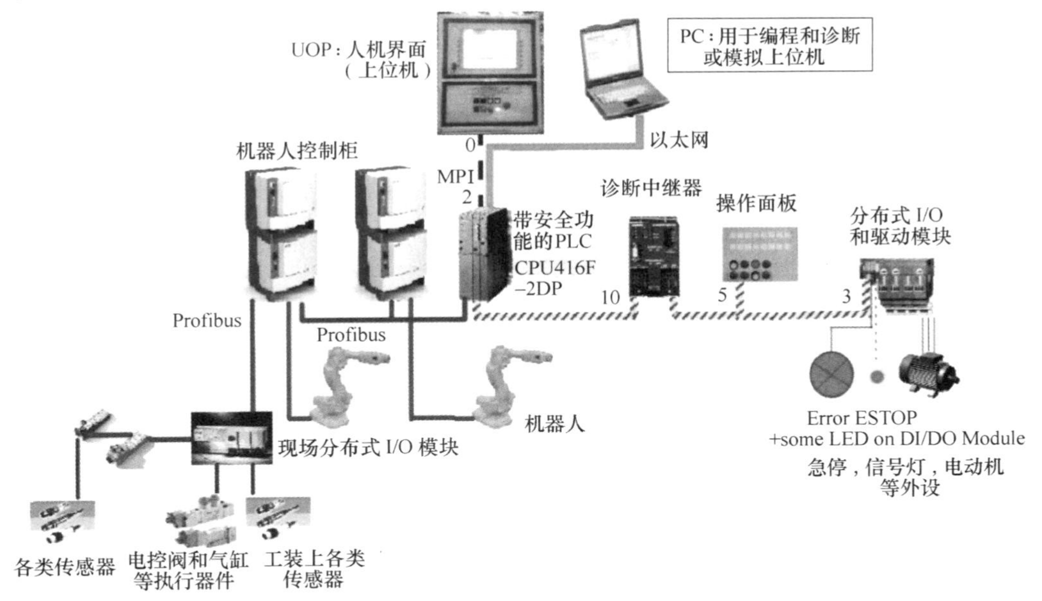

图 9-19　机器人工作站控制系统原理图

那怎样才能高效地和它进行沟通，快速知道它的问题出在哪呢？下面将阐述判断和解决机器人工作站故障的一般流程和思路，然后对常见故障及其解决方案进行介绍。

一、机器人工作站故障诊断流程和思路

不同机器人工作站之间发生的故障差异非常大，但是机器人工作站故障处理有着大致一

样的流程。首先要在人机界面上进行报警信息的查看，然后按照系统提示定位故障点源，并使用相应办法排除故障；如果报警信息不足以找到故障点，就需要结合工位的加工流程来判断目前的停止步序和可能的故障原因，甚至需要借助 PLC 编程和诊断软件进行在线诊断和实施一些程序应急修改方案。具体流程可参考图 9-20。

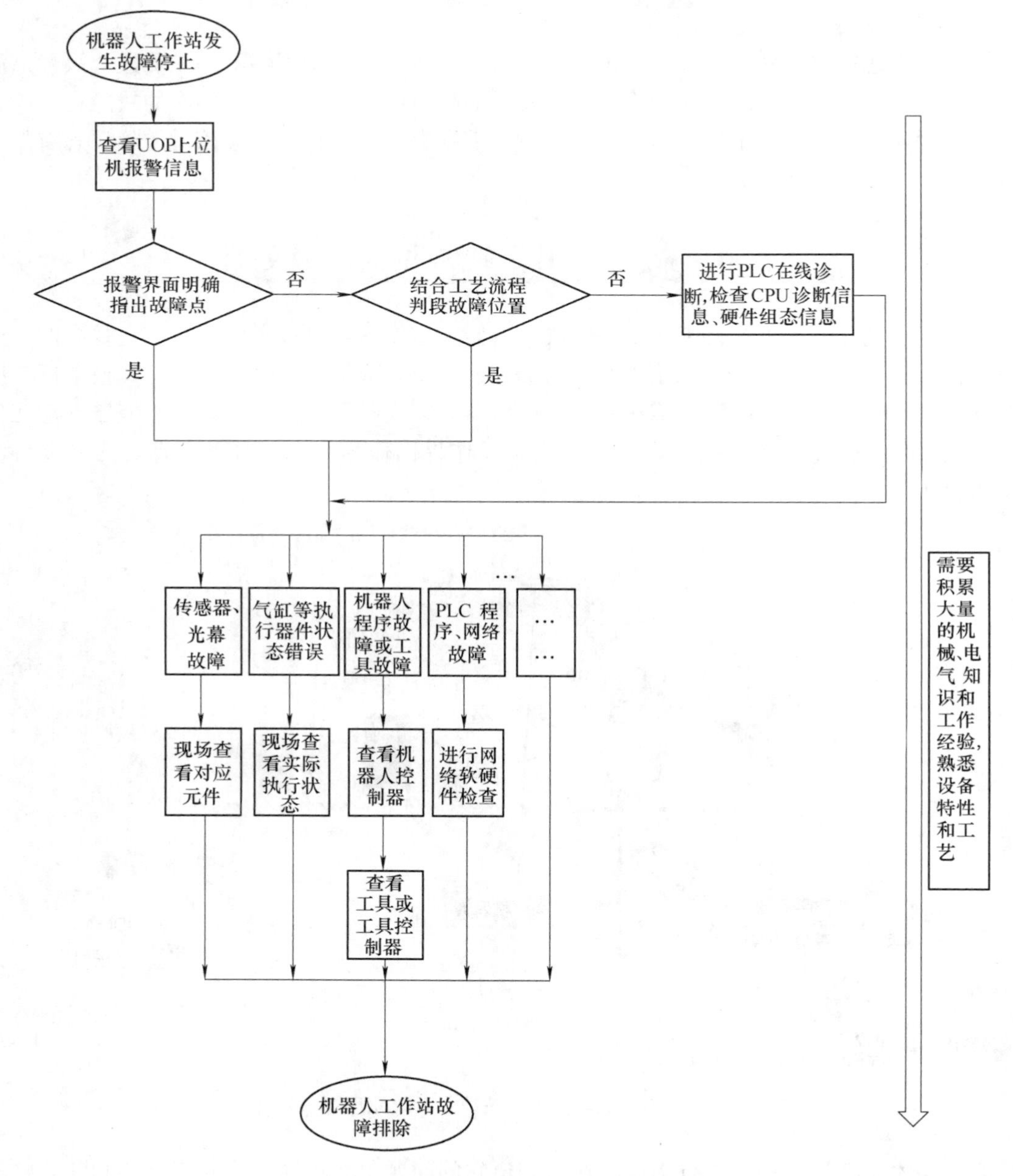

图 9-20　机器人工作站故障诊断流程

二、接近开关、气缸等传感器不到位或误点亮

传感器是工业控制系统的“眼睛”，每个机器人工作站内都有大量的传感器。若工件变

形或是传感器本身损坏，传感器会发出错误的信号，导致机器人工作站停机。

此类故障很常见，解决方案一般为在上位机或是机器人的控制面板上找到状态错误传感器或是气缸，记住传感器的现场安装位置，到安装位置观察。若是工件问题，则将工件报废或做其他相应处理；若是传感器问题，首先确保传感器无电磁干扰，然后用金属测试，根据测试结果更换传感器或做其他处理。

三、光栅和光雷达无人闯入即报警

由于现场的环境，在机器人运动过程中，光栅或光雷达等安全装置有可能被飞虫、焊接飞溅、弧光、杨絮等物体激发，或有时光雷达或光栅本身发生故障，造成系统停止或急停。

排除方法：充分利用光栅和光雷达的功能，设置屏蔽点，降低光雷达扫描速度，可有效减少此类故障，光雷达需要按要求定期清洁。

四、通信总线中断

现在的机器人工作站总线通信一般为Profibus或Profinet。总线将各个站点串联在一起构成网络，然后各个节点可以互相访问，因此站内的网络通信接头非常多，若有一个接头发生松动，就会导致网络发生故障，全站停止工作。

此类故障对应网络拓扑图，找出断网后的第一个站以及断网前的一个站，检查两端的接头和其中的网络线缆，必要时用提前预制的线缆予以替换，检查故障是否消除，若能够消除，则将故障线缆予以更换，之后重新激活网络。

五、机器人丢失任务号

柔性生产线上的机器人工作站内的机器人一般能够加工多种零件，PLC会根据生产线内的零件信息发给机器人任务号，机器人会根据不同任务号加工进入机器人站内的不同零件。若在PLC发送任务号时机器人处于断网状态，在工作循环中机器人死机或是一些其他异常状况发生，机器人会丢失任务号，丢失任务号之后机器人站会停机。若是丢失了机器人互锁信号，机器人相互之间更有发生碰撞的危险，切不可贸然直接跳过信号检测语句，强行恢复机器人站工作。

此类故障最安全的解决方法为将工件导出，所有机器人回到Home位置，全站初始化。但是这样会使未加工成形的零件报废。若是零件成本比较高，必须恢复机器人工作，在保证机器人互锁信号正确的前提下，可以给机器人模拟任务号，若不能，则须逐台手动操作机器人完成工作，最后完成全站初始化。

六、机器人碰撞

随意跳过机器人信号检测语句，手动强行干预机器人，或是在调试阶段忘记机器人互锁信号编写，都会造成机器人碰撞事故的发生。此类故障为最严重的机器人站事故，若碰撞轻微，则造成暂时停产，以检查机器人零点是否丢失；若碰撞严重，则须更换机器人。因此此类事故的重点为提前做好预防性工作。

一方面在编程的时候需要对所有运动语句加上碰撞检测，另一方面需要编写一些辅助程序，让机器人在正常工作状态下记录某些点的位置，并拍照留存。发生碰撞之后，让机器人运行之前的程序，对照照片即可知道机器人运动轨迹是否偏离，如图 9-21 所示。

在判断机器人没有明显机械故障的前提下运行程序，若机器人轨迹未发生偏移，则可恢复生产；若机器人轨迹发生偏移，则需对机器人做零点校正，进一步检查工具是否受损：若受损，则针对受损部位进行修复，然后再次验证此点，恢复生产。

图 9-21　机器人碰撞辅助程序检测

总之，学会处理机器人工作站日常故障固然重要，但更重要的是做好机器人工作站的日常点检以及预防性维护保养工作，确保每次点检到位，每次保养间隔合适，不仅让机器人工作站尽量少发生故障，更要保证机器人工作在良好的工况下，延长设备使用寿命，实现对设备的科学管理。

第十章 工业机器人的安全防护

由于工业机器人系统复杂而且危险性大，在手动操作机器人或机器人系统自动运行期间，对机器人及其周边设备进行任何操作都必须注意安全。无论什么时候进入机器人工作范围都可能导致严重的伤害，因此，工业机器人的安全防护尤为重要。

第一节　安全防护措施

一、机器人系统的布局

机器人系统的合理布局是系统安全防护的第一步。机器人控制柜宜安装在安全防护空间外。这可使操作人员在安全防护空间外进行操作、启动机器人运动完成工作任务，并且在此位置上操作人员应具有开阔的视野，能观察到机器人运行情况及是否有其他人员处于安全防护空间内。

机器人系统的布置应避免机器人运动部件和与机器人作业无关的周围固定物体及设备（如建筑结构件、公用设施等）之间的挤压和碰撞，应保持有足够的安全间距，一般最少为0.5m。但那些与机器人完成作业任务相关的设备和装置（如物料传送装置、工作台、相关工具台、相关机床等）不受约束。

当要求由机器人系统布局来限定机器人各轴的运动范围时，应设定限定装置，并在使用时进行器件位置的正确调整和可靠固定。

在设计末端执行器时，应使其当动力源（电气、液压、气动、真空等）发生变化或动力消失时，负载不会松脱落下或发生危险（如飞出）；同时，在机器人运动时，由负载和末端执行器所生成的静力和动力及力矩应不超出机器人的负载能力。

机器人系统的布置应考虑操作人员进行手动作业时（如零件的上、下料）的安全防护。可通过传送装置、移动工作台、旋转式工作台、滑道推杆、气动和液压传送机构等过渡装置来实现，使手动上下料的操作人员置身于安全防护空间之外。但这些自动移出或送进的装置不应产生新的危险。

二、安全标示

操作机器人或机器人系统时，应严格遵守机器人使用的安全规程，因此了解机器人系统常用的安全标示是必需的。机器人系统常用的安全标示，见表10-1。

表 10-1 安全标示

标示	名称	含义
	危险	警告，如果不依照说明操作，就会发生事故，并导致严重或致命的人员伤害或严重的产品损坏
	警告	警告如果不依照说明操作，可能会发生事故，造成严重的伤害（可能致命）或重大的产品损坏
	电击	针对可能会导致严重的人身伤害或死亡的电气危险的警告
	小心	警告如果不依照说明操作，可能会发生造成伤害或产品损坏的事故
	静电放电(ESD)	针对可能会导致严重产品损坏的电气危险的警告
	注意	描述重要的事实和条件
	提示	描述从何处查找附加信息或如何以更简单的方式进行操作

三、示教编程器的安全防护

示教编程器是一种高品质的手持式终端，它配备了高灵敏度的一流电子设备。为避免操作不当引起的故障或损害，应该严格遵照以下说明进行使用：

1）小心操作，不要摔打、抛掷或重击示教编程器，这样会导致破损或故障。在不使用该设备时，应将它挂到专门存放它的支架上，以防意外掉在地上。

2）示教编程器的使用和存放应避免被人踩踏电缆。

3）切勿使用锋利的物体操作触摸屏，这样可能会使触摸屏受损。应用手指或触摸笔去操作示教编程器触摸屏。

4）定期清洁触摸屏。灰尘和小颗粒可能会挡住屏幕造成故障。

5）切勿使用溶剂、洗涤剂或擦洗海绵清洁示教编程器，使用软布蘸少量水或中性清洁剂清洗。

四、设备的安全防护

（一）确认开关状态

高压作业可能会产生致命性后果。触碰高压可能会导致心跳停顿、烧伤或其他严重伤害。为了避免这些伤害，请务必在作业前关闭控制柜上的主开关，如图 10-1 所示。

确保驱动模块、主模块的主开关关闭，如图 10-2 所示。

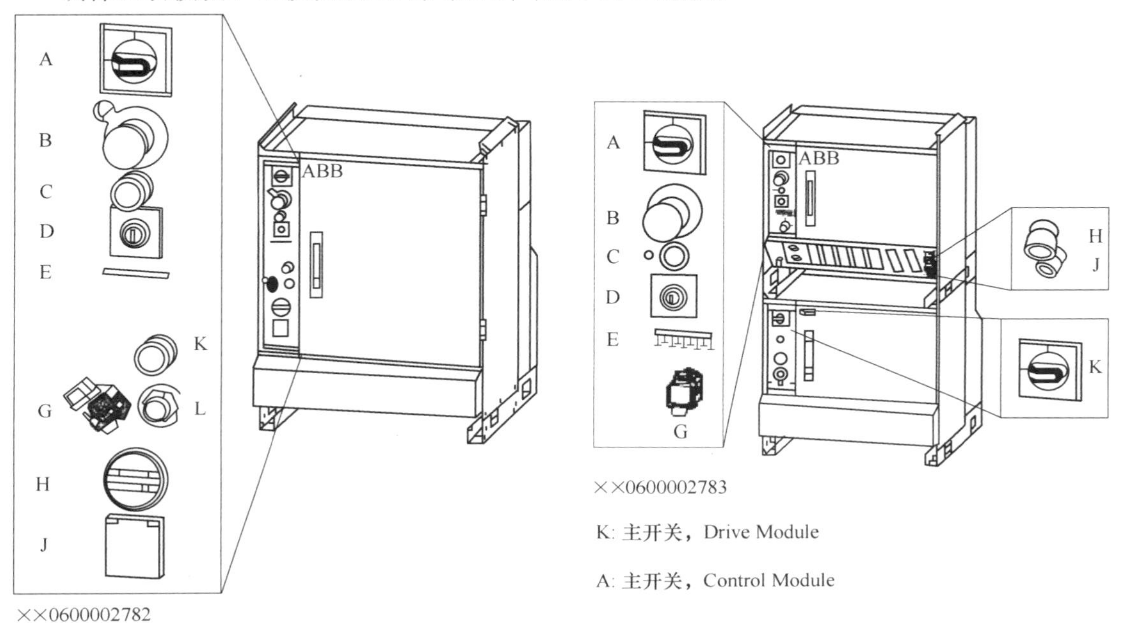

A: 主开关

图 10-1　关闭控制柜的主开关　　　　图 10-2　关闭驱动模块、主模块的主开关

（二）机器人动作的危险

使用示教编程器使机器人动作时，它可能会执行一些意外的或不规范的移动。此外，所有的移动都会产生很大的力量，有可能对个人造成严重伤害或对工作范围内的任何设备造成损害。因此，应该严格按照表 10-2 进行操作。

表 10-2　使用示教编程器使机器人动作

序号	操　作	注　释
1	示教编程器运行之前，请务必正确安装和连接紧急停止设备	紧急停止设备包括防护门、踏垫和光幕等
2	在手动全速模式下通常只有止-动功能有效。要增加安全性，也可使用系统参数对手动限速激活止-动功能	按下示教编程器的使能键，机器人动作；松开使能键，机器人停止动作
3	按下启动按钮之前，确保示教编程器的工作范围内无人	机器人动作之前，机器人的工作区域内无障碍

（三）轴制动闸的作用

机器人手臂系统非常沉重，特别是大型机器人，如果没有连接制动闸、连接错误、制动闸损坏或任何故障导致制动闸无法使用，都会产生危险。

例如，当KUKA200机器人手臂系统跌落时，可能会对站在下面的人员造成伤亡。因此，应采取对应的防范措施，具体操作如下：

1）如果怀疑制动闸不能正常使用，请在作业前使用其他方法确保机器人手臂系统的安全性。

2）如果打算通过连接外部电源禁用制动闸，请务必注意：当禁用制动闸时，切勿站在机器人的工作范围内（除非使用了其他方法支撑手臂系统）；任何时候均不得站在任何机器人轴臂下方。

（四）紧急停止

紧急停止是一种超越其他任何示教编程器控制的状态，断开驱动电源与示教编程器电动机的连接，停止所有运动部件，并断开电源与示教编程器系统控制的任何可能存在危险的功能的连接。紧急停止状态意味着所有电源都要与示教编程器断开连接，手动制动释放电路除外。只有执行恢复步骤，即重置紧急停止按钮并按电动机开启按钮，才能返回正常操作。

在机器人运行过程中，工作区域有人员闯入，或者机器人伤害了工作人员或损伤了机器设备时，必须按下任意紧急停止按钮。因此，紧急停止功能用于在遇到紧急状况时立即停止设备，不得用于正常的程序停止，因为这可能会给示教编程器带来额外的不必要磨损。

（五）安全停止

安全停止意味着仅断开示教编程器与电动机之间的电源，因此不需要执行恢复步骤。只需要新连接电动机电源，就可以从安全停止状态返回正常操作。安全停止也称为保护停止。

安全停止不得用于正常的程序停止，因为这可能会给示教编程器带来额外的不必要磨损。

安全停止通过输入到控制器的特殊信号激活，这些输入专用安全装置有单元门、光幕或光束等。安全停止类型见表10-3。

表10-3　安全停止类型

安全停止	描　　述
自动模式停止（AS）	在自动模式中断开驱动电源
常规停止（GS）	在所有操作模式中断开驱动电源
上级停止（SS）	在所有操作模式中断开驱动电源 用于外部设备

五、机器人系统的安全防护装置

机器人系统的安全防护可采用一种或多种安全防护装置，如：

1）固定式或连锁式防护装置。

2）双手控制装置、使能装置、握持-运行装置、自动停机装置、限位装置等。

3）现场传感安全防护装置（PSSD），如安全光幕或光屏、安全垫系统、区域扫描安全系统、单路或多路光束等。

六、安全保护

实际操作中，有些危险不能合理地消除或不能通过设计完全排除。安全保护就是借助保护装置使作业人员远离这些危险。

某些安全保护装置（如光幕）激活时，保护装置可以通过受控方式停止示教编程器来防止危险情形。这可通过将保护装置连接到示教编程器上的任何安全停止输入来实现。

安全保护空间是由机器人外围的安全防护装置（如栅栏等）所组成的空间。确定安全保护空间的大小是通过风险评价来确定超出机器人限定空间而需要增加的空间。一般应考虑当机器人在作业过程中，所有人员身体的各部分应不能接触到机器人运动部件和末端执行器或工件的运动范围。例如，示教编程器单元由单元门及其互锁装置进行安全保护。

每个现有保护装置都具有互锁装置，激活这些装置时将停止示教编程器。示教编程器与单元门含有互锁，在打开单元门时该互锁将停止示教编程器。恢复正常操作的唯一方法是关闭单元门。

安全保护机制包含许多串联的保护装置。当一个保护装置启动时，保护链断开，此时不论保护链其他部分的保护装置状态如何，机器都会停止运行。

七、安全工作区域

在调试与运行机器人时，它可能会执行一些意外的或不规范的运动。并且，所有的运动都会产生很大的力量，从而严重伤害人员或损坏机器人工作范围内的任何设备。所以工作人员必须时刻警惕与机器人保持足够的安全距离，在机器人的工作区域之外进行操作。

八、工作中的安全

机器人速度慢，但是很重并且力度很大，运动中的停顿或停止都会产生危险。即使可以预测运动轨迹，但外部信号有可能改变操作，有可能在没有任何警告的情况下，产生预想不到的运动。因此，当进入保护空间时，务必遵循所有安全条例。

1）如果在保护区域内有工作人员，请手动操作机器人系统。

2）当进入保护空间时，请准备好示教编程器，以便随时控制机器人。

3）注意旋转或运动的工具，例如切削工具和锯。确保在接近机器人之前，这些工具已经停止运动。

4）注意工件和机器人系统的高温表面。机器人电动及长期运转后温度很高。

5）注意夹具并确保夹好工件。如果夹具打开，工件会脱落并导致人员伤害或设备损坏。夹具非常有力，如果不按照正确方法操作，也会导致人员伤害。

6）注意液压、气压系统以及带电部件。即使断电，这些电路上的残余电量也很危险。

九、动作模式的安全防护

1. 手动模式下的安全

在手动减速模式下，机器人只能减速（250mm/s 或更慢）操作（移动）。只要在安全保护空间之内工作，就应始终以手动速度进行操作。

手动全速模式下，机器人以程序预设速度移动。手动全速模式应用仅用于所有人员都位于安全保护空间之外时，而且操作人员必须经过特殊培训，熟知潜在的危险。

2. 自动模式下的安全

自动模式用于在生产中运行机器人程序。在自动模式操作情况下，常规模式停止（GS）机制、自动模式停止（AS）机制和上级停止（SS）机制都将处于活动状态。

十、灭火

发生火灾时，请确保全体人员安全撤离后再行灭火。应首先处理受伤人员。当电气设备（例如机器人或控制器）起火时，使用二氧化碳灭火器，切勿使用水或泡沫。

第二节 机器人干涉

在自动化生产线上，机器人工作站越来越被广泛应用。尤其在汽车的装焊线上，多台机器人在同一个工作站中协同工作，形成多台机器人的焊接系统。工作站中的机器人在共同执行某种作业任务时，必然要与作业环境中另外的机器人形成动态障碍关系。

机器人在作业过程中，或者在运行过程中，两个或两个以上的零件（或部件）同时占有同一位置而发生冲突称为干涉。通常情况下多个机器人的工作空间存在重叠交叉区域，机械人各关节之间在运动过程中极易产生机械干涉，导致生产事故的发生，影响了整条生产线的生产，因此多机器人之间的动态干涉问题亟待解决。

机器人之间干涉会引起机器人自身的部件损坏、机器人的程序混乱、加工中的工件损坏、周边其他设备设施的损坏。因此解决机器人的干涉问题尤为重要。

针对机器人的干涉情况首先需要分析机器人的干涉区。干涉区如图 10-3 所示，就是各机器人因作业需要，共同经由或滞留的空间。同一工位的机器人，在工作过程中，需要进入到同一个区域，但进入的先后次序无严格的限定，任意一台机器人先进入，在工艺上都允许（除了影响运行时间外）。允许使用干涉区信号控制机器人运行，防止机器人之间碰撞。

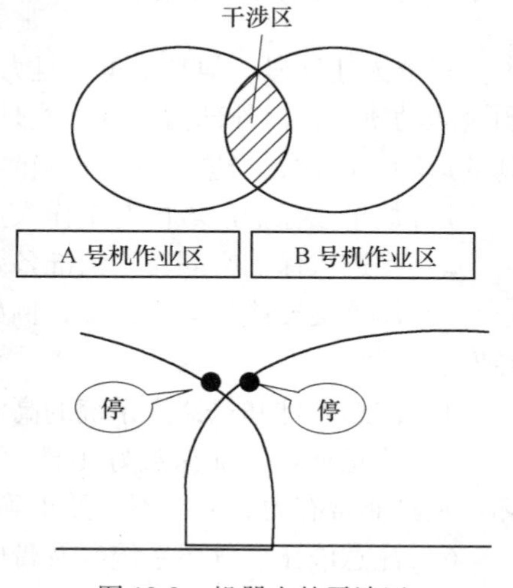

图 10-3 机器人的干涉区

确认好干涉区范围之后，将机器人各自在进入干涉区之前设置等待动作，并且必须确认等待中的机器人是否完全处于干涉区之外。

不同的干涉区使用不同的干涉信号：如果两台机器人之间存在多个干涉区，则要求使用不同的干涉区信号。

对于有严格的工艺时序的干涉，采用互锁信号来控制。互锁信号是针对机器人需要在干涉区工作的时间而设置的，即针对双方作业干涉区进行机器人干涉信号设置，保证在同一时间段内，相互可能干涉的机器人只允许有一台进入该区域，其他的需要等待干涉区空后再进入。

设置干涉区的控制信号必然影响生产线的生产效率，因此在设置干涉区信号时应从下面几个方面考虑。

一、在高效完成作业的前提下设置干涉

由于干涉区的存在，造成机器人单独作业，从而发生降低生产效率的现象。因此在设置干涉区的时候，必须根据各机器人的作业量以及作业顺序，设置最合理、最有效的干涉区作业步骤。

如图 10-4 所示，机器人 A 的作业为 4 个点，机器人 B 的作业为 5 个点，因此机器人 B 的作业在无干涉的情况下必然慢于机器人 A。如此在干涉区中进行作业时，如果以原本慢的机器人 B 等待机器人 A 的形式进行作业，机器人 B 完成作业的时间将会更长，因此影响到生产效率。所以设置干涉的时候要以机器人 B 先作业的形式进行生产。值得注意的是工作站每一项工作的完成是以所有参加工作的机器人动作停止为结点的。

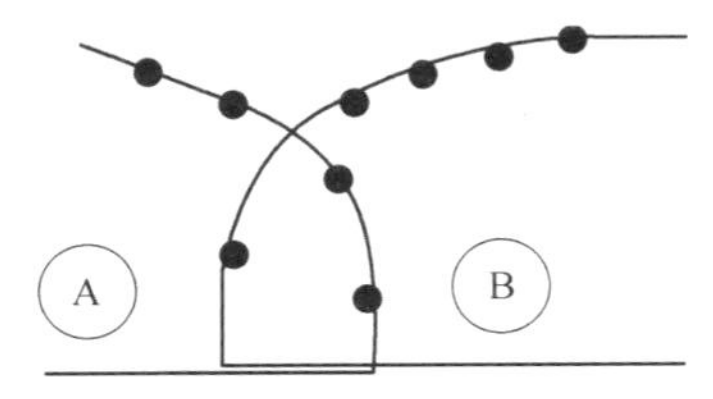

图 10-4　机器人干涉区

二、作业中所有可能发生干涉的干涉区都要设置信号

图 10-5 所示为工作站的 A、B 两台焊接机器人的工作区域的干涉区，不难发现，如果机器人 A 在打干涉区中①、②点的时候，机器人 B 在打干涉区外①、②点的情况下，干涉区或许会被巧妙错过。

但此时如果机器人 A 由于未知原因突然停止在干涉区中，而机器人 B 因为没有接收到任何信号而持续打点的话，那双方会发生碰撞事故。

因此为避免上述情况的发生，在非直接干涉的干涉区存在的情况下，也要设置干涉信号，作为保护措施。

干涉区域不一定仅仅存在于两台机器人之间，周边还有其他机器人的情况下，所有的因动作组合而存在的干涉区，都需要进行确认与设置。

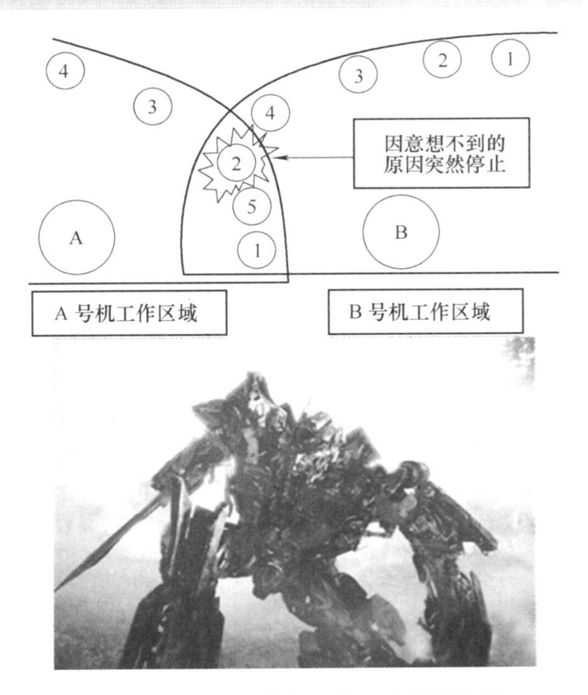

图 10-5　焊接机器人工作区域的干涉区

三、进入发出 OFF 信号，脱离发出 ON 信号

在图 10-5 所示的焊接机器人工作站中，假设机器人 A 信号设置为进入发出 ON 信号，

脱离发出 OFF 信号的形式，那么机器人 A 在干涉区中作业时，突然发生断电，或其他原因造成该机器人的信号关闭，都会导致机器人 B 接收到 OFF 的信号，从而进入干涉区造成机器人的碰撞等事故。

如果机器人 A 信号设置为进入发出 OFF 信号，脱离发出 ON 信号的形式，那么就算发生以上的断电等事故，机器人 B 由于接收不到 ON 的信号，于是一直等待，从而避免事故的发生。

四、两台机器人之间的互锁

在图 10-6 弧焊机器人工作站中，A 机器人为焊接机器人，在工作台位置进行工件焊接，B 为搬运机器人，两台机器人在工作台位置处存在干涉现象。

图 10-6　弧焊机器人工作站

工作站工作时序：焊接机器人 A 在干涉区外等待进行焊接，搬运机器人 B 先将工件搬运至待焊接的工位上，搬运机器人离开干涉区域后，焊接机器人 A 进入开始焊接，焊接完成后，焊接机器人 A 离开干涉区域，工作台夹具打开，搬运机器人 B 才能进行搬运。当搬运机器人 B 搬运工件离开干涉区后，此工作站的干涉互锁设置才算完成。

第三节　电磁干扰

由于电磁干扰、射频干扰和静电放电，使机器人及其系统和周边设备产生误动作，意外启动或控制失效会形成各种危险运动。因此针对机器人的抗电磁、静电影响的考虑尤为重要。

一、静电影响

ESD（静电放电）是电动势不同的两个物体间的静电传导，它可以通过直接接触传导，也可以通过感应电场传导。通过摩擦（摩擦静电）和静电感应可以产生高达几千伏的静电电压，最常见的产生静电的方式是摩擦。合成纤维辅之以干燥的空气尤其会助长这种静电效应，两种介电常数不同的材料相互摩擦也会产生静电。经过摩擦，材料将被充上电荷，即一种材料将电子放给了另一种材料，其表现形式是出现一种极性单一的带电粒子堆积现象。这种现象在人体上同样也可以发生。例如，一个人在干燥环境中穿了一双绝缘性能良好的鞋在人工合成材料制的地毯行走，由此他可以带上高达15kV的静电，这一电压的极小部分（人察觉不到）已经足以摧毁静电保护器件（ESD）。与通过静电而产生的电压相比，现代半导体元件的耐压性能简直是微乎其微。此外，ESD不仅会导致部件的完全损坏，有时它还可能部分地损坏集成电路（IC）或者元件，其结果是导致使用寿命下降，或者在目前还正常的部件上引起间发性故障。

在操作所有安装在机器人控制柜内的组件时，必须遵守静电保护准则。这些组件都装配有高级的模块并且对静电放电很敏感。

搬运部件或其容器时，未接地的人员也可能会传导大量的静电荷。一旦放电可能会损坏灵敏的电子装置。排除静电危险应按照表10-4操作。

表10-4　排除静电操作

序号	操作	作　　用
1	使用手腕带	手腕带必须经常检查，以确保没有损坏，并且要正确使用
2	使用ESD保护地垫	地垫必须通过限流电阻接地
3	使用防静电桌垫	此垫应能控制静电放电且必须接地

二、电磁干扰

电磁干扰的传播途径主要是通过空间辐射或者导线传导，即辐射发射和传导发射，以及感应耦合。形成电磁干扰（EMI）必须具备电磁干扰源、电磁干扰途径、对电磁干扰敏感的系统三个要素。在工业机器人系统中的电动机多采用交流伺服系统，其包含开关型功率电力电子器件和高速电子电路，由电力电子器件的开关产生的电磁波辐射出去可导致周围设备运行异常。从另一方面来讲，交流电网中存在大量的谐波干扰，交流伺服系统的供电电源也会受到来自被污染的交流电网的干扰，若不加以处理，电网电磁干扰就会通过电网电源电路干扰交流伺服系统，或者伺服放大器附近安装了很多噪声源，如电磁接触器、电磁制动器、多个继电器等，也会使伺服放大器运行异常。在机器人系统中，设备被安置在一个相对聚集的空间中，各个电气元件之间的电磁干扰相对明显。因此，电磁干扰对系统的影响不可忽视。

三、降低电磁干扰的措施

解决电磁干扰问题，是提高机器人运动精确度的重要措施。控制系统的抗干扰能力关系到整个系统的可靠性，而系统的可靠性则直接影响企业的生产效率以及设备的安全和经济运行。

根据电磁干扰的不同传播途径，可以采用隔离、滤波、屏蔽、接地等多种方法抑制电磁干扰。

（一）从伺服放大器辐射出的引起周围机器运行异常的电磁干扰的抗干扰措施

伺服放大器产生的电磁干扰是由于伺服放大器本体和输入、输出连接的电线辐射出去的，对靠近主电路电线周围设备的信号线有电磁感应和静电感应。

采取的抗干扰措施为：将易受干扰的装置尽量远离伺服放大器，伺服放大器的动力线（输入、输出电缆）和信号线应避免平行布线或束状布线，应尽量分开布线。编码器的连接电缆和信号控制线应使用屏蔽双绞线，屏蔽线的外层要与接地端子连接。伺服放大器和伺服电动机应采用一点接地。接地线必须短而粗，使得接地电阻和电感较小，免得引入额外的干扰。接地线与大地要连接良好，并将信号线与动力线分别放在金属线槽中。

（二）对外部进入伺服放大器并导致其运行异常的电磁干扰的抗干扰措施

在干扰源设备上安装浪涌吸收器以抑制干扰。在信号线上，安装数据线滤波器。通过电缆卡头将编码器连接线和信号控制线接地。

（三）控制柜的安装位置

在自动化生产线上的工业机器人工作站中，不再是一台、两台机器人协同工作，而是多台机器人布局在一个特定的空间。因此，多个机器人控制柜的安装位置除了考虑场地使用、操作者操作方便以外，一个重要的因素是要考虑控制柜之间的合理布局，这是消除电磁干扰、快速散热、提升机器人运动准确性的重要因素。

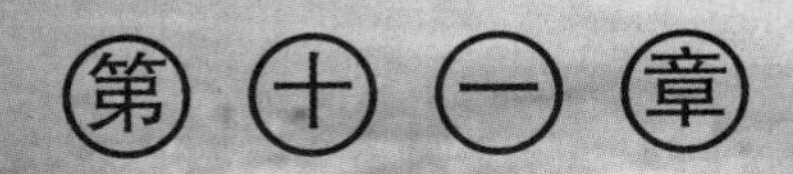

第十一章 工业机器人的发展趋势

机器人应用从传统制造业向非制造业转变，向以人为中心的个人化和微型化方向发展，并将服务于人类活动的各个领域。总趋势是从狭义的机器人概念向广义的机器人技术（RT）概念转移；从工业机器人产业向解决工程应用方案业务的机器人技术产业发展。机器人技术（RT）的内涵已变为“灵活应用机器人技术的、具有实在动作功能的智能化系统”。

目前，工业机器人技术正在向智能机器和智能系统的方向发展，其发展趋势主要为：结构的模块化和可重构化；控制技术的开放化、PC化和网络化；伺服驱动技术的数字化和分散化；多传感器融合技术的实用化；工作环境设计的优化和作业的柔性化以及系统的网络化和智能化等方面。

第一节 机器人的最新发展

一、机器人操作机

通过有限元分析、模态分析及仿真设计等现代设计方法的运用，机器人操作机已实现了优化设计。以德国KUKA公司为代表的机器人公司，已将机器人并联平行四边形结构改为开链结构，拓展了机器人的工作范围，加之轻质铝合金材料的应用，大大提高了机器人的性能。此外采用先进的RV减速器及交流伺服电动机，使机器人操作机几乎成为免维护系统。

二、并联机器人

采用并联机构，利用机器人技术，实现高精度测量及加工，这是机器人技术向数控技术的拓展，为将来实现机器人和数控技术一体化奠定了基础。意大利COMAU公司、日本FANUC公司等已开发出了此类产品。

三、控制系统

控制系统的性能进一步提高，已由过去控制标准的6轴机器人发展到现在能够控制21轴甚至27轴，并且实现了软件伺服和全数字控制。人机界面更加友好，基于图形操作的界面也已问世。编程方式仍以示教编程为主，但在某些领域的离线编程已实现实用化。

四、传感系统

激光传感器、视觉传感器和力传感器在机器人系统中已得到成功应用，并实现了焊缝自动跟踪和自动化生产线上物体的自动定位以及精密装配作业等，大大提高了机器人的作业性能和对环境的适应性。日本 KAWASAKI、YASKAWA、FANUC 和瑞典 ABB、德国 KUKA、REIS 等公司皆推出了此类产品。

五、网络通信功能

日本 YASKAWA 和德国 KUKA 公司的最新机器人控制器已实现了与 Canbus、Profibus 总线及一些网络的连接，使机器人由过去的独立应用向网络化应用迈进了一大步，也使机器人由过去的专用设备向标准化设备发展。

六、可靠性

由于微电子技术的快速发展和大规模集成电路的应用，使机器人系统的可靠性有了很大提高。过去机器人系统的可靠性 MTBF 一般为几千小时，而现在已达到 5 万 h，几乎可以满足任何场合的需求。

第二节 智能机器人技术

一、智能机器人的发展现状

智能机器人是第三代机器人，这种机器人带有多种传感器，能够将多种传感器得到的信息进行融合，能够有效地适应变化的环境，具有很强的自适应能力、学习能力和自治功能。

目前研制中的智能机器人智能水平并不高，只能说是智能机器人的初级阶段。在智能机器人研究中，当前的核心问题有两方面：一方面是提高智能机器人的自主性，这是就智能机器人与人的关系而言，即希望智能机器人进一步独立于人，具有更为友善的人机界面。从长远来说，希望操作人员只要给出要完成的任务，机器能自动形成完成该任务的步骤，并自动完成它。另一方面是提高智能机器人的适应性，提高智能机器人适应环境变化的能力，这是就智能机器人与环境的关系而言，希望加强它们之间的交互关系。

智能机器人涉及许多关键技术，这些技术关系到智能机器人智能性的高低。这些关键技术主要有以下几个方面：多传感信息融合技术，多传感器信息融合就是指综合来自多个传感器的感知数据，以产生更可靠、更准确或更全面的信息，经过融合的多传感器系统能够更加完善、精确地反映检测对象的特性，消除信息的不确定性，提高信息的可靠性；导航和定位技术，在自主移动机器人导航中，无论是局部实时避障还是全局规划，都需要精确知道机器人或障碍物的当前状态及位置，以完成导航、避障及路径规划等任务；路径规划技术，最优路径规划就是依据某个或某些优化准则，在机器人工作空间中找到一条从起始状态到目标状态、可以避开障碍物的最优路径；机器人视觉技术，机器人视觉系统的工作包括图像的获取，图像的处理和分析、输出和显示，核心任务是特征提取，图像分割和图像辨识；智能控制技术，智能控制方法提高了机器人的速度及精度；人机接口技术，人机接口技术是研究如何使人方便、自然地与计算机交流。

在各国的智能机器人发展中，美国的智能机器人技术在国际上一直处于领先地位，其技术全面、先进，适应性也很强，性能可靠、功能全面、精确度高，其视觉、触觉等人工智能技术已在航天、汽车工业中广泛应用。日本由于一系列扶植政策，各类机器人包括智能机器人的发展迅速。欧洲各国在智能机器人的研究和应用方面在世界上也处于公认的领先地位。中国起步较晚，而后进入了大力发展的时期，期望以机器人为媒介物推动整个制造业的改变，推动整个高新技术产业的壮大。

二、智能机器人的应用

现代智能机器人基本能按人的指令完成各种复杂的工作，如深海探测、作战、侦察、搜集情报、抢险、服务等工作，模拟完成人类不能或不愿完成的任务，不仅能自主完成工作，而且能与人共同协作完成任务或在人的指导下完成任务，在不同领域有着广泛的应用。

图 11-1　水下机器人

智能机器人按照工作场所的不同，可以分为管道机器人、水下机器人、空中机器人、地面机器人等。

管道机器人可以用来检测管道使用过程中的破裂、腐蚀和焊缝质量情况，在恶劣环境下承担管道的清扫、喷涂、焊接、内部抛光等维护工作，对地下管道进行修复。

图 11-1 所示的水下机器人，可以用于进行海洋科学研究、海上石油开发、海底矿藏勘探、海底打捞救生等；美国的 AUSS、俄罗斯的 MT-88、法国的 EPAVLARD 等水下机器人已用于海洋石油开采，海底勘查、救捞作业、管道敷设和检查、电缆敷设和维护以及大坝检查等方面，形成了有缆水下机器人（Remote Operated Vehicle）和无缆水下机器人(Autonomous Under Water Vehicle)两大类。

图 11-2　空中机器人

空中机器人可以用于通信、气象、灾害监测、农业、地质、交通、广播电视等方面，一直是先进机器人的重要研究领域。目前美、俄、加拿大等国已研制出各种空中机器人。如图 11-2 所示的空中机器人、美国 NASA 的空中机器人

Sojanor等。Sojanor 是一辆自主移动车，质量为 11.5kg，尺寸 630mm × 48mm，有 6 个车轮，它在火星上的成功应用，引起了全球的广泛关注。

在核工业方面，国外的研究主要集中在机构灵巧、动作准确可靠、反应快、质量轻、刚度好、便于装卸与维修的高性能伺服手，以及半自主和自主移动机器人，如图 11-3 所示的核工业机器人。已完成的典型系统有美国 ORML 基于机器人的放射性储罐清理系统、反应堆用双臂操作器，加拿大研制成功的辐射监测与故障诊断系统，德国的 C7 灵巧手等。

地下机器人主要包括采掘机器人和地下管道检修机器人两大类，图 11-4 所示的为一款地下机器人。对此类机器人的主要研究内容为：机械结构、行走系统、传感器及定位系统、控制系统、通信及遥控技术。目前日、美、德等发达国家已研制出了地下管道和石油、天然气等大型管道检修用的机器人，各种采掘机器人及自动化系统正在研制中。

图 11-3　核工业机器人

图 11-4　地下机器人

微型机器人以纳米技术为基础在生物工程、医学工程、微型机电系统、光学、超精密加工及测量（如扫描隧道显微镜）等方面具有广阔的应用前景。在医学方面，医用机器人的主要研究内容包括：医疗外科手术的规划与仿真、机器人辅助外科手术、最小损伤外科、临场感外科手术等。美国已开展临场感外科（Telepresence Surgery）的研究，用于战场模拟、手术培训、解剖教学等。法、英、意、德等国家联合开展了图像引导型矫形外科（Telematics）计划、袖珍机器人（Biomed）计划以及用于外科手术的机电手术工具等项目的研究，并已取得一些卓有成效的结果。图 11-5 所示为日本草津的立命馆大学研究人员展示超小医用机器人的模型。这种直径 1cm、长为 2cm、重仅为 5g 的医用机器人可以到达人体内患病处，并能与其他医疗器械配套使用。

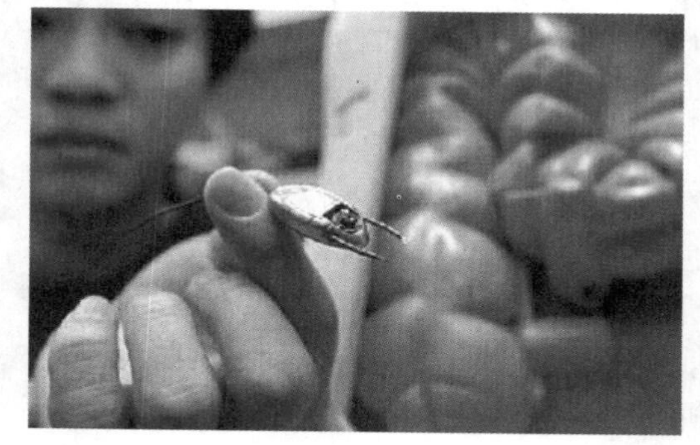

图 11-5　医用机器人

在建筑方面，有高层建筑抹灰机器人、预制件安装机器人、室内装修机器人、擦玻璃机器人、地面抛光机器人等，并已实际应用，图 11-6 所示的为一款建筑机器人正攀缘在墙壁上。美国卡耐基梅隆大学、麻省理工学院等都在进行管道挖掘和埋设机器人、内墙安装机器人等型号的研制，并开展了传感器、移动技术和系统自动化施工方法等基础研究。英、德、法等国也在开展这方面的研究。

在国防领域中，军用智能机器人得到前所未有的重视和发展。近年来，美、英等国研制出第二代军用智能机器人，其特点是采用自主控制方式，能完成侦察、作战和后勤支援等任务，在战场上具有看、嗅等能力，能够自动跟踪地形和选择道路，具有自动搜索、识别和消灭敌方目标的功能，如美国的 Navplab 自主导航车、SSV 自主地面战车、法国的自主式快速运动侦察车（DARDS）、德国 MV4 爆炸物处理机器人等。目前美国 ORNL 正在研制和开发 Abrams 坦克、爱国者导弹装电池用机器人等各种用途的军用机器人。

在未来的军事智能机器人中，还会有智能战斗机器人、智能侦察机器人、智能警戒机器人、智能工兵机器人、智能运输机器人等，成为国防装备中新的亮点，如图 11-7 所示的一款军用机器人。

图 11-6　建筑机器人

图 11-7　军用机器人

服务机器人可半自主或全自主工作，为人类提供服务，其中医用机器人具有良好的应用前景；仿人机器人的形状与人类似，具有移动功能、操作功能、感知功能、记忆和自治能力，能够实现人机交互。

在服务工作方面，世界各国尤其是西方发达国家都在致力于研究开发和广泛应用服务智能机器人。以清洁机器人为例，随着科学技术的进步和社会的发展，人们希望更多地从烦琐的日常事务中解脱出来，这就使得清洁机器人进入家庭成为可能。日本公司研制的地面清扫机器人，可沿墙壁从任何一个位置自动启动，利用不断旋转的刷子将废弃物扫入自带容器中；车站地面擦洗机器人工作时一面将清洗液喷洒到地面上，一面用旋转刷不停地擦洗地面，并将脏水吸入所带的容器中；工厂的自动清扫机器人可用于各种工厂的清扫工作。如图 11-8 所示，美国的一款清洁机器人“Roomba”具有高度自主能力，可以游走于房间各家具缝隙间，灵巧地完成清扫工作。瑞典的一款机器人“三叶虫”，表面光滑，呈圆形，内置搜索雷达，可以迅速地探测到并避开桌腿、玻璃器皿、宠物或任何其他障碍物。一旦微处理器识别出这些障碍物，它可重新选

图 11-8　Roomba 机器人

择路线，并对整个房间做出重新判断与计算，以保证房间的各个角落都被清扫。

甚至在体育比赛方面，机器人也得到了很大的发展。近年来在国际上迅速开展起来足球机器人与机器人足球高技术对抗活动，国际上已成立相关的联合会FIRA，许多地区也成立了地区协会，已达到比较正规的程度且有相当的规模和水平。机器人足球赛的目的是将足球（高尔夫球）撞入对方球门取胜。球场上空（2m）高悬挂的摄像机将比赛情况传入计算机内，由预装的软件做出恰当的决策与对策，通过无线通信方式将指挥命令传给机器人。机器人协同作战，双方对抗，形成一场激烈的足球比赛。在比赛过程中，机器人可以随时更新它的位置。每当它穿过地面线截面，双方的教练员与系统开发人员不得进行干预。机器人足球技术融计算机视觉、模式识别、决策对策、无线数字通信、自动控制与最优控制、智能体设计与电力传动等技术于一体，是一个典型的智能机器人系统。

现代智能机器人不仅在上述方面有广泛应用，而是渗透到生活的各个方面。像在煤炭工业，在矿业方面，考虑到社会上对煤炭需求量日益增长的趋势和煤炭开采的恶劣环境，将智能机器人应用于矿业势在必行。随着智能机器人应用领域的日益扩大，人们期望智能机器人能在更多的领域为人类服务，代替人类完成更多、更复杂的工作。可以预见，在21世纪各种先进的机器人系统将会进入人类生活的各个领域，成为人类良好的助手和亲密的伙伴。

三、智能机器人的发展趋势

智能机器人具有广阔的发展前景，目前机器人的研究正处于第三代智能机器人阶段，尽管国内外对此的研究已经取得了许多成果，但其智能化水平仍然不尽人意。未来的智能机器人应当在以下几方面着力发展：面向任务，由于目前人工智能还不能提供实现智能机器的完整理论和方法，已有的人工智能技术大多数要依赖领域知识，因此当把机器要完成的任务加以限定，即发展面向任务的特种机器人，那么已有的人工智能技术就能发挥作用，使开发这种类型的智能机器人成为可能；传感技术和集成技术，在现有传感器的基础上发展更好、更先进的处理方法和实现手段，或者寻找新型传感器，同时提高集成技术，增加信息的融合；机器人网络化，利用通信网络技术将各种机器人连接到计算机网络上，并通过网络对机器人进行有效的控制；智能控制中的软计算方法，与传统的计算方法相比，以模糊逻辑、基于概率论的推理、神经网络、遗传算法和混沌为代表的软计算技术具有更高的鲁棒性、易用性及计算的低耗费性等优点，应用到机器人技术中，可以提高其问题求解速度，较好地处理多变量、非线性系统的问题；机器学习，各种机器学习算法的出现推动了人工智能的发展，强化学习、蚁群算法、免疫算法等可以用到机器人系统中，使其具有类似人的学习能力，以适应日益复杂的、不确定和非结构化的环境；智能人机接口，人机交互的需求越来越向简单化、多样化、智能化、人性化方向发展，因此需要研究并设计各种智能人机接口，如多语种语音、自然语言理解、图像、手写字识别等，以更好地适应不同的用户和不同的应用任务，提高人与机器人交互的和谐性；多机器人协调作业、组织和控制多个机器人来协作完成单机器人无法完成的复杂任务，在复杂未知环境下实现实时推理反应以及交互的群体决策和操作。

由于现有的智能机器人的智能水平还不够高，因此在今后的发展中，努力提高各方面的技术及其综合应用，大力提高智能机器人的智能程度，提高智能机器人的自主性和适应性，是智能机器人发展的关键。同时，智能机器人涉及多个学科的协同工作，不仅包括技术基础，甚至还包括心理学、伦理学等社会科学，让智能机器人完成有益于人类的工作，使人类从繁重、重复、危险的工作中解脱出来，就像科幻作家阿西莫夫的“机器人学三大法则”一样，让智能机器人真正为人类利益服务，而不能成为反人类的工具。相信在不远的将来，各行各业都会充满形形色色的智能机器人，科幻小说中的场景将在科学家们的努力下逐步成为现实，很好地提高人类的生活品质和对未知事物的探索能力。

我国的智能机器人发展还落后于世界先进水平，而智能机器人又是高科技的集中体现，具有重要的发展价值，因此我国在智能机器人领域要认清形势、明确发展目标，采取符合我国国情的可行发展对策，努力缩小与世界领先水平的差距，早日让智能机器人全面为社会的发展服务。相信经过政府的重视和投入，科技工作者的不懈奋斗，我国的智能机器人发展水平能达到新的高度。

第三节　网络机器人技术

一、基于网络的遥操作技术

遥操作系统允许操作者通过主从机器人来实现对远程设备的控制。它主要应用于空间技术、核废料的处理、显微外科、微电子装配、水下操作、采矿业及消防救援等方面。

遥操作系统包括操作者、主设备、通信通道、从机器人和远端环境。主机器人设备核心是力反馈操纵杆，而从机器人可为任意类型的设备。设计并安装于机器人上的双工控制器负责主从设备间的双向信息流传输。通信媒介可采用因特网或无线技术。总体来说，双工控制器要被设计为稳定且透明的系统。所谓透明系统是一种理想情况，即操作者自身感觉不到主从设备之间距离的存在，操作者的感觉就如同对远程环境中的设备进行本地直接操作。当从机器人设备上的位置和力的变化可与反馈给操作者的位置和力的变化相匹配时，上述透明系统在技术上是可实现的。然而，由于通信中的时滞和系统中存在的噪声及系统自身存在的不稳定因素，使实现稳定且透明的双工系统操作仍有困难。因此，设计在系统存在显著通信延迟环境下的双工控制器更具实际意义。而且设计具有自适应性的双工控制器是一种可行的方法。

基于网络的机器人技术被提出后，首先被应用到遥操作领域。如 Mercury Robot，Telerobot 及 Telegerden 等都是给用户提供通过因特网对远程设备实施遥操作控制的机器人。这些系统在初期只能提供机器人工作环境的静止画面，有些系统如 Telegerden 也尝试使用 CAD 技术来回馈被控机械臂状态动画。当支持通过网络传输流式图像数据的网络摄像头技术出现后，现场环境的图像反馈变得易于实现。

要使用户能远程控制机器人并完成一系列复杂动作，就需要使用更先进的技术来实现复杂且友好的用户界面。在这些工作中，马修 R. 斯坦（MattheW R. Stein）的网络交互绘画机器人 Puma Paint Project 十分引人注目。它允许任意因特网用户通过网络控制 PUMA760 机械臂在远程实验室画布上完成绘画操作。用户界面提供了用 Java 设计的虚拟画布，并且系统通过不断的图像更新给用户提供及时的视觉反馈，使得没有任何专业知识的网络用户也可轻松实施操作。

根据控制系统性能和技术的先进性，遥操作机器人控制技术研究现状与发展可分为如下几个阶段：

（一）手工闭环控制

这是最早且研究最多的一种遥操作形式，其中操作者是手动闭环控制的核心部分。这一早期的遥操作技术主要应用于在危险环境下进行操作的设备中，如核工业设备，水下遥控操作设备和空间设备。但通信的明显滞后、不稳定性和手动闭环控制是其主要缺点。

（二）共享或监管控制

这种控制机制的目的是使机器人或设备的控制可由本地控制回路和远程遥控操作者来共享。本地控制回路负责其基本功能的实现，远程遥控操作者主要负责系统的监控及对异常情况的处理。这一技术提高了操作者对设备的可操作性，避免了系统不稳定性问题。但昂贵的、为单一目的建设的操作站是其致命的缺点。通信的专用性也限制了普通网络用户的访问，使得这一技术只能应用于固定的专业领域中。

（三）基于万维网的遥操作机器人

万维网遥控机器人这一概念还处于雏形阶段。它通过基于因特网的 Web 浏览器来控制远程机器人和设备。这就需要先进的网络监控机制来避免系统的不稳定并支持网络多用户访问。这一技术的提出开创了一个崭新的研究领域，使遥操作技术的应用走向网络化和全球化。

二、基于网络的自主移动机器人控制技术

使用万维网作为机器人远程控制的基础构架使得在仅使用标准 HTML 接口的情况下给网络用户提供访问变得易于实施。因此可应用网络技术进一步扩展自主移动机器人的控制手段，使其控制不再受空间和地域的限制。国外在这一领域已经开展了深入研究，如卡耐基梅隆大学研发的基于 Web 的办公室自主移动机器人 Xavier 和基于网络进行远程控制的博物馆导游机器人米勒娃（Minerva）。这些机器人的特点是自身具有较高自主性，而网络技术又给异地操作者提供了进行远程控制的手段。基于网络的室内自主机器人控制采用事件驱动和任务控制的系统体系结构时，其自主性和基于网络的远程控制会得到更完美的结合。

最初基于网络的移动机器人的自主性能有限，而且同一时间内只能向单一用户提供网络服务。瑞士联邦洛桑科技研究所的 Khepon The Web 就是其中典型代表。用户可通过网络控制小型移动机器人在人造迷宫中进行运动并能同时经摄像头的图像反馈进行观察。

Carnegie Mellon 大学研发的 Xaiver 是第一个可通过网络控制并运行于复杂办公环境的自主移动机器人。机器人可在线或离线接收请求命令并在运行时段内进行处理。Xaiver 完成任务后会通过电子邮件通知用户。Xaiver 的网络界面使用了 Client-pull 和 Server-push 技术来获取图像。此外 Xaiver 的用户界面还提供办公环境的地图并显示机器人在其上的位置。

在更为复杂的动态环境（如博物馆）中，机器人在执行任务时会遇到大量不可预见事件。例如，博物馆导游机器人米勒娃除了要对网络用户进行在线响应，同时还要与博物馆中的游客进行现场人机交互，所以其任务规划要能够处理各种不可预测的突发事件。博物馆导游机器人要及时向用户提供各种反馈。由于使用了基于 Java Applet 的技术，其在低带宽情况下仍能按要求更新机器人状态。网络用户界面还提供机器人所带摄像头和安装于天花板上

摄像头所传回的图像。使用多种方式的代理技术可支持多用户同时访问。实际应用中常要求网络用户同现场用户分享机器人的控制。网络能给异地用户提供远程现场再现，而现场用户则通过比网络更直接的方式控制机器人，这就要求混合控制的界面设计要避免两者相互干扰。

提高被控机器人的自主性对实现实时远程控制具有重要意义。被控机器人本身具有的避障功能，对路径的自主规划和对多任务的决策能力，都有利于减少网络通信中不可预测时滞对机器人控制实时性的影响。这一思想的实质是将属于远程控制的部分功能下放到控制系统本地来实现，远程的操作者只需对预先定义好的操作指令实施控制操作，或直接通过对运行于客户端的辅助软件的图形界面及命令菜单的单击来实施远程操作控制。这一方法降低了系统的复杂度，将各种简单的基本操作集成为高层次的复合动作，从而提高了系统操作的集成度，加快了系统的控制响应速度，保证了控制的实时性。

通过上述技术手段的应用，当网络通信出现拥塞而导致传输速率下降时，机器人控制系统本身应能够相应降低控制精度，暂缓非紧急任务，从而降低网络通信的负载。如果出现系统暂时的通信中断，控制系统的自主性可避免机器人处于失控状态，使其仍能正常完成底层控制功能，并可根据前一时间段中存储的远程控制信息进行智能预测，自主地继续完成操作者的控制要求。

三、分布式机器人控制系统

基于因特网的远程遥控机器人技术的应用使得低价、灵活、可扩展的真正分布式系统得以在机器人领域实现。任何连接到因特网上的机器人、代理设备、现场设备相互间均可进行通信和交互操作，以共同完成远程任务。在美国航空航天管理局的寻路者计划（Pathfinder Mission）中就采用了这一技术。这使得科学家们不必集中到加利福尼亚的控制中心也可在世界各地通过因特网交互系统来相互合作，实施对寻路者计划中空间设备的控制。这一应用是通过因特网实施分布式控制的成功实例。

构建高性能的通信协议体系是实现多个用户和代理间协作控制的前提。由于协议在整个系统中必须具有通用性，这也使得实施这一协议的系统应具有可重用的软件架构。在网络体系结构中，同位体是指任何与另一个实体处在同一层次上的功能单元或操作装置。分布式系统架构允许多个同位体通过中央路由器进行互联，如图 11-9 所示。同位体还可通过具有可

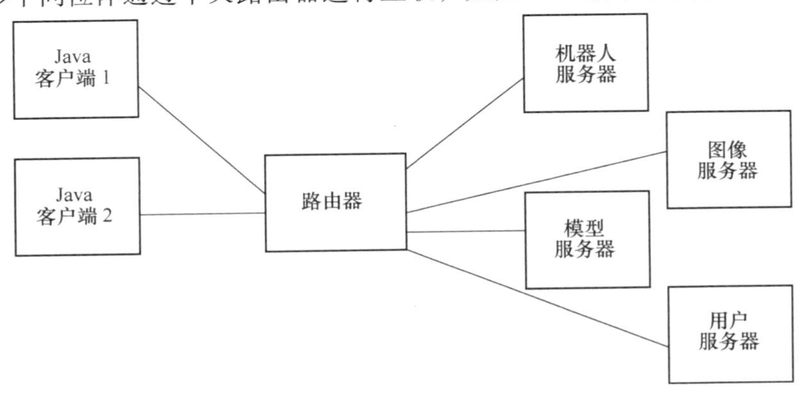

图 11-9　同位体到路由器的体系结构

选择性的通信“频道”进行报文交换。路由器除了知道报文的目的地址和通信“频道”外，无须了解报文中具体内容。

当分布式系统中包含机器人设备时，通常被定义为分布式机器人系统。不同的分布式机器人系统使用不同的通信协议和技术，如可应用 CORBA、RMI 或 MOM 等中间件技术来实现其分布性。中间件是为特定用户的需要而剪裁的系统软件。下面介绍一下基于网络的分布式机器人系统中常用的几种中间件技术。

（一）**CORBA**（Common Object Reguest Broker Architecture）

CORBA 规范是由 OMG（国际对象管理组织）发布并制定的标准。它使用 ORB（对象请求代理）作为中间件来建立两个对象间的客户/服务器关系。它是面向对象的远端程序调用（RPC）的扩展。使用 ORB，客户可在本机或通过网络透明地调用服务器程序。ORB 截取请求并负责寻找可完成请求的对象，并负责传递参数、调用程序和返回结果。客户端不必知道对象所在位置、使用何种编程语言和操作系统以及任何与对象接口无关的系统信息。

（二）**RMI**（Remote Method Invocation）

RMI（远程程序调用）是 Java 特制的 RPC 中间件，它给使用 Java 对象的分布计算提供了一种简单直接的模型。这一简单性是建立在将所有通信均限制在仅应用 Java 对象上。RMI 使用了与 CORBA 的 ORB 相似的概念来提供远程对象的查询和调用。RMI 的优越性在于它仅适用于纯 Java 应用，整个对象（而不仅仅是数据）能在客户和服务器间传送，从而保证了面向对象的多态性。

（三）**MOM**（Message-Oriented Middleware）

MOM（面向报文的中间件）与 CORBA 和 RMI 不同，它不是工业标准，而是在分布式应用环境中支持特定种类通用目标报文交换的中间件的集成术语。MOM 数据的交换是通过报文传输或报文队列，并支持分布式计算进程间的同步或异步交互。MOM 系统使用可靠队列来确保报文传送，并对所支持的报文提供目录检索、安全及管理等服务。队列特别适用于那些逐步递进的进程。MOM 模型中的报文是基于事件驱动的系统，而不仅仅是简单程序调用。客户可应用具有优先级机制的队列，这使得高优先级的报文可超越不重要的报文，这对分布式机器人的多任务控制十分重要。

通过比较可发现不同的中间件技术的通信机理和应用范围不尽相同。由于 MOM 支持的是报文格式，因此它主要适用于有延迟的异步通信；而 RMI 和 CORBA 均基于 RPC（远程过程调用）语义，是设计用以支持同步通信的。此外基于报文的通信允许向多个同位体广播信息。虽然 RMI 受到所有基于其上的应用必须是用 Java 编写的限制，但 RMI 也和 CORBA 一样是通用标准，所以具有巨大的互联潜力。由于第三方利益和版本的不同，RMI 和 CORBA 目前并没有得到现有浏览器的广泛支持。与之比较，MOM 可提供嵌入于应用程序中的轻型客户端应用编程接口，而且由于 MOM 不存在同步通信，也不需要预装任何先决软件，所以它在简单环境中更具有应用潜力。但在复杂且需要进行同步通信的环境中，CORBA 和 RMI 则应给予优先考虑。

基于网络的机器人控制技术的研发核心是实时远程控制的实现。为克服网络的不可预测时滞，达到对被控机器人实施实时控制的要求，可将通信构建在实时 TCP/IP 通信平台之上。国外已有基于这一先进技术的产品，其技术原理是在传统 TCP/IP 协议的基础上，对开放式网络互联的七层通信结构进行精简与优化。此外在新因特网协议 IPV6 中有预留的 SVP

协议，其支持视觉图像数据流的实时高速传输，这都有利于虚拟远程现场技术的实现。研发中还可从控制软件的构架上实现对控制任务的规划与管理。由于 Linux NT 技术可实现对多个任务进程的管理，并支持具有不同优先级的任务进程实施抢占机制，这都适于远程操作者对机器人所遇到的突发事件实施优先处理。在研发中还可以考虑采用带有嵌入式模块的多任务实时操作系统来构建基于事件驱动和任务控制的系统体系结构。

为实现实时控制，需要对通信的数据进行预处理。通过网络传输的数据主要分为远程控制信息和现场反馈信息。其中现场反馈信息包含大量的视觉图像数据。图像采集卡完成图像的数字化后，软件首先要对图像数据进行预处理，如进行图像辨识与数据的网络通信质量做出判断，并相应地以不同的图像精度和更新频率来响应控制端的请求。

基于网络的机器人远程控制软件的开发中涉及通用网关接口（CGI）和超文本传输协议（HTTP）等技术的应用。CGI 可对客户端的请求进行动态响应，而 HTTP 是一个无状态的面向对象式协议。但 CGI 和 HTTP 的技术组合仍有局限性，使用 Java 技术可以解决这些问题。Java 使客户端可控制网络连接且其用户接口功能完备。Java 语言的另一个重要特性是其内置的多线程机制。Java 在系统级和语言级均提供了对多线程的支持，使得 Java 具备了当代优秀操作系统并发处理事务的能力，这样在程序的运行中很容易实现各功能模块之间的切换协作与数据交换。Java 是与平台无关的，它不仅在源代码级上实现了可移植，在二进制代码上也实现了可移植。

参考文献

[1] 蔡自兴. 机器人学基础[M]. 北京：机械工业出版社，2009.

[2] 孙树栋. 工业机器人技术基础[M]. 西安：西北工业大学出版社，2006.

[3] 吴振彪，王正家. 工业机器人[M]. 武汉：华中科技大学出版社，2000.

[4] 孟庆鑫，王晓东. 机器人技术基础[M]. 哈尔滨：哈尔滨工业大学出版社，2006.

[5] 韩建海. 工业机器人[M]. 武汉：华中科技大学出版社，2012.

[6] 谢存喜. 机器人技术及其应用[M]. 北京：机械工业出版社，2005.

[7] 芮延年. 机器人技术及其应用[M]. 北京：机械工业出版社，2008.

[8] 余达太. 工业机器人应用工程[M]. 北京：冶金工业出版社，2001.

[9] 卢本. 汽车机器人焊接工程[M]. 北京：机械工业出版社，2005.

[10] 刘极峰. 机器人技术基础[M]. 北京：高等教育出版社，2006.

[11] 叶晖. 工业机器人工程应用虚拟仿真教程[M]. 北京：机械工业出版社，2014.

[12] 叶晖. 管小清. 工业机器人实操与应用技巧[M]. 北京：机械工业出版社，2010.

[13] 陈善本，林涛. 智能化焊接机器人技术[M]. 北京：机械工业出版社，2006.

[14] 卢本，卢立楷. 汽车机器人焊接工程[M]. 北京：机械工业出版社，2005.

[15] 刘海江，张春伟，姜冬冬. 白车身焊接机器人干涉问题研究[J]. 机械设计，2011，28(3)：41-43.